U0299488

“美唤醒了心灵，使它活动起来。”

但丁

（《神曲 · 炼狱篇》第十八章）

谨将此书献给我们各自的家人

同时也献给所有热爱城市建设和城市可持续发展事业，不断追求人与自然和谐共处，并致力于共同创造理想城市的人们

Underground Spaces Unveiled

Planning and creating the cities of the future

走进地下空间

——规划和创造未来城市

[荷兰] 汉·阿德米拉尔（Han Admiraal）

[英普诺德斯（Enprodes）管理咨询公司]

[奥地利] 安东尼娅·科纳罗（Antonia Cornaro） 著

[安伯格（Amberg）工程设计咨询公司]

冯　环　译

[中铁科学研究院有限公司]

严金秀　审

[中铁科学研究院有限公司]

人民交通出版社股份有限公司

北　京

Translation from the English language original, by arrangement with Thomas Telford Ltd.
著作权合同登记号　图字：01-2021-4517号

图书在版编目（CIP）数据

走进地下空间：规划和创造未来城市 / (荷) 汉·阿德米拉尔, (奥) 安东尼娅·科纳罗著；冯环译. —北京：人民交通出版社股份有限公司，2021.9

ISBN 978-7-114-17498-8

Ⅰ. ①走…　Ⅱ. ①汉… ②安… ③冯…　Ⅲ. ①地下建筑物—城市规划　Ⅳ. ①TU984.11

中国版本图书馆CIP数据核字（2021）第145733号

Zoujin Dixia Kongjian——Guihua he Chuangzao Weilai Chengshi

书　　名：走进地下空间——规划和创造未来城市
著 作 者：[荷兰] 汉·阿德米拉尔　[奥地利] 安东尼娅·科纳罗
译　　者：冯　环
责任编辑：张　晓
责任校对：孙国靖　龙　雪
责任印制：张　凯
出版发行：人民交通出版社股份有限公司
地　　址：(100011) 北京市朝阳区安定门外外馆斜街3号
网　　址：http://www.ccpcl.com.cn
销售电话：(010) 59757973
总 经 销：人民交通出版社股份有限公司发行部
经　　销：各地新华书店
印　　刷：北京印匠彩色印刷有限公司
开　　本：880 × 1230　1/16
印　　张：15.75
字　　数：254千
版　　次：2021年9月　第1版
印　　次：2021年9月　第1次印刷
书　　号：ISBN 978-7-114-17498-8
定　　价：128.00元
（有印刷、装订质量问题的图书由本公司负责调换）

内容提要

Summary

本书由地下空间领域国际知名专家汉·阿德米拉尔和安东尼娅·科纳罗共同撰写。本书汇集了历史上和当前关于地下空间的诸多观点与看法，从城市地下空间的各方面为读者揭开了地下空间的神秘面纱。同时，本书从土木工程师与城市规划师的角度，研究探讨了与城市地下空间可持续发展相关的各类问题，包括地下空间开发的优势和挑战、相关必要性、决定城市未来的主要因素，以及如何通过应用地下空间最优开发方法来规划和创造未来城市等。本书通过丰富的世界知名案例研究，致力于在快速城市化、气候变化和城市韧性的时代议题之下，全面探讨地下空间的发展诉求，从助力城市可持续发展的角度提供多层面的思考与借鉴。

本书适合的读者对象包括土木工程师、城市规划师、城市设计师、城市建筑师、相关政策制定者，以及对城市发展及建筑环境未来发展感兴趣的各类人士。

作者简介

About the authors

汉·阿德米拉尔（Han Admiraal）

汉是一名土木工程师，毕业于鹿特丹应用科学大学，现为国际隧道与地下空间协会地下空间委员会（简称 ITACUS）联合主席，以及联合国国际减灾战略署（UNISDR）城市规划顾问组成员，担任特别代表顾问。身为荷兰——佛兰芒管道行业公会（Dutch-Flemish Pipeline Industry Guild）会长，他提倡地下货运，将其视为可持续且经济高效的运输方式。

汉曾在荷兰国家公共工程与水资源管理部工作，担任多项职务，包括荷兰第一条软土地层盾构隧道的项目经理。后来，在担任荷兰地下建筑中心（COB）执行主任期间，他推行颇有远见的地下建筑概念，同时在泽兰省应用科学大学担任兼职教授，讲授地下空间课程。2008 年以来，他一直是荷兰代尔夫特市（Delft）英普诺德斯（Enprodes）管理咨询公司的所有人兼总经理，致力于提供地下空间与公路隧道安全领域的咨询服务。

他热爱城市规划，也热衷和城市与地下发展领域的利益相关方及专业人士进行跨学科对话。他已发表过多篇谈论城市规划与地下空间的文章，此书是他的第一部著作。

安东尼娅·科纳罗（Antonia Cornaro）

安东尼娅毕业于纽约大学，于 1996 年取得该校城市规划专业硕士学位。

她是一名城市与交通规划师，拥有 20 多年的从业经验，广泛参与纽约、伦敦、维也纳和苏黎世等城市公私领域相关规划工作，曾供职于多家机构，包括纽约城市规划局（DCP），伦敦柏诚集团（Parsons Brinckerhoff，现名 WSP），维也纳奥地利区域规划学会（ÖIR）以及苏黎世多学科工程咨询公司（EBP）等。

她现为（2010 年至今）瑞士安伯格（Amberg）工程设计咨询公司（一家具有国际知名度的瑞士公司，专业从事地下基础设施设计与管理）业务开发经理，主要研究城市地下空间，致力于提高城市地区的机动性、宜居性和韧性。她担任国际隧协地下空间委员会联合主席所从事的工作，也是以这个研究领域为核心。

安东尼娅热爱城市建设及全球可持续发展事业，曾就这个课题做过大量报告，发表过多篇文章——通常是与汉·阿德米拉尔合作。此书是她撰写的第一部著作。

中文版序

Preface to Chinese version

随着城市化进程的不断推进，城市人口的快速增长，当前城市可持续发展正面临诸多挑战，如土地资源紧缺、公共空间稀少、交通拥堵、环境污染等。而全球气候变化和日益频发的自然灾害，也对城市的气候适应能力和防灾抗灾能力提出了更高要求。面对上述挑战，世界上许多城市已纷纷将目光投向了地下空间这一经常被忽视的城市“资产”。城市地铁和地下交通网的建设，不仅缓解了地面交通压力，还减轻了汽车尾气对环境的污染；利用地下空间建造购物中心、博物馆、水管理设施、工厂、学校等，则释放了大量地面空间，将地面空间用于城市地面绿化，既降低了城市热岛效应，也增加了公共空间，提升了城市宜居性；将基础设施建在地下，当遭遇地震、风暴、洪涝等自然灾害时，相比于地面结构，地下结构更有利于防灾抗灾，增强城市韧性。不过，正如本书的两位作者所指出的，虽然地下空间越来越受到重视，但地下空间的开发利用往往“各自为营”，缺乏“参与型、一体化、可持续”的规划与管理，由此也就导致了地下空间的严重拥堵，阻碍了相关空间未来的开发利用。如何改善这种各自为营、先占先得的地下空间开发模式，避免地下空间出现混乱和拥堵，是本书重点关注、探讨和尝试解决的问题。

本书的两位作者目前担任国际隧协地下空间委员会（ITACUS）的联合主席。国际隧协（ITA）成立于 1974 年，一直致力于促进全球隧道和地下空间更好发展。以创新的方式利用地下空间，从而造福公众，保护环境并促进可持续发展，正是国际隧协当前的工作目标之一。国际隧协下设四个委员会，其中就包括地下空间委员会，主要负责倡导和促进地下空间的规划和利用。本书是两位作者长年以来对地下空间领域进行思考、探索和实践的学术结晶，对地下空间开发利用所涉及的各个方面做了深入探讨，提出了新的理念和范式，对当前世界各地城市地下空间开发的参与者颇具启发性。本书并不仅仅将地下空间开发视作城市用地紧缺的“被动”解决方案，而是认为地下空间开发本身就是城市可持续发展的重要方面。由于地下空间开发通常是不可逆的，且对地下结构、资源、能源、生态系统具有影响，因此，只有将地下空间置于过去、现在和未来这三个时间维度之下，纳入城市可持续发展总体规划中进行“立体”考量，才能使地下空间真正融入城市“肌理”，实现地下空间的最优利用以及人与自然的和谐相处。

正如两位作者所倡导的，我们需要建立一种以“各方参与、相互协作、充分认识和多用途创新方案”为基础的城市地下空间开发新范式。我真心希望，我们隧道工程师能与城市决策者、规划师、建筑师、地质学家等展开“空间对话”，携手打造可持续、有韧性、包容且宜居的理想城市。

严金秀

国际隧道与地下空间协会（ITA）主席

2021 年 7 月于成都

推荐序一

Recommendation preface I

在众多文化中，地下世界具有很强的象征意义。有的文化将它视为罪恶的渊薮，而有的文化则长久以来将它视为能抵御恶劣环境的天然庇护所。虽然人们的观念易于变化，但像汉与安东尼娅这样的地下空间热衷者，他们的热情与努力是不变的，他们所做的工作推动着一种名为“地下景观”的全球文化向前跃进了一大步。

今年夏天，我在法国里昂参加研讨会，有幸再次见到了汉。我与汉以及安东尼娅都非常关注地下空间 / 地下景观及其对于未来城市的潜在价值。我们都认为，地下空间建设不仅是一个短暂的概念性建筑趋势，它还具有长远发展潜力，特别是对密集城市环境而言。

如今，全球大多数的人口涌向城市。在人口极度密集的城市里，决策者正面临挑战——如何平衡可持续发展与公共空间可利用率，如何平衡宜居度与价格管控。

本书的两位作者——汉和安东尼娅，在各自的专业领域以及地下工程领域学养深厚、颇有建树，后来他们又分别担任了国际隧道与地下空间协会地下空间委员会（ITACUS）主席与联合主席，自此便携手共进，一同致力于发展地下空间利用事业。安东尼娅侧重于研究如何让地下空间在城市规划与公共空间开发中发挥作用，汉则重点关注工程、组织、经济与社会管理等领域的跨学科结合。

他们二人不仅在全球各重大地下工程项目中发挥过关键作用，而且还对当前和未来的工程师、建筑师、城市规划师以及决策者就地下空间利用领域的方方面面进行培训。

“道理通过对话才能讲通”，两位作者的地下工程项目管理之道的核心在于包容的对话。本书是他们二人愿景的结晶，也是二人在培训当前与未来决策者以促进对话方面迈出的重要一步。本书不但在专业性与可读性之间实现了理想平衡，也兼顾了综合视角与深入的案例研究，有助于读者将新学到的理论知识运用于实践。

本书的一大显著特点是，它在增进地下景观意识方面发挥了不可或缺的作用。虽然本书侧重于城市规划与城市设计，但也旨在向各类读者（不论其专业背景）全面、广泛地介绍地下景观这一主题。

两位作者通过对地下工程领域的全面研究，参与塑造了一个更大的在20世纪“重生”的全球文化——一种充分认识地下空间前景价值的文化。通过爱德华·尤图德安（Édouard Utudjian）等建筑师的前卫实践，以及“建筑电讯派（Archigram）”和“超级工作室（Superstudio）”的前瞻设计，该文化已开始发展为融知识、人类、技术、教育和城市实验于一体的“网络”。

如今，曾只是过往回声的事物即将兴起，蜕变为城市地下景观。

各大城市已经纷纷认识到了地下空间蕴藏的巨大潜力。值此之际，我愿推荐此书，与诸君共飨，希望大家都能看到此书的价值。

多米尼克·佩罗

多米尼克·佩罗建筑事务所（DPA）

推荐序二

Recommendation preface Ⅱ

《走进地下空间：规划和创造未来城市》一书对地下空间进行了丰富翔实的分析。此书出版之际恰逢《新城市议程》(*The New Urban Agenda*)[1]实施的关键时刻——《新城市议程》是在基多(厄瓜多尔)审议通过的联合国第三次住房和可持续发展大会(Habitat III)成果文件。

随着人类追求紧凑、节能、韧性和宜居的城市，各地越来越重视“有规划的城镇化”。一座城市的个性与形象是由它的街道与公共空间来定义和塑造的，不论那街道是林荫大道还是社区小道，也不论那公共空间是广场、社区花园还是儿童游乐场。蒙特利尔、赫尔辛基等中心城市，因地上公共空间有限或气候条件恶劣，已纷纷将目光转向地下，兴建起了地下公园、购物商场和购物长廊等设施。

然而，在城市规划过程中，地下空间的潜力通常被小觑或忽视。大多数城市对地下空间的潜力认识有限，且对于地下空间规划的重要性知之甚少。各大城市历来都将地下空间用在交通（特别是快速轨道交通）、服务设施和停车场等方面，也有城市成功开发出集商业、娱乐和步行通道等功能于一体的公共空间，如中国香港、新加坡城以及后来的伦敦等，但这些空间往往遵循地上公共空间的布局。这是因为私人地块下方空间的环境乃至法律状态仍不明确，而地下空间规划或设计策略（即使存在）也许还无法就这方面提供充分指导。事实上，有效的地下空间利用面临着各种具体挑战，除了在规划与管理过程中面临的法律障碍和治理约束外，还有地质与地下生态方面的挑战。如

[1] 《新城市议程》于2016年10月20日在联合国第三次住房和城市可持续发展大会上通过，具体见联合国大会第71/256号决议。

果没有应对这些挑战的远见卓识、策略以及适当的法律和财政手段，那么地下空间利用仍会无章可循、混乱无序。

人们对地下空间的兴趣日益增长，背后的驱动因素显然是服务设施、垃圾管理设施，以及能源的生产供应基础设施的择址需求与机遇。此外，将其他城市功能放在地下（比如交通、影院和购物设施，以及博物馆和文化场所等——雅典即如此），就会腾出更多的地上空间，为娱乐休闲及其他社交活动提供所需场地。并且，地下建设还可减轻地上空间压力，完善公共交通网络，减少噪声并保留更多地上绿地，为城市环境带来改善。

地下空间利用可使城市布局紧凑、节能高效，同时有利于开辟在现有城市格局中纳入新增功能所需的空间。地下空间能在城市中发挥关键作用，将商品、人以及空间连通起来，促进商业、社交和出行，构建新的城市肌理，增强城市的宜居性与特色。

而地下空间规划以及相应的法律框架制定还需要城市规划师与决策者通力协作，需要他们对地下空间这一重要空间所涉及的具体制约因素与机遇有全新的认识和了解。本书在业内将占有重要地位，它显著地推进了地下空间相关讨论。

华安 · 克洛斯

前联合国副秘书长、联合国人居署执行主任

自序

Author's preface

随着我们进入人类世（Anthropocene）——人为干预影响地球自然系统的时代，人类便开始面临巨大挑战。身处这个转型期，我们需要寻求人与自然、人与人之间的全新平衡。这种平衡在于人与人之间以及人与自然之间的和谐共处。在这个转型期，我们必须探求打破陈规、指引未来的新范式。有人把目光投向外太空，认为那里才是人类的未来归宿。但我们认为，在人类可以离开这个星球、另觅其他家园之前的过渡时期，我们应该审视地下空间的潜力与价值。

我们痴迷地下空间的原因在于它呈现出的鲜明对比：一端是以实用为目的的运用，由此也就显得原始、阴暗，如 19 世纪奥斯曼（Haussmann）设计的巴黎下水道系统；另一端则可归入现代建筑的范畴，如佩罗（Perrault）的作品——巧妙地运用土壤，紧密连接地面与地下空间，使种种结构呈现出美妙绝伦且带有诗意的形态，从而改善了城市肌理，打造出受人喜爱的公共空间。引领专业人士乃至大众认识、走进这一看不见的空间是城市规划师的职责所在。唯有揭开面纱，为人所见，地下空间才有机会被用来打造未来城市。

未来城市的特点包括可持续性、韧性、包容性，以及最重要的一点——宜居性。地下空间在未来智慧城市的存续与发展中扮演着举足轻重的角色，因此知晓、了解和懂得地下空间的作用十分关键。而参与型、一体化、可持续的规划与管理是实现这一目标的途径。

我们希望本书能够增进人们对地下空间的认识，本书的成书过程是一个从“着迷”转变为“真正热爱”的发现之旅。哲学家约翰·罗尔斯（John Rawls）曾说，人们各有各的观点与抉择，但同时又被一层“无知之幕”屏蔽了其他观点。我们真诚希望，此书能够为诸位读者揭开地下空间的面纱，揭开遮蔽地下空间存在的“无知之幕”。

汉·阿德米拉尔

安东尼娅·科纳罗

YORK
THROUGH THE
LENS OF

目录

Contents

COMÉDIE-FRANÇAISE
1680
Carrousel du Louvre
LA MAISON

第 1 章

地下——最后的城市疆域

1.1 引言

不论何时与人谈起地下空间，我们总会听到各种令人兴奋的精彩故事。但是，我们也有感到绝望的时候——地下空间极其复杂，千头万绪难以入手。要弄清地下空间本身以及地下空间的规划方法，是一大难题。地下空间的利用只不过是冰山一角，它笼罩在一个更为庞大的谜团之下，规划师与地质学家仍在努力解开这一谜团。与早期开疆拓土者一样，业内人士也始终不畏艰难、砥砺前行，因为大家都看到了这个疆域蕴含着的巨大机遇，认为这是未来城市发展的唯一出路。

在“引言”中，我们开篇就要质疑这样一种观点：有人认为，只有那些需要应对未来发展用地稀缺、面临人口急剧增长的城市才适合开发地下空间。对此，我们的看法是，要打造“我们需要的城市”，所需的新城市范式就绝不能忽略对地下空间的利用。

虽然全球各地已建设了许多成功的地下空间项目，但这些项目往往还只是孤立的。它们属于“单一开发”文化的产物，而这种文化则源自仅解决“单一维度问题”的思维。这是个危险的趋势：随着地下空间拥挤加剧，项目之间开始受到彼此的影响，这些建成的项目最终可能会阻碍地下空间的进一步开发。所以，我们需要新的思路，将地下的可持续利用坚定地放在多维度思维之下进行思考。如此一来，城市规划、城市设计与建筑就成为三个必不可少的领域，需与土木工程、地质学等其他领域携手共进，一同开启立体多维的地下空间“对话”。

本章，我们将简要论述地下空间利用的相关规划与管理的重要性。为清楚地阐释，我们将给出地下概念模型，向大家揭示“空间”资源仅是地下蕴藏的诸多资源中的一种。

本章谈及的各类主题将在之后的章节中详细展开。“引言”一节的总体目标是为大家描绘一幅图景——既在宏观层面上考虑城市未来，又突出微观层面的项目本身。我们将带着大家开启一场旅程，在地下本身的大背景下，审视地下空间开发的方方面面。这将是一场探索之旅，毕竟地下极可能是有待人类最后探索利用的城市疆域。在将近100年前，爱德华·尤图德安（Édouard Utudjian，1952年）犀利地指出："城市规划师必须纵深思考，但城市地下空间的开发也不能只盯着种种需求随意为之，而应遵循明确的承诺、法规和确定的规划。"

这个对"明确的承诺"的呼吁，构成了我们的理念基础。我们坚信，开始"纵深思考"是必要的，因为只有如此，社会才能迈向城市地下空间未来，从而打造"我们需要的城市"。我们认为，"最后的城市疆域"这个隐喻蕴含了人类探索外星空间的精神——此精神因科幻系列小说《星际迷航》而得以不朽。同时，这个隐喻也蕴含了"西大荒"（Wild West）早期移居者占取地球空间的精神——划地圈占，以示自己的土地所有权。而论及地下空间，我们所有人都是利益相关方，因为地下空间支撑着地上生命，并且从诸多方面来看，地下空间的确是地上生命赖以生存的资源。

通过此书，我们希望向大家揭示可持续的地下空间利用是可能实现的，而不只是存在于科幻小说中。我们同时想表明，按照"西大荒"时代的"先到先得"原则占取地下空间是行不通的，现在该是时候进行"纵深思考"了。

1.2　我们需要的城市

利用地下空间将有助于打造宜居、可持续且包容的城市。由此，我们认为，人类应该开发这个"最后的城市疆域"的真正理由在于，人类有选择理想居住城市类型的需求。以往的不少著述皆在着重论述一个不可避免的现象——地球人口日益增长，人类正在亲历一场城镇化大迁徙。超大城市正从特例变成常态。然而，我们认为，抱持这种看法会导致人类从被动视角来看待地下以及地下空间，即认为这个"最后的城市疆域"是人类还能占领的最后一片空间，而所谓占领则往往始于把所有不必留在地上的空间使用者移至地下。虽然在过去的150年间，这个论点始终是探索地下的正当理由，但它未能引领人类开展一场对地下各种可能性的大规模探索。这种把地下空间视为空间"减压阀"的被动观点，我们将在后面章节中详细论述。而着眼于城区需求，并聚焦地下空间在满足相关需求方面的潜力的思路，则是一种更为主动的思路。眼下，大可以说这种思路是一种更偏向于以规划为导向的思路。城市的规划关乎市民需求，关乎如何应对涌入城区的大量人口，也关乎如何应对空前的“摊大饼”式的城市扩张，以及如何取得平衡，将城市打造为“我们需要的城市”。

2012年，时任联合国秘书长的潘基文（Ban Ki-moon）致函《纽约时报》（*New York Times*），信函标题是《我们想要的未来》。这封信写于联合国可持续发展大会（“里约+20”峰会）召开前夕，而在20年前，联合国已定下了未来可持续发展目标。潘基文在信中总结道，过去20年，局面并无多大改变，然而人类面临的挑战却有增无减。他还强调了一个事实——人类活动正在史无前例地从根本上改变地球动力学（Earth’s dynamics）。事实上，有些科学家已将我们当前所处的时代称为“新地质期”。潘基文因此呼吁全人类携手创造一个共同的未来，一个我们都想要的未来：“此刻，全球领导人以及全球人民应该围绕一个共同目标、共同愿景团结起来，创造‘我们共同的未来’——我们都想要的未来。”（潘基文，2012年）

潘基文所说的人类活动正从根本上改变地球动力学的这一观点，是值得我们深思的，在论及地下资源可持续利用时，需予以考虑。这将在本书第6章中进行探讨。

4年后的2016年，“第三届世界人居大会”在厄瓜多尔首都基多召开。为给此次大会造势，联合国世界城市运动（World Urban Campaign）组织发布了一份宣传册——《我们需要的城市》（*The City We Need*）。在宣传册中，各个作者明确宣告，“在这场创造更具可持续性的未来的战役中，胜败的关键在于城市”（世界城市运动，2014年）。他们深信，人类“规划、建设和管理城市”的方式必然会决定性地影响城市的未来。未来城市的特点在于能实现可持续发展，能有韧性抵御面临的各种挑战，最重要的是还能兼具宜居性与包容性。正如《我们需要的城市》作者所言：

> 我们想要的城市应是经济发展的引擎，并处在新城市时代的核心位置，有自由、有创新、有繁荣、有韧性。而政府部门、私营部门和民间团体组织已给出了千万个大大小小的重要解决方案。

正因如此，他们要呼吁建立一个新的城市范式。

这就是考虑利用地下空间时的主要挑战所在。新城市范式不只是着眼于地球上日益增长的人口，也不只是着眼于农村向城市的人口大迁移，其内涵远超于此。而关键的问题是，地下空间的利用将如何为建设“我们需要的城市”作出贡献？如何创造我们想要的未来？城市地下未来的关键在于城市能实现可持续发展，并具有韧性、宜居性和包容性。只有放在这个背景下来看，地下空间才能在城市发展中占据一席之地。然而，这就需要我们论证：只有当地下空间被视作地下可持续探索事业的组成部分，地下空间的未来才能实现。

至此，我们已确认一点，即没有理由不去利用地下空间来促进城市发展（其实，地下开发与其他开发领域一样，也亟须推进）。第二个关键问题似乎应该是：为什么会花这么长时间才意识到这点？此问题将留到第 1.4 节加以论述，届时我们将构建一个完整的图景。眼下可以说，此问题的部分答案在于，迈向城市地下未来毕竟是一个牵涉颇广、错综复杂的过程。这个过程不但要从规划角度去决定需做些什么，我们还必须考虑城市下方的地质状况，并预判种种未来可能会遭遇的情景。地下空间不会自发生成，除非那是天然形成的洞穴。而地下空间一旦产生，就会一直留存下去。因为在拆迁一事上，地表建筑与地下建筑或其他地下设施完全不可同日而语。正如城市本身需要新的城市范式一样，城市地下未来也需要新的范式。如今，我们史无前例地在积极追求着这个新范式，也认识到我们需要汇聚一切资源谋求生存，这或许就是我们所需的动力——历史上一直缺乏这种动力，对此，我们将在第 3 章中详述。现在，这个动力终于出现了，我们可以利用它，让它来引领我们进一步探索“最后的城市疆域”。

1.3　一个当代难题

1.3.1　俄克拉荷马圈地运动

地下开发与美国早期移民在“西大荒”或“老西部”疆域跑马圈地存在诸多惊人的相似之处。在“俄克拉荷马圈地运动”发生不到一个月后，《哈珀斯周刊》（*Harper's Weekly*）刊登了亲历者关于此事的记述文章 [霍华德（Howard），1889 年]。其中，杂志为此文撰写的简介中有一段话，说明了加斯里（Guthrie）镇是如何在一日内形成的：

> 国会没有设立任何形式的公民政府。虽然这片地区已经勘定，建立起由 6 平方英里小镇、1 平方英里（即 640 英亩，1 英亩≈4046.86m^2）片区构成的标准体系，但各镇的地盘尚未划定，更不用说具体

的街道和地块划分了。已有规则只规定，4 月 22 日正午，在阿肯色州或得克萨斯州边境聚集的人将获准入境，可从中寻得一个无人申领的地块，并按管辖“公地”处置的相关联邦法律规定申报所有权。在此次开放之前已合法入境的联邦法警、铁路人员以及其他人士（“合法捷足先登者”）严禁申报土地所有权——此条规定违反者多，遵守者少。

该文接着描写了早期的“准”定居者的沮丧失望，因为他们发现“合法的捷足先登者”已申领完了所有的最佳地块。这从以下交谈中可以看出：

一位镇址投机商沮丧地说：“我们没戏了，有人先我们一步把地圈了。”另一位镇址投机商则大声喊道：“不要紧，赶快！能抢多少是多少。”

“能抢多少是多少”也是对许多城市地下开发景象十分贴切的描述，这些城市过去一直如此，现今仍是如此。即使在一些不以此为出发点的地下开发案例中，由于相关开发未考虑今后发展，也无意间导致了地下圈占，只是抢占的是“可用空间”，而非“划定空间”罢了。为深入论述这一点，我们将细查一番地下开发是如何实现的。

1.3.2　物理地下景观

地下开发以多种形式实现。虽有例外（如第 1.4.4 节所述），但大多数可归入两大类别：结构与网络。由此，物理地下景观便是由结构（通常是地下室或箱形构筑物的形式）和网络（如电缆、管道乃至隧道等）构成的。网络大多沿水平面敷设。尽管如此，现今沿垂直面安放管道的做法也日益常见，这类管道我们将以结构视之。结构与网络有一个共同点，即往往都需从地面通入。这虽看似不言自明，但实际上，地下构筑物的存在仰赖于通向地面的物理通路，这是地下构筑物的固有特征。这也表明，任何新的地下城市“组织”天生就是城市“肌理”的一部分。

在审视物理地下景观时，还需区分公共用途与私人用途。这将有助于我们进一步分析不同用途之间的关系，也将有助于从对“我们需要的城市”有何贡献的角度来具体说明相关用途。

由此，我们可以得出图 1-1 所示的物理地下景观模型。

1.3.3　地下景观中的私有结构

纵观全球各地的地下空间开发，作者只能得出以下结论：在大多数情况下，地下开发活动是杂乱无章、毫无规划的，而且往往是自发的。开发者的个体行为不断给地方当局造成压力，迫使地方当局寻求地下规划相关问题的解决办法。我们将通过两个例子，即地下储热与地下室开发来作具体说明。

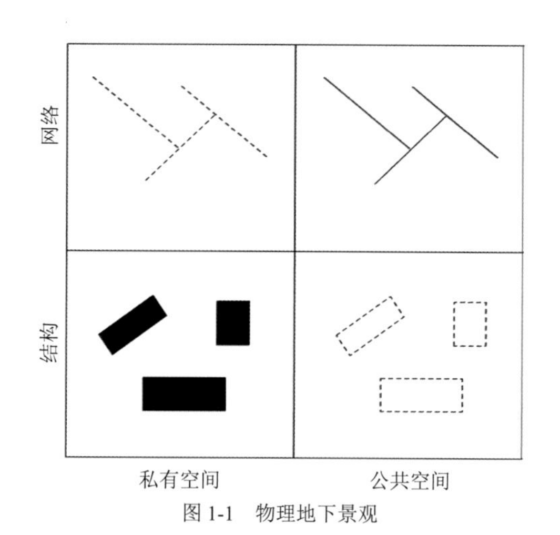

图 1-1 物理地下景观

利用地下进行热能储存越来越具有吸引力，因为采用这种途径可减少住宅区和办公楼群的碳足迹。例如，荷兰的地质构成中含水层较多，这些含水层位于不透水的地层之间，适于大规模实施含水层储能计划（ATES）[荷兰含水层储能计划（Dutch ATES），2017 年]。这项技术需要将管道垂直埋入地下，连通含水层。整个系统的运行是季节性的：夏季，抽取冷水用来给住房和办公室降温；冬季，则储存热水用于建筑供暖。这些计划也面临不少问题，其中之一是热干扰。若两口地下井离得太近，就会降低能效，或可能导致温差抵消现象。反之，若两口地下井离得太远，则会导致不能有效利用含水层容量的情况。如今，随着含水层储能系统数量不断增加，这已成为一项切实的问题。例如，在荷兰，相关系统数量已从 1990 年的 5 个增至 2012 年的 2740 个，且预计到 2020 年将会增至 20000 个。在宏观层面上，含水层储能系统是一种新的可持续能源供应方式，因而被视为能够促进可持续发展。但在微观层面，相关机构还需制订新的规划和监管要求，如此才能保护现有系统，确保现有资源得到最优利用。虽然还未出台国家级指南规范，但各大城市已纷纷在总体规划中纳入了“地下能源”章节，并提供了分区规划地图（图 1-2），以确保含水层储能系统水井布置合理。

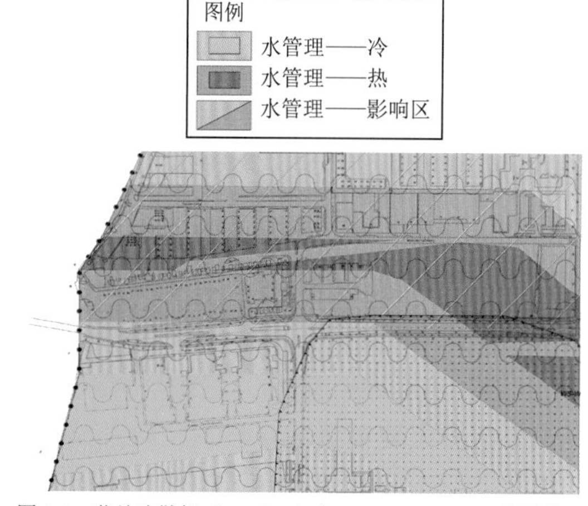

图 1-2 荷兰哈勒姆（Haarlem）市 Waarderpolder 工业园地下含水层储能系统的地下空间分区规划图

在《阿纳姆总体规划（2020—2040 年）》（*Arnhem Master Plan 2020—2040*）中，有段专门谈论地下空间的文字 [阿纳姆市（Arnhem），2012 年，第 77 页]，作者现据荷兰语翻译如下：

> 阿纳姆地下空间与地表城市建筑物紧密相连。地下现设有数百公里长的电缆和管道、建筑地基、专用建筑（水博物馆、音乐舞蹈大学、超市等）、停车场以及地下垃圾处理系统等。另外，地下空间还蕴藏着地下水（对人与自然而言均很重要）、丰富的考古遗址堆积，以及第二次世界大战遗留下来的污染物与炸药。简言之，我们可说这是一种“地下拥塞”现象。因此，需特别关注如何取得地上与地下利益的平衡。而及早在城市规划中纳入地下板块，我们就能充分抓住相关机遇，保护好不同功能的地下空间，并有效避免开发过程中可能面临的各种挑战。

值得注意的是，正是因为含水层储能系统相较于其他地下开发项目增速迅猛，该市才在城市规划过程中纳入了地下空间规划。

关于物理地下景观中自发型散乱结构的第二个例子，即所谓的伦敦“冰山宅邸”（iceberg mansion）。在一项伦敦与纽约地下空间开发的比较研究中，伊丽莎白·雷诺兹与保罗·雷诺兹（Reynolds E and Reynolds P，2015 年）提到，威斯敏斯特市与肯辛顿 - 切尔西区房屋下方的计划性地下室开发项目盛行，倒逼地方当局在 2013 年制定了具体条例来约束这些项目。而肯辛顿 - 切尔西区于 2015 年 1 月还发布了一项更加深入的方针政策——《地下室规划政策》（*Basements Planning Policy*，肯辛顿 - 切尔西区，2015 年）。

“冰山宅邸”一词最早见于2012 年的《每日邮报》（*The Daily Mail*），专指“当今亿万富翁”提出并实施的大型地下室扩建项目——他们的维多利亚式宅邸空间太过拥挤了，往往无法腾出各种活动所需的空间 [奥斯勒（Ostler），2012 年]。2014 年，《卫报》（*The Guardian*）报道称，这些地下室改良项目引发了“深层担忧”[道林（Dowling），2014 年]。有意思的是，这些担忧更多涉及的是施工带来的干扰，如噪声和交通问题等。《地下室规划政策》对上述担忧也有所考虑，并提出了相应的政策限制（表 1-1）。当然，地方当局也认可地下室开发带来的好处：

> 建造地下室是一种给住宅和商业建筑增加额外空间的有效途径。屋顶扩建和屋后扩建会增加建筑开发体量，这是

英国伦敦肯辛顿—切尔西区地下室开发相关政策限制 表 1-1

(1)不得超过各开发场址庭园或露天用地面积的 50%。不受影响的庭园部分必须是一整片区域，而且必要时，应与其他毗邻庭园形成连片区域。对大型场址，可允许例外。 (2)不得超过一层。对大型场址，可允许例外。 (3)若已取得或已使用地下室规划许可，或通过行使开发许可权建造了地下室，则不得进一步增加地下室楼层。 (4)不得对具有城镇景观价值或宜居价值的树木造成任何损毁、伤害或长期影响。 (5)遵守国家政策中关于历史文化遗产重要价值影响评估的测试要求。 (6)不得在列入名录的建筑(包括地窖)下方开挖。 (7)若会严重损害所在地区的特色或外观，尤其是在与当地街景不统一、不协调的情况下，不得在房产前方或两侧引入采光井或栏杆。	(8)维持并尽力提升建筑、庭园或更大区域地块的特色或外观，采光井、采光窗、植被和逃生设施等外部元素需慎重设计和选址。其中，采光井和采光窗还需限制光污染影响。 (9)在内安装可持续排水系统(SuDS)，并长久维护。 (10)在庭园下方地下室各部分上方需填埋至少 1m 厚的土壤。 (11)确保相关交通和施工活动不会对步行、骑车、驾车及道路安全造成超出规定程度的伤害，不会影响公交或其他交通运输活动(如自行车出租)，不会显著加剧交通拥堵，不会给附近居民、上班族及游客的日常生活带来任何不合理的不便之处。 (12)确保工期内噪声、震动和粉尘等施工干扰保持在可接受的水平以内。 (13)建筑设计能够保障现有建筑、邻近建筑及其他基础设施(包括伦敦地铁隧道和公路等)的结构稳定性。 (14)安装适宜的泵设备，使之免受下水道溢流的影响

肉眼可见的。而地下室的建造所带来的长期视觉影响则要小得多——当然，也得遵守适当条规才行。

此外，该区政府还指出了一些其他的担忧，例如，雨水径流问题关注不够，以及扩建可能对树木造成影响。

根据伊丽莎白·雷诺兹与保罗·雷诺兹在上述大伦敦都市区两个地方政府例子中的观察，以及我们从阿纳姆市例子中得到的经验教训，可以看出，地下景观中任意散布的结构的确引起了地方或微观层面的监管干预，但其对未来地下开发的影响却仍未被考虑。以肯辛顿 - 切尔西区为例，大量的地下室扩建项目可能严重妨碍未来新增地下网络的开发。含水层储能系统也是如此，因为这些系统必须延展至地下几百米深。

我们所探讨的这两个案例，均以单一用途为开发目标，仅服务于个人或至多一个单一群体，且相关开发是孤立的，与公共领域脱节。两个案例均是单一功能地下利用项目的典型，其中一个的用途仅限于供暖供冷，另一个的用途则仅限于增加更多居住空间。在地图上，相关开发项目通常至多只标注为一个点或一片区域。这些开发项目与地表的连接并不对外公开，仅限定在地表建筑边界范围内。

1.3.4 地下景观中的公共结构

除上述结构外，我们还可看到地下景观中存在某些向公共用途开放、属于公共领域的结构，虽然其所有权可能掌握在私人手上。

巴黎卢浮宫卡鲁塞勒精品商廊（Carrousel du Louvre）就是一个极佳的例子。这是在“冰山宅邸”概念上延伸出来的地下开发项目，大致位于藏有《蒙娜丽莎》等名作的著名博物馆卢浮宫的庭园下方。该项目本身集购物商场、会议场地与公共空间于一体，此外，还有通道直通卢浮宫博物馆。十分重要的是，这个地下建筑可从地表进入，且与皇宫 - 卢浮宫博物馆地铁站相连相通。卢浮宫卡鲁塞勒精品商廊很好地证明了，地下空间利用既能与历史建筑形成互补，保护历史文化遗产，又能增加功能与美观兼具的公共空间，创造相应的附加值。

这个案例还有一个特征，即“连接”。其实，凡是地下空间的利用，理所当然都离不开与地表的连接。这种连接可表现为多种形式。以卢浮宫卡鲁塞勒精品商廊为例，“连接”不仅指通向地铁站的连接段或连接地表的楼梯，还包括本身已成为地标建筑的卢浮宫玻璃金字塔（图 1-3）。该玻璃金字塔由华裔美籍建筑师贝聿铭设计（法新社，2017 年），形成了地下与地表之间的视觉界面。它不仅是一处结构，还成功地将地下开发融入了城市建筑物。正如在第 1.4.4 节以及后文中我们将论述到的，如果从打造“我们需要的城市”的角度来审视地下空间的利用，那么，各种地下空间开发形式之间的相互连接，对

图 1-3　从地下仰视卢浮宫玻璃金字塔（图片来自 Viq111，经 CC BY-SA 2.0 许可转载）

COMÉDIE-FRANÇAISE
1680
Carrousel du Louvre
LA MAISON

于创建全新城市地下“组织”而言就十分关键了。最后，还可以看到，这个建筑是一个混合用途的范例，它是多功能的。这体现在它能够适应变化——若未来有需要，它打造的空间可再度利用，改作其他用途。

第二个具有部分上述特征的例子是伦敦的考文特花园市场（Covent Garden Market Hall）。虽然算不上一个经常被提及的地下空间开发典范，但这一市场具备我们在展望城市地下未来景象时希望看到的一切特质。该市场最初由查尔斯·福勒（Charles Fowler）设计，采用的是当时的新古典风格，始建于1828—1830年，并于1978年由大伦敦议会予以修复[考文特花园区信托基金会（Covent Garden Area Trust），2017年]。该建筑是一个单体露天公共空间，集商店、休息区以及露天音乐场地于一身（图1-4）。20世纪80

图1-4　考文特花园市场中庭及其带连接走廊的“地下室”（图片来自Henry Keller，经CC BY-SA 3.0许可转载）

年代，在市场修复期间，原地窖被改建成地下室商场，同时，通过打通地下室和打造新空间建造了一个夹层。

考文特花园市场之所以能成为一个值得思考的案例，原因在于市集夹层的独特建造方式——打开地下空间，使地下空间融入地表建筑。此外，其在维多利亚时期增建的天篷还营造出了一种包覆感，尽管天篷四面皆是开敞式空间。

对比这两个案例，不难看出，地下空间利用对既有建筑而言是加分项。在考文特花园市场案例中，建筑下方储物地下室的再利用，无疑给原建筑注入了新生机。在卢浮宫案例中，则是通过在既有历史建筑下方打造新空间，为地上的国家宝藏增添了新活力。

和前文中物理地下空间景观中的结构案例一样，这两个案例在地图上也仅标示为一个点或一片区域。但这两个案例的不同之处在于，相关地下空间开发项目是多用途的，是对公众开放的，而且还连通了开放式地表建筑。

1.3.5 私有地下空间网络

谈到地下空间网络，我们势必要谈“隧道”这个概念。“隧道”有着各种不同的长度和直径，在地图上，“隧道”通常是以线条标示。地下空间网络中就有直径大小不一的各种“隧道”——小者包括电缆通道，大者则包括管道和下水道，甚至还有更大直径的交通隧道。而大多数地下电缆和管道网仅对其所有者开放也不足为奇。不过，从这个意义上来看，此类地下空间网络属于私有领域，即便其所有者是公共公司，或其用途是满足公共需求（如公用设施）。

私有地下空间网络的一大典型案例是大型强子对撞机（LHC）。该设施由欧洲核子研究组织（CERN）所有，位于地下，最深处达 175m，隧道轴线长 26.7km，呈环形分布。这条隧道埋深介于 45m 和 170m 之间，沿着地质奇特的莱蒙（Leman）盆地流域的磨砾层分布，直径介于 2.20m 和 3.80m 之间（鲍尔迪 Baldy 等人，2009 年）。值得一提的是，该隧道从法国和瑞士两国地下穿过。在法国境内，土地所有权是通过法国政府征地取得的。而在瑞士境内，由于这条隧道位于地下 170m 深处，被认定为已超过可利用深度，所以这部分土地所有权不成问题 [埃文斯（Evans）与布莱恩特（Bryant），2008 年]。该隧道沿用了原先为大型正负电子对撞机所用的隧道线形，但又针对大型强子对撞机设施所需，通过建造新洞室进行了改建。2014 年，还公布了未来环形对撞机（Future

Circular Collider）可研报告，报告显示该设备所需隧道的线路长度为 80 ～ 100km[拉森（Larson），2014 年]。

这个例子之所以值得一提，原因在于它表明了大型地下空间网络经过仔细规划后，可以设在土地所有权法规不同的两国地下。而作为网络，这条隧道在地图上仍是以一条线进行标示的。

1.3.6 公共地下空间网络

公众可进入的地下空间网络其实就是地铁，它有多个名称，如“Tube”“Underground”“Metro”，或 MRT（全称“大众快速交通”）之类的缩写。“地铁（Metro）”一词源于伦敦地铁大都会线（Metropolitan）——世界上最早的大众快速交通系统（图 1-5）。大都会线于 1863 年通车，由此带来了伦敦公共交通的变革，也切实推动了伦敦自身的城市发展。继伦敦之后，其他城市很快就纷纷效仿，开始建起了自己的地铁，主要包括土耳其伊斯坦布尔、匈牙利布达佩斯、英国格拉斯哥、奥地利维也纳、美国波士顿以及法国巴黎等城市。其中，巴黎地铁于 1900 年通车，其他城市的地铁线则均在 19 世纪末通车 [维基百科（Wikipedia），2017 年]。

或许，正是因为这些地下交通系统的到来，人们才看到了一条成功利用地下空间以

图 1-5　伦敦大都会铁路——1862 年 5 月，全线第一次试通车时载着名人显贵的承包商车厢（图片来自英国土木工程师协会）

支持城市发展的出路。如今特大城市的存续已离不开这些大众快速公交系统。以纽约市为例，其地铁线经常被比作人体的血管。缺失了这些至关重要的“管道”，纽约市将不复存在。但从许多方面来看，这些系统可谓毁誉参半。随着伦敦地铁的不断发展，伦敦建起了一条条新的线路，且一条比一条建得深。例如，新建的伊丽莎白线在伦敦金融城巴比肯（Barbican）附近距离地表的深度约为40m[麦克杜格尔（McDougall），2014 年]。

由于地质条件特殊，基辅地铁有一个站距离地表的深度竟达 105.5m。在如此深的地方，于地下和地上之间运输乘客是一大挑战，其难度之大不言自明。对于这样深的地下空间，地下温度也是一个需解决的重要问题。朝鲜平壤地铁的站台也超 100m 深，据说无论四季气温如何变化，站内始终保持 18℃的恒温 [萨韦（Sawe），2017 年]。

1.3.7 抢滩地下空间

上述案例均清楚地展现了地下结构和网络的各种益处，不过有时它们造福的只是个人，而不是广大社会。如上文所述，这些地下开发项目也存在不少隐患。若不做规划，这些结构和网络系统便会自发增长，为避免撞上既有线路，就会出现未来结构和网络越挖越深的现象。地下管道和电缆的布设也是这个道理。传统的做法是开挖沟槽，将电缆或管线放入这些沟槽之中。今后若有新建之需，便将新设施布置在既有公用设施两侧，以免妨碍既有设施正常运行。而如此一来，就会导致设施占用的空间越来越多，造成地下最浅层空间的拥堵。

上述案例皆表明，要么是开发本身倒逼了微观层面的规划政策与规范的出台，要么就是任其发展后，为避免地下空间混乱和拥塞，不得不及时出台相应规划政策与规范。鉴于此，我们的规划政策与规范应超越地方利益，从更宏观的层面上考量区域与国家利益，以防地下开发项目妨碍今后亟须开发的其他项目。不过，在这样的局面出现之前，地下空间开发基本上处于“立桩圈地”、先抢为快的状态。

1.4 新思路——空间对话及超越

1.4.1 地下——从地表到地心

对最后的城市疆域的探索，无论看起来有多么冒进，在地质层面上，我们也才刚触及皮毛。地壳虽然厚度不一，但其中洋壳的厚度就约有 10km，而陆壳的厚度则是 30 ～ 70km 不等。这还仅仅是地壳——在地壳之下还有地幔，地幔之下才是地核，而地幔与地核两者的厚度均超过了 3000km。图 1-6 为地下资源利用示意图 [卡斯特鲁普（Kastrup）等，2017 年]。从图中可明显看出，虽然人类的油气开采作业能深达地下 4km，但大多数其他各类对地下的利用均发生在 200m 深以上，其中城市公用设施网络通常入地深度不超过 1.5m。即便考虑到香港下水道入地深度有 90 ～ 160m[泰（Tai）等，2009 年]，我们仍可以肯定地说，超 200m 深的地下空间占用尚未大规模出现。当然，这个一般规律也有例外，那就是采矿作业与地下实验室建设。比如，在中国西南地区就有一座位于地下 2400m 深的锦屏地下实验室。该实验室之所以设在这个深度，是为了使天体物理研究工作不受宇宙射线影响 [李（Li）等，2015 年]。

正是鉴于这种普遍存在的“顶层占用”现象，我们才需考虑“地下拥塞”的问题——在第 1.3.3 节的阿纳姆市案例中已有所提及。或许，最后的城市疆域到头来会成为一场幻梦，因为这一地表之下和整个地质体的浅层已是相当不确定，又相当拥挤的了。纵观整个地质年代表，人类探索和占用地下资源的时间其实很短，根本不值一提，但其影响却很大，人类的相关活动很可能会改变地球的动力学。在这个意义上，城市地质学这门学问就不仅涉及寻找人类占地的新机遇，还应涉及了解人为干预与地质之间的关系及其对地下生态系统运转的影

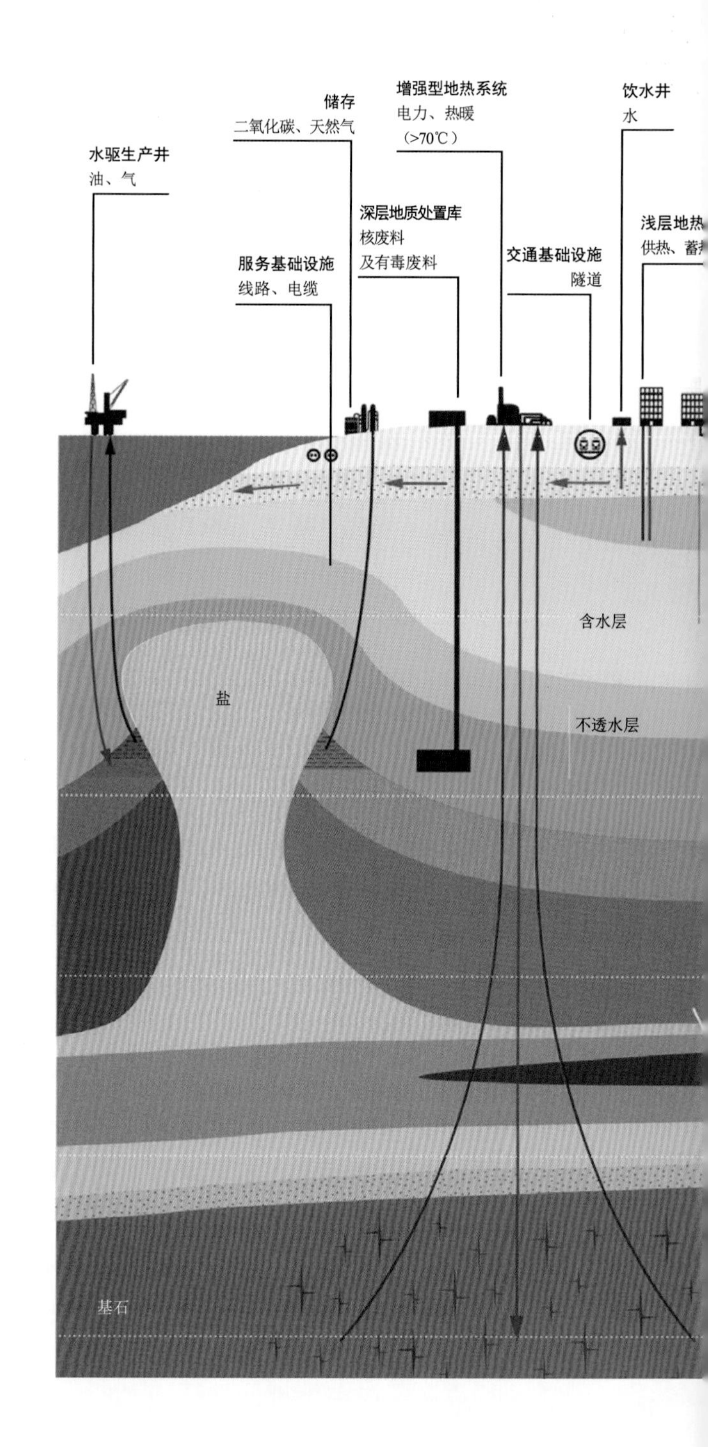

图 1-6　地下利用多元化示意图（埋深单位：m）

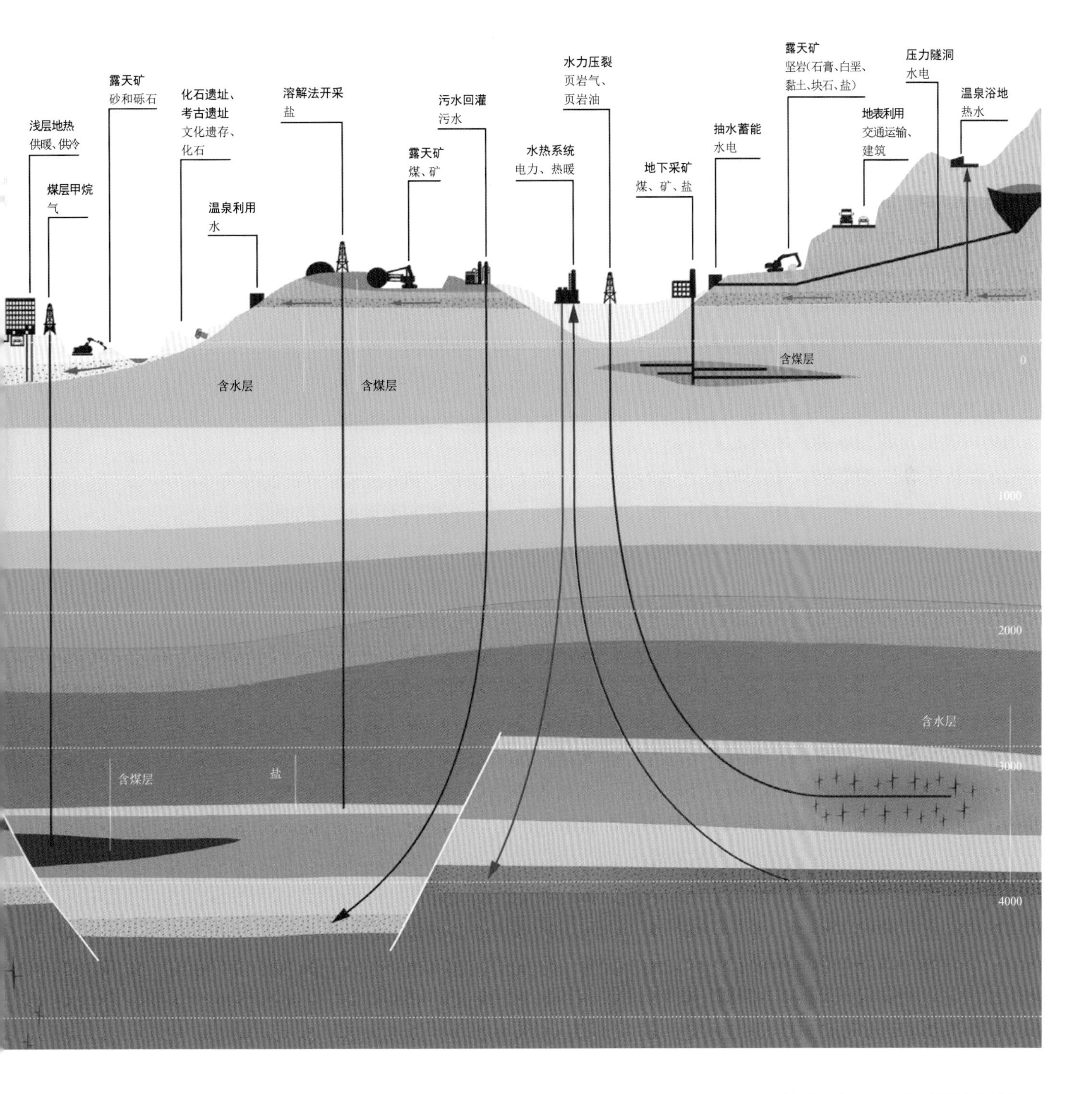
浅层地热
供暖、供冷
煤层甲烷
气
露天矿
砂和砾石
化石遗址、
考古遗址
文化遗存、
化石
温泉利用
水
溶解法开采
盐
露天矿
煤、矿
污水回灌
污水
水热系统
电力、热暖
水力压裂
页岩气、
页岩油
地下采矿
煤、矿、盐
抽水蓄能
水电
露天矿
坚岩(石膏、白垩、
黏土、块石、盐)
地表利用
交通运输、
建筑
压力隧洞
水电
温泉浴地
热水
含水层
含煤层
含煤层
0
1000
2000
含水层
3000
含煤层
盐
4000

响——我们将在第 2 章中予以详述。

通过介绍阿纳姆市这个例子，我们希望说明的是，地下利用规划与地表利用规划完全没有可比性。在地下利用规划中，地质学将出乎意料地扮演重要角色。地质学不仅决定着地下活动是否应该进行，还决定着从环境的角度来看这些活动是否可取。

迄今为止，“地下”一直是一个意义宽泛的词，指的是我们认为在地表之下的一切事物。但从规划的角度出发，我们需缩小“地下”的意义范畴。我们已证实，人类活动在“地下顶层”与“地下深层”之间存在差别。前者所占深度为地表至地下 200m，而后者则要再深入地下 4000m（仅为便于定义）。至于超出上述深度的地层，据我们目前所知，对于维系“我们需要的城市”起不到任何作用。其原因有：第一，从地表至此类地下深层边界之间的超长距离是一个客观存在的反对依据。第二，在这样的深度，将遭遇高压和高温，对相关工程来说是一大挑战。通常，地下热梯度为每往地下下降 1km，温度就会上升 25 ～ 30℃。也就是说，在 4km 深处，预计温度将超过 100℃。不过，从地热能角度来看，这样的温度却有很大吸引力。弗里多尔夫松等人（Fridleifsson et al.，2008 年）曾提到一个深及地下 5km 的项目，称此项目“进入了超临界水流体温度达 450 ～ 600℃的储水层……倘若项目取得成功，那么从传统地热田中获得的能量可实现数量级增长”。

这表明，我们或许能进一步打破地下限界，而突破限界也是人类所有探索活动的不变规律。但就规划而言，我们认为，“地下顶层”足以构成城市肌理的研究对象。

1.4.2 地下资源模型

帕里奥等人（Parriaux et al.，2004 年）最早提出了一个由四类资源——空间、水、能源以及岩土材料构成的地下资源模型。该模型值得一提的地方在于，它指出，“地下空间”仅是我们能识别的四种地下资源中的一种。而城市在致力于探求地下空间的过程中，有时很轻易地就忽视了水资源的存在，获取或储蓄能源的可能性，以及开采岩土材料的可能性。当然，这种对地下空间的探求是真切的，从最近《中国日报》刊登的一篇文章中 [魏（Wei），2016 年] 即可看出：

> 随着中国城市“摊大饼”式地扩张、土地资源日益稀缺，地方当局只好诉诸一种新空间疆域：我们脚下的世界。不少城市已经决定开发利用地下空间，借此来缓解高密度城市地区日益增长的土

地供给压力。去年12月，湖北省会武汉市宣布，该市已开始建设国内最大的“地下城”。根据武汉市政府发布的蓝图，在建的地下建筑群位于武汉光谷中心城，预估总成本为80亿元人民币（12.2亿美元）。该地下城一共有三层，预计将在三年内竣工，总建筑面积516000m^2，大小相当于72个足球场。

但同时，弗里多尔夫松等人（Fridleifsson et al.，2008年）也指出，全球各地对可再生能源的探求也在大规模开展。他们认为，这背后的驱动因素之一是可再生能源对环境的影响有限，具有优势。

全球重视开发地热资源的一个极有力的支持论点是，相比大多数其他的能源来源，它对环境的影响有限。若直接用于供热，其二氧化碳排放量可忽略不计；若用于发电，与化石燃料发电相比，其二氧化碳排放量也极小。

帕里奥等人（Parriaux et al.，2004年）曾被问及怎样看待有竞争关系的资源之间的潜在冲突。他们表示，如果地下交通基础设施与能源系统之间存在冲突，决策者往往会更倾向于开发前者。不过，我们认为，在探求可再生能源的大潮下，目前是难以做出决策的。因而，便不会有相应政策与规划出台，地下开发仍将遵循“先到先得”的原则。帕里奥等（Parriaux et al.，2004年）表示，他们希望这一潜在冲突能够推动工程师携手设计一个可同时服务于能源系统的地下基础设施系统。

地下空间规划新思路不仅需要出台政策与规范，还需要形成一种意识，即如果缺少所有利益相关方参与的规划流程，就编制不出“我们理想城市”可持续发展所需的解决方案。而这些参与型规划流程的成果，将会是跨学科协作带来的更多维度的地下资源利用。

1.4.3 地下：空间规划的对象

若从空间规划的视角来看待地下，我们可以看到两种潜在发展趋势：第一种是城市肌理部分向地下延伸。房屋建筑，不论新旧，下面均带有为各种用途而设的地下室。最常见的地下室是地下停车场，这其实是沿用了地下室的传统用途——储物。第二种是创建在某些节点上能与地表相连相通的地下空间网络。在如此情形下，地下规划的宗旨就归结为一个问题了，即如何规范地下开发，以防止这些开发活动对既有建筑或系统产生负面影响。但这种规划最多只能有助于避免资源间的冲突，如在允许地下空间开发的同时，避免饮用水含水层遭到污染。正如第 1.2 节所述，这是一种被动型规划思路，它因政策和规划规范的缺位而被动生成，受自发式地下开发的主导。

而一种更加主动的思路则是运用双重视角来看待地下。第一个视角着眼于对地下的探索，但这种探索同时旨在探明地下的具体构成，以及地下生态系统与地表生命之间的相互作用。地表生命与地下生态系统运行之间，存在一种紧密的相互依存关系。这种关系一言以蔽之，即地下支持维系着地表生命。第二个视角则着眼于我们城市的需求：打造具有韧性、包容性、可持续性以及（最重要的一点）宜居性的城市，所需要的是什么？地下利用与地下空间开发要实现可持续发展，唯一的出路，是去寻找使城市需求得到满足的办法，并取得城市需求与地下机遇之间的平衡。

上述两个视角为我们提供了地方城市层面的见解，但是否还需要区域和国家层面的意见？荷兰正在开展一项空间规划工作——编制《地下空间规划愿景》（*The Subsurface Spatial Planning Vision*），用以概述国家在地下开发方面的政策（荷兰政府，2015 年）。而这背后的主要动因是，荷兰政府已意识到，在荷兰的国土之下有着丰富的自然资源、历史遗存以及表层生态系统。同时，荷兰政府也敏锐地意识到，人类自发地在地下开展活动，并不总是有益无害。工业废水地下处置导致土壤和含水层被大量污染，就是一个惨痛的历史教训。如今，显而易见，从国家利益角度来看，国家政府担起了主要涉及自然资源开采的“地下深层”开发责任。区域政府大多从地下水流等跨城市边界的角度来审视“地下顶层”开发。而地方城市当局越来越清楚地意识到，应该着手做好地下开发相关规划。不过，迄今为止，如上文所述，此类规划工作都是在被动应对。

地下规划与规划的规模密切相关。从不同的视角去看地下规划，如国家视角、超国家视角或更地方性的视角，我们所想到的需解决的事项就大不相同。在城市层面上，有个问题已凸显出来，即如何在被动规划与更为主动的规划之间做出抉择。当然，只有采取主动姿态，我们才能真正从打造“我们需要的城市”这一大局出发来谈论地下规划。不过，这不只是城市规划师的工作。

我们不仅需要关注城市规划，还需要关注城市设计与建筑等学科——这些学科与其他学科一起塑造着我们的城市，同时为利用地下开发打造新的城市“组织”所需。从这个角度来看，我们有必要探讨全球大多数地下空间开发项目都缺乏的一个关键要素：连通性。

1.4.4 连通性：创建新的城市“组织”的关键

倘若地下景观不与地上建立各种连接，那么地下就仍会明显地与城市肌理脱节——唯有几个出入口可表明地下与地上或多或少是相连的。目前，地下景观中的结构至多是既有地表建筑向下延伸的“地下室”，而地下空间网络的存在则仅是为了满足公用设施或交通用途。如果不将上述各种单一用途串连起来，地下便不会形成城市“组织”。如果没有类似地表街道那样的地下走廊，地下开发依然会与城市隔绝，更不用说助力打造我们所向往的宜居城市了。简•雅各布斯（Jane Jacobs，1961 年）曾指出人行道与街道的重要意义：“每当想到一座城市，人们最先想到的是什么？是它的街道。如果一座城市的街道看起来有趣，那么这座城市也会跟着显得有趣；而如果一座城市的街道看起来枯燥，那么这座城市就会随之而显得枯燥了。”

为何过去了那么多年，地下空间开发还停滞不前？其中一个原因或许就在于，地下开发本身没能充分融入其他开发项目，打造出公共空间，并借此成为城市肌理中充满活力的一部分。简言之，地下空间大多沉闷无趣，无法吸引人驻足流连。

仅有的例外或许是加拿大和中国的大型地下城，其次是韩国和日本的地下城。虽然大家常说，地面上恶劣的气候条件是加拿大地下城取得成功的一大原因，但真正的原因无疑是加拿大有效整合了地下景观中的网络与结构，打造出了新的城市“组织”。从诸多方面来看，这个新“组织”能提供的“景点”与地面街道所能提供的数量相当，从而也就吸引了人流，刺激了不间断发展。

因此，地下开发新思路的核心在于，所有利益相关方之间需进行“空间”对话。这种对话是参与型规划工作中的一环，而参与型规划的开展，将形成相关愿景和战略，并以此明确新城市“组织”如何助力打造“我们需要的城市”。

1.5 本章核心观点

作为第 1 章，这里说明地下开发涵盖四种资源，城市地下空间仅是其中之一。就人类活动而言，地下本身可利用的范围有限。人类地下活动与开发项目大多在不超 200m 深的地下顶层进行。而谈及新城市“组织”，我们只需考虑地下50m深以内的相关开发。地下顶层以下是地下深层，其深度至多达5km。

聚焦通过地下利用来满足城市之需的根本原因，并不只是地上空间资源匮乏。如果只看重解决空间资源问题，就会造成地下开发杂乱无章，许多地下开发项目如此实施，已倒逼地方当局着手制定具体政策与规划规范。

我们认为，只有依循公开参与型规划流程，借此平衡“我们需要的城市”的各种需求与地下开发的潜在机遇，城市地下未来才有可能真正实现。而识别这些机遇本身也需要制定相关流程，因为地下开发不仅涉及地质状况，还涉及历史“档案”（考古遗迹），以及支撑地表生活的地下生态服务系统。

地质循环的时间范畴，与地表生命活动期不可等量齐观。然而，人类的一些干预正在引起地球动力学的改变。对此，我们有必要更深入地了解人类对地下干预的方方面面。

城市地下规划不仅需要平衡各种需求与机遇，还需要城市规划师、城市设计师以及建筑师等携手共建位于城市地下的新城市“组织”。这项工作的关键，是在地下建起与地表城市街道和公共空间不相上下的连通性结构。

跨学科协作必不可少，这不仅需要懂城市建设的人与懂地下开发的人相互协作，而且，那些能够提出各种解决方案的人也需参与进来，以便提出多用途的解决方案。因为地下可用空间有限，“先到先得”式地下空间利用不利于地下的可持续发展。

我们认为，新的城市地下范式应建立在“各方参与”“相互协作”“充分认识”以及“多用途创新方案”的基础上。唯有如此，地下这个“最后的城市疆域”，才有可能成为一份城市资产，助力我们打造有韧性、可持续、包容且宜居的理想城市。

本章参考文献

[1] IEOH MING PEI. The master architect behind Louvre pyramids, celebrates 100th birthday [N/OL].Telegraph Agence France-Presse,2017-04-25[2017-11-14]. http: //www.telegraph.co.uk/news/2017/04/25/ieoh-ming-pei-masterarchitect-behind-louvre-pyramids-celebrates/.

[2] BALDY J-L, LOPEZ-HERNANDEZ LA, OSBORNE J. The construction of the LHC-civil engineering highlights[M]//Evans (ed.). The Large Hadron Collider: A Marvel of Technology. Lausanne, Switzerland: CERN and EPFL Press, 2009.

[3] BAN K. The future we want [N/OL]. The New York Times,2012-05-24[2017-11-14].http://www.

nytimes.com/2012/05/24/opinion/the-future-wewant.html.

[4] Covent Garden Area Trust[EB/OL].(2017)[2017-11-14].http://www.coventgardentrust. org.uk/resources/environmentalstudy/background/history/.

[5] DOWLING T. Deep concerns: the trouble with basement conversions [N/OL]. Guardian, 2014-08-18[2017-11-14].http://www.theguardian.com/lifeandstyle/2014/aug/18/basementconversions-disputes-digging-iceberghomes.

[6] Dutch ATES[EB/OL].(2017)[2017-11-14]. http://dutch-ates.com.

[7] EVANS L, BRYANT P. LHC machine[J/OL]. Journal of Instrumentation 3, 2008, 14 Aug. [2017-11-14]. http://iopscience.iop.org/article/10.1088/1748-0221/3/08/S08001/meta.

[8] FRIDLEIFSSON IB, BERTANI R, HUENGES E, LUND JW, RAGNARSSON A, RYBACH L. The possible role and contribution of geothermal energy to the mitigation of climate change[C]//Hohmeyer O and Trittin T (eds). Proceedings of the IPCC Scoping Meeting on Renewable Energy Sources. Geneva, Switzerland: Intergovernmental Panel on Climate Change, 2008: 59-80.

[9] GEMEENTE ARNHEM. Nieuwe Structuurvisie [EB/OL]. (2012)[2017-11-14]. https://www.arnhem.nl/Inwoners/wonen_en_milieu/Ruimtelijk_beleid_en_woonvisie/Nieuwe_Structuurvisie/Structuurvisie_deel_2.pdf.

[10] Government of the Netherlands. I&M 2016 Budget: innovative solutions for a sustainable and accessible country[EB/OL]. (2015-09-17)[2017-11-14]. https://www.government.nl/latest/news/2015/09/17/i-m-2016-budgetinnovative-solutions-for-a-sustainable-andaccessible-country.

[11] HOWARD WW. The rush to Oklahoma[N]. Harper's Weekly, 1889(33): 391-394.

[12] JACOBS J. The Death and Life of Great American Cities[M]. New York, NY, USA: Random House, 1961.

[13] KASTRUP U, GUTBRODT B, GRÜN G. Boden Schätze Werte: Unser Umgang mit Rohstoffen[M]. Zürich, Switzerland: vdf, 2017.

[14] LARSON N. CERN eyes new giant particle collider[EB/OL].(2014) [2017-11-14].https://phys.org/news/2014-02-cern-eyes-giant-particlecollider.html.

[15] LI J, JI X, HAXTON W, et al. The second-phase development of the China JinPing Underground Laboratory[J]. Physics Procedia, 2015, 61: 576-585.

[16] MCDOUGALL H. Crossrail completes tunnels in Docklands and southeast London[EB/OL].(2014)[2017-11-14].http://www.crossrail.co.uk/news/articles/crossrail-completes-tunnels-in-docklands-and-southeast-london.

[17] OSTLER C. Iceberg homes: that's what today's billionaires are building-with underground discos, dog spas and even waterfalls...but it's driving the neighbours crazy[N/OL]. The Daily Mail, 2012[2017-11-14]. http://www. dailymail.co.uk/news/article-2243777/Iceberghomes-Thats-todays-billionaires-building-underground-discos-dog-spas-waterfalls--driving-neighbours-crazy.html.

[18] PARRIAUX A, TACHER L, JOLIQUIN P. The hidden side of cities-towards three dimensional land planning[J]. Energy and Buildings, 2004, 36(4): 335-341.

[19] REYNOLDS E, REYNOLDS P. Planning for Underground Spaces ‘NY-LON Underground’[C]// Admiraal H and Narang Suri S (eds). Think Deep: Planning, Development and Use of Underground Space in Cities. Hague, the Netherlands: ISOCARP/ITACUS, 2015.

[20] Royal Borough of Kensington and Chelsea. Basements Planning Policy[R]. London, UK: Royal Borough of Kensington and Chelsea, 2015.

[21] SAWE B. Deepest metro stations in the world[EB/OL]. (2017)[2017-11-14]. http://www.worldatlas.com/articles/deepest-metrostations-in-the-world.html.

[22] TAI R, CHAN A, SEIT R. Planning of deep sewage tunnels in Hong Kong[C]// Proceedings of the ITA-AITES World Tunnel Congress. Budapest, Hungary: ITA-AITES, 2009: 22-28.

[23] UTUDJIAN E. L’ urbanisme souterrain[M]. Paris, France: Presses Universitaires de France, 1952.

[24] WEI X. Digging deep to explore subterranean space[N/OL]. China Daily, 2016-03-03[2017-11-14].http://usa.chinadaily.com.cn/china/2016-03/03/content_23719655.htm.

[25] Wikipedia. History of rapid transit[EB/OL]. (2017)[2017-11-14]. https://en. wikipedia.org/wiki/History_of_rapid_transit.

[26] World Urban Campaign. The City We Need[EB/OL]. (2014)[2017-11-14]. http://www.worldurbancampaign.org/city-we-need.

第 2 章

人与自然和谐相处——城市地下可持续发展

2.1 人与自然和谐相处

“可持续”概念通常采用由世界环境与发展委员会（WCED，1987 年）编写，在格罗•哈莱姆•布伦特兰（Gro Harlem Brundtland）主持下完成的《我们共同的未来》（*Our Common Future*）这一报告中所赋予的定义。不过，“可持续”概念本身的历史要久远得多，它源自这样一个假定：地球自然资源有限。英国哲学家约翰•斯图亚特•穆勒（John Stuart Mill）在其《政治经济学原理》（*Principles of Political Economy*，1848 年）一书中写道：

> 如果仅仅为了使地球能够养活更多的人口，而不是更好或更幸福的人口，就让地球丧失那么大一部分的舒适宜人之感——因为使地球变得舒适宜人的事物，将被财富和人口的无限增长消灭。那么，为子孙后代着想，我便会真诚地希望他们能尽早地主动满足于静止状态，以免今后受现实所迫，被逼无奈去接受静止状态。

穆勒（Mill）假设了一个能够在不耗尽自然资源的前提下实现发展的社会，其所运用的手段是维持一种“静止状态”，以使后人与当代人相较，能同等地甚至更好地享用地球资源。因此，可持续发展就不仅在于保护自然资源，还在于维系穆勒所说的“更好或更幸福的人口”。布伦特兰委员会（the Brundtland Commission）曾表示，“从最宽泛的意义上来说，可持续发展战略旨在促进人与人之间以及人与自然之间的和谐。”（WCED，1987 年）

对“地下”进行定性，我们有多种方式，最简单的就是将地下视为生命的基石。我们建造城市有赖于地下的支撑，我们播种、收割作物也有赖于地下的支撑；我们从地下采掘工业所需的燃料和城市建设所需的材料；我们利用地下资源来满足我们的需求，地下为人类提供了各种资源和服务。这些资源是不可再生的，终有枯竭之日。而生态系统服务却是可再生的，能够重新生成。不过，这种再生其实也是有限的，因为自然作用过程一旦受到扰乱，生态系统服务就会丧失再生能力，并消失不见。

可持续发展要求我们为子孙后代留下资源：做好空间使用规划（“利用”），并制定规范以防止维系生态系统服务的自然作用过程受到扰乱（“保护”）。只有平衡对地下的利用与保护，才能实现可持续地下开发。这就需要推出各种地下利用分析模型以及相应的地下利用决策框架。在某种程度上，地下开发与地面开发一样，也需受城市规划与环境审核的约束。地下空间利用问题之所以显得复杂，主要在于需了解地下地质构成状况、地下生态系统服务种类以及维系相关服务的自然作用过程。

在以下章节，我们将进一步论述可持续概念，并提出一个可持续地下开发评估框架。

2.2 人类对地下的干预

回顾历史，我们可以看到，人类在地下的辛勤劳作可追溯至很久以前。随着英国诺福克新石器时代燧石矿的发现，我们可将人类挖掘矿坑、矿山开采地球资源的历史上推至公元前 3000 年左右 [史前史学会（The Prehistoric Society），2017 年]。当时，开采出来的材料仅是用于制作工具的燧石。直到后来，人类才开始开采铜矿，用铜来打造工具和饰品。

早期文明取暖和烹煮食物往往使用木材和泥炭。在荷兰，地理景观就曾因此而大变——无数森林遭到砍伐，许多古时挖土取泥炭的地方出现了大湖。

工业革命催生了人类对煤炭贪得无厌的渴求，煤炭被视作推动经济繁荣的“燃料”。蒸汽机、火车头和轮船等都需要靠这种“黑钻石”来提供动力。因此，大量竖井和地下廊道遍布在地表之下，延伸无数公里。例如，在荷兰东南部绵延起伏的土地上，就有许多采煤用的竖井和坑道——共计 12 个矿坑和 34 口矿井，最深者达地下 1058m（VPRO，2016 年）。1965 年，这片地区停止了采矿活动，而能证明此地曾有过活跃矿坑的那些肉眼可见的矿坑残迹已从地表上被抹去了，仅留下了一个不可见的庞大的坑道网络——在海尔伦（Heerlen）、布林瑟姆（Brunssum）和格林（Geleen）等市镇地下绵延分布，至少有八层。政府关停这些煤矿的计划（“从黑到绿”，From Black to Green）执行了 10 年终告完成（ArchiNed，2008 年）。而能够证明这些煤矿曾存在过的唯一证据，则埋在荷兰境内最大工业综合体地下看不见的深处，保存给子孙后代，永久留在地下（图 2-1）。

随着资源开采量日益增长，地下工业活动也日益增多，由此，城市下方的地下空间很快就变成了一个城市服务“地层”。管道和电缆纵横地下，而各种工业则将工业生产过程中产生的废弃物排到地下，且填埋式垃圾处置已成常规做法。直到环保意识有所提升，人类才开始对上述资源开采与垃圾处置做法予以批评。人类对地下的干预，已开始逐渐影响到至关重要的饮用水水源。地下无法再净化水了，即污染物留在了饮用水水源中，导致饮用水不再适合人类饮用。

采矿活动缩减，矿山纷纷关闭，矿井和坑道留在了地下，导致地面可能发生塌陷或沉降。其实，各种陷坑的出现历来都被归咎于以往的采矿活动。法国地质调查局（French Geological Survey）将洛林（Lorraine）铁矿盆地的弗朗什普雷（Franchepré）区列为“高风险”地区，是因为此地某住宅区地下经常发生局部洞穴塌陷，而这种潜在危险正是源自一座活跃于 19 世纪末至 20 世纪 30 年代初的铁矿 [法国地质研究与矿产局（Bureau de Recherches Géologiques et Minières），2013 年]。

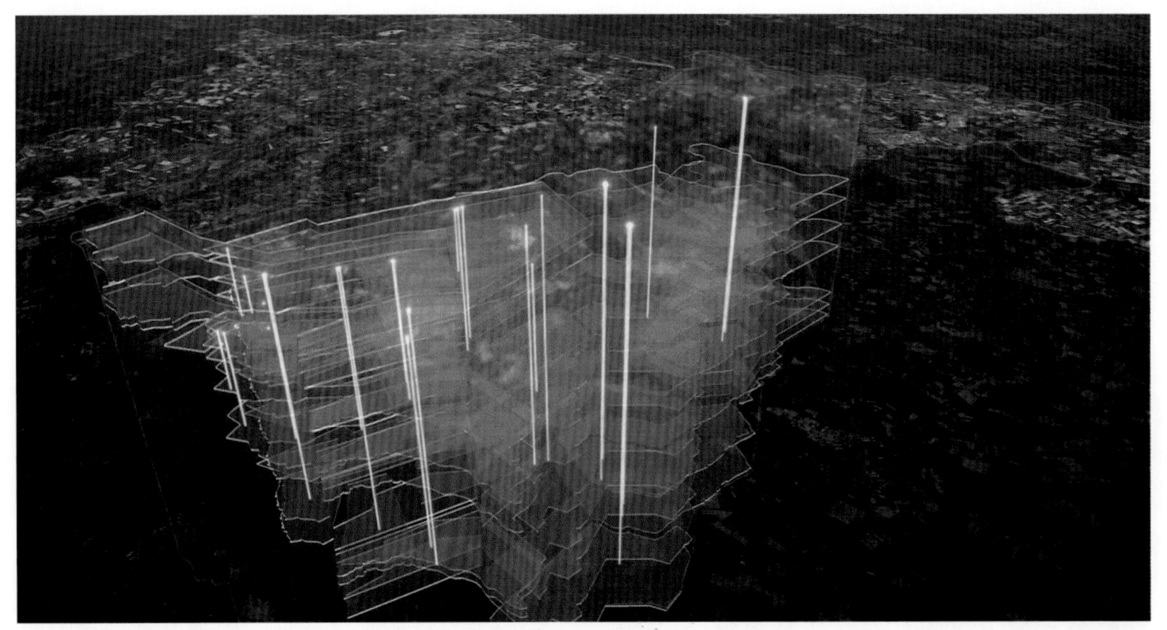

图 2-1　荷兰南林堡省（Zuid-Limburg）地下的采矿业遗迹 [纪录片《看不见的荷兰》（Invisible Netherlands）剧照，©VPRO，2016 年]

工业废地存在污染土壤，若不采取干预措施，是无法适宜人类居住的。不过，项目开发商并不愿意开发这些地块，而地方政府又无力为土壤修复买单。在开展环境地球化学基线调查（G-BASE）项目过程中，英国地质调查局（British Geological Survey）调查了格拉斯哥市的工业废地。该项目与克莱德和格拉斯哥城市超级项目（CUSP），均旨在“进一步了解人为污染的影响及其对生态系统和人类健康构成的潜在威胁”[福代斯（Fordyce）等，2013 年]。

如今，荷兰的煤炭和天然气开采活动导致人口分化日益加剧。天然气取代煤炭的国民燃料地位，不仅导致煤矿纷纷关停，荷兰南部社会经济惨淡，还使北部面临一大威胁——由于无节制地开采天然气，该地区如今面临人为诱发的地震风险。曾经，这些开采活动给荷兰带来了巨大经济效益，但如今却已沦为潜藏着建筑修复与法律索赔纠纷的噩梦，导致了针对享乐伤害和损失的赔偿。在一例诉讼案件中，法院裁定，地震不仅是一大工业公害，还直接侵扰了受影响群体的个人生活。因此，应就这些开采活动导致的损害进行赔偿 [北荷兰省法院（Rechtbank Noord-Nederland），2017 年]。

上述例子说明，人类对地下的干预即使最初带来了成功，为社会经济发展做出了巨大贡献，但终将影响后代的生活。面对这一问题，地质学家、水文学家、地球化学家、生态学家以及环保人士等纷纷站出来发声，表达了对大规模地下空间开发的担忧。由此激起了各种呼吁——有人呼吁对地下进行保护，也有人十分极端地呼吁禁止进一步的人为干预，至少在我们了解清楚地下利用的确切后果以及可能产生的潜在长期影响前，先不要轻举妄动。

过去 20 年来，我们对地下空间开发知之甚少，不过有一点是明朗的：我们仍然缺乏相关知识以及各种模型，来帮助我们从生态的角度去充分认识人类对地下的干预可能造成的后果。换言之，即使我们可以充分论证任何地下空间项目的种种好处，但若谈及项目对地下的潜在影响，我们仍然只能凭空猜测。对决策者来说，这就使地下空间开发决策过程变得棘手而复杂了，因为对于地下开发从长期来看将给生态系统服务带来怎样的影响，我们还无法给出真正的答案。

在这方面，一个值得思考的例子是英国 A303 公路（连通英格兰南部和西部）的拟建隧道项目。该项目位于世界文化遗产史前巨石阵古遗迹附近，而该遗址目前被这条既有公路一分为二。在环保人士看来，巨石阵附近这条公路一直很碍眼，破坏了这处伟大文化遗产的整体景观。当然，让这段公路改道并不现实。所以，乍看之下，将其引入地下隧道似乎是可行方案。但现实情况是，这个提议并未取得预期赞许。相反，反对之声四起，理由是遗址地下部分覆盖范围尚不清楚，且周围可能还有未发掘出的文物。三个遗产保护团体警告说，“政府当前给出的隧道西侧洞口方案令人担忧，需要大改。[莫里斯（Morris），2017 年]”这些团体的担忧涉及地下为人类提供的一项生态系统服务，那就是文化服务——表现为保存人类遗产。

再如，荷兰有个拟建隧道项目（连通 A6 和 A9 公路）也因引发公众担忧而被迫取消。该拟建隧道的线形从自然景色美不胜收的纳尔登湖（Naardermeer）下方穿过。项目主要问题在于，若是在隧道开挖或竖井施工过程中出现任何失误，就将导致湖水渗漏，最终使纳尔登湖干涸消失 [阿德米拉尔（Admiraal），2006 年]。

以上两个例子均表明，地下人为干预的影响具有高度不确定性。在人为干预后，影响可能立马显现出来，呈暂时性，也有可能较晚才显露出来，通常会在初始干预发生很长时间之后。人为干预对地下的扰动可能表现为土壤沉陷，或者对保障人类赖以生存的生态系统服务的自然作用过程产生负面影响。

不论是新建隧道还是停用既有隧道，二者均需进一步认识地下以及人类对地下的依赖度。我们得认识到，任何地下干预均会立刻在开发项目与周围环境之间建立一种相互依赖关系。这并不是一个新鲜概念，它同样适用于地表上的任何人为干预。不过，地下更加复杂，因为我们仍然在费力地了解这种复杂关系的形成机制。当然，最大的问题在于，这是否意味着我们应该完全绕开地下，不去开发它。在作者看来，答案是否定的。地下空间开发能够给社会带来的潜在效益是巨大的，人类无法抗拒。但我们确实需要深入了解地下，这样才能在地下空间利用上做出平衡的决策。过去的经验教训是宝贵的，我们可以加以借鉴，避免重蹈覆辙。我们需要防范任何形式的地下无差别利用。历史教会我们，只有项目本身是可持续的，并且项目能维持或提高地下可持续性，地下空间开发才会是可持续的。

2.3　地下生态系统服务

2000 年，时任联合国秘书长的科菲 • 安南（Kofi Annan）向联合国大会递交了一份报告。该报告名为《我们人民：二十一世纪联合国的作用》（*We the People: The Role of the*

United Nations in the 21st Century，Annan，2000 年）。在报告中，安南写道：

> 自然环境免费为人类提供赖以生存的基本服务。臭氧层屏蔽对人、动物和植物有害的紫外线。生态系统帮着净化我们呼吸的空气、饮用的水。生态系统还把垃圾转化为资源，降低大气中二氧化碳的水平，减缓全球变暖。生物多样性为人类提供了丰富的药材与食物资源，同时也维持着基因多样性，增强物种抵御虫病的能力。但是，我们正在削弱甚至摧毁自然环境持续提供这些人类赖以生存的服务的能力。

科菲·安南说，从中只可得出一个结论：“我们没有给子孙后代留下在这个地球上持续生存发展的余地。”

为改变这种状况，安南呼吁开展“千年生态系统评估”（the Millennium Ecosystem Assessment）。该项目旨在进一步了解生态系统、生态系统的脆弱性以及人类如何管控或提升生态系统服务[安南（Annan），2000 年]。

后续发布的千年生态系统评估报告中，包含了一个界定生态系统服务的框架，该框架受到了全球认可（表 2-1）。该框架下一共有四大类服务：支持服务、供给服务、调节服务与文化服务。考虑到各国国情差异以及生存环境的差异，各国对该基本框架有相应调整。

千年生态系统评估报告提出的生态系统服务类别 表 2-1

支持服务	供给服务	调节服务	文化服务
营养循环 土壤形成 初级生产	食物 淡水 木材与纤维 燃料	气候调节 洪涝调节 疾病调节 水净化	美学 精神 教育 休闲娱乐

普莱斯等人（Price et al.，2016 年）做了一个示范：根据英国对城市地区的千年生态系统评估结果改良了原有框架，援引罗林斯等人（Rawlins et al.）的成果，新增了一个类别（表 2-2）。新增类别“平台服务”涉及既能向地表建筑提供支持、又能促进构筑物接

普莱斯等人（Price et al.，2016 年）提出的城市生态系统服务 表 2-2

支持服务	供给服务	调节服务	文化服务	平台服务
土壤形成 营养循环 初级生产 栖息地空间	气候 / 气温（空气质量、土壤质量） 防洪 疾病控制 用水（质量与存量下降） 噪声	食物（分配） 供水（饮用水与工业用水） 木材与纤维 能源碳储存 / 监管	美学 精神 教育 休闲娱乐与旅游 考古 地域感	发展支持（地上与地下、承载能力） 电气接地

地的生态系统服务。新增“平台服务”类别之所以值得关注，是因为它填补了原框架下的一个空白：没有考虑地下的人为干预及其与生态系统服务之间的相互依赖。因而，此举强调了可持续地下空间开发考虑这个相互依赖关系的必要性。

荷兰政府（2016年）在其《地下空间规划愿景》——当前仍然在走公众意见征询程序——中论及这个相互依赖关系。虽然该规划愿景仅限于较深层的地下以及涉及重大国家利益的地下利用，但也纳入了一些涉及可持续地下空间利用的有趣观点。从规划角度出发，该文件关注了以下两类地下利用：供给物资与提供服务。在供给物资方面，文件给出的其中一个例子是开采不可再生物资，如化石燃料与矿产。作为能源与建筑材料，这些物资具有重要意义。而在提供服务方面，地下则能提供生态系统服务，如雨水渗滤——地下能够净化雨水，将其变为可饮用水。该文件表明，只要支撑服务的自然作用过程不受干扰，这些服务就是可再生的。从这一空间愿景的规划视角来看，上述两类利用之间的一个主要差别在于，为专门用途配置空间的惯常规划做法仍可适用于地下物资利用，只要遵循三维立体化的思路即可；但就生态系统服务而言，这个思路不合适，因为需要采用更加规范的方法来设定用来维持服务的边界条件。该文件中的这些考虑因素带来了下列政策声明 [荷兰政府（Government of the Netherlands），2016 年]：

> 人们普遍认为，如要实现可持续且高效的地下利用，每一种“新活动”对土壤和地下水质量的不利影响都需受到最大化限制，其对既有土地利用的扰动也需尽可能地降低。然而，若决定以新用途取代既有用途，则后一种要求自然就不适用了。在此情况下，还应充分注意限制开发活动在当前及今后对地上环境质量的潜在负面影响。政府只有在必要时才会预留和保护具有特定用途的区域。若如此，则需确定特定用途的有用性与必要性，需让为此而选定的区域在开发利用上符合可持续与高效利用标准，并且还需将相关区域专门预留给特定用途，以避免其他用途削弱特定用途的利用潜力。如此一来，就会为未来开发活动预留尽可能多的空间。而在新开发项目上，政府应采取主动积极态度。也就是说，政府要预先设定好地下利用新举措的前提条件，明确市场。

生态系统服务为人类带来的福祉是世所公认的。千年生态系统评估结果表明，我们应尽可能避免并逆转生态系统服务的退化。

在城市地区，生态系统服务对维持宜居城市至关重要。布伦德与汉哈马尔（Bolund and Hunhammar，1999 年）分析了服务于斯德哥尔摩的生态系统，强调了这些服务对城市地区生活质量的重要意义。他们得出的结论是，“土地在城市地区既然是非常宝贵的资产，或许就需要在同一地块上实现多种用途的结合，以保障和改善生态系统服务的再生能力。”

伦德与汉哈马尔指出在城市地区对地下空间进行利用的理由，不仅在于能够平衡地下保护与利用，还在于可以探索通过生态学方法，让地下空间利用促进生态系统服务的改善。

2.4 生态学方法

布朗（Brown，2014 年）称，21 世纪基础设施源于过去工业化的传统，亟须引入革新的后现代思路。随着时间的推移，我们规划、设计、建设和运营公路、铁路以及城市公用设施系统的方式并无多大改变。自蒸汽机车发明以来，虽然随着列车行进速度大增，铁路相关规范也随之修订，但无论从哪一点来看，铁路线的外观都无甚变化。而城市公用设施系统则与 20 世纪初一样，仍然是沿着杂乱随机的线形埋设于地表之下。由此，布朗主张进行变革性反思，呼吁建立互联互通、多功能且由协同系统构成的新型基础设施生态。用她自己的话说，即：

> 现今的交通运输、废弃物处置、供排水、污水处理以及能源配送等系统之间不可避免地存在相互依赖关系。发电厂离不开水冷却，水处理和公共交通离不开电力，而能源生产也离不开煤炭运输，如此等等。并且，这些系统全都依赖信息技术（IT）。然而尽管如此，我们仍在继续将这些系统按领域和管辖权分散成不同的板块。同时，我们还在心理上将公用设施与自然系统区隔开来，尽管几乎所有基础设施服务都以自然系统为本源。基础设施系统，是碳、水、能源之自然流转的人为延伸，因此合适恰当的相关建模或许应建立在自然生态系统的共生关系上。以此整体化系统观为基础，我们也许可以重塑具有生态依据的后工业时代的新一代基础设施。

布朗认为，采用整体系统视角，就是要将五项原则运用于任何新开发的项目。具体而言，生态基础设施应该符合以下原则：多用途并对土地进行混合式利用，节能减排，引入绿色基础设施，为周围社区创造社会经济效益，包含气候适应措施 [布朗（Brown），2014 年]。

这些原则具体运用于地下设施的一个例子，是地下数据中心的出现。随着互联网和云服务的应用在全球普及，人们对越变越大的大型数据中心的需求也在上升。一般而言，这些数据中心由极其耗电的服务器组成。运行中，因为处理器将产生过剩的热量，所以需对其服务器进行冷却。在芬兰赫尔辛基的乌斯佩斯基大教堂（Orthodox Uspenski Cathedral）下方，一座旧时的政府防空洞获得了新的生命——芬兰 IT 公司 Academica 在该防空洞内安装了一台新的 2MW 数据服务器。该公司从邻近海港取水，用来冷却服务器。他们不将冷却过程产生的热水送回海里，而是抽到市内的地区供暖系统中，以数据服务器产生的热量给大约 500 个住户供暖 [维拉（Vela），2010 年]。维尔科瓦（Velkova，2016 年）对数据中心的增长以及如何循环利用产生的热量进行了大量分析。那么，比照布朗的五大原则，这个例子的表现如何呢？首先，在多用途并对土地进行混合式利用方面，由于项目重新利用了以往修建的地下空间，所以非常符合这项标准。其次，在节能减排方面，项目同样符合标准。然后，项目抽取了海水作为冷却水，并且将数据中心布置在周边气温较低的地下设施中，能够减少数据中心对供冷耗能的需求。再者，项目向地区供暖系统供应热水的做法给当地社会带来了直接效益。最后，冷却水的再利用有助于适应气候变化。

将上述五大原则推向另一个层次的，是旧金山跨海湾交通枢纽中心（The San Francisco Transbay Transit Center）项目。该项目是地下空间利用融入地上空间利用的范例。项目为一多模式联运交通枢纽，是旧金山跨海湾区域改造项目的一部分（图 2-2）。

项目在可持续发展方面取得的成就令人瞩目（图 2-3）。项目的主要亮点是建设了一座占地 2.2 公顷（1 公顷 =10000m^2）的屋顶公园。公园向公众开放，并在兼容高效灌排系统的同时，缓解市区热岛效应。项目充分利用了自然光线，通过采用自然“灯柱”减少了室内区域对电力照明的需求，而这类自然“灯柱”还能起到自然通风作用。项目建设中，需对既有中心站进行拆除，由此产生的废弃混凝土足以填满 28 个奥运会规格的游泳池。不过，所有的废弃混凝土均将得到回收利用。项目还使用了灰水存储池，以减少暴雨径流 [跨海湾项目（Transbay Program），2017 年]。此外，该枢纽中心的饮用水使用量也将减半，从而将节省近 600 万升的饮用水（Urban Fabrick 公司，2015 年）。

除完全符合布朗的五大原则，该案例研究还展现了相关开发如何帮助提升城市生态

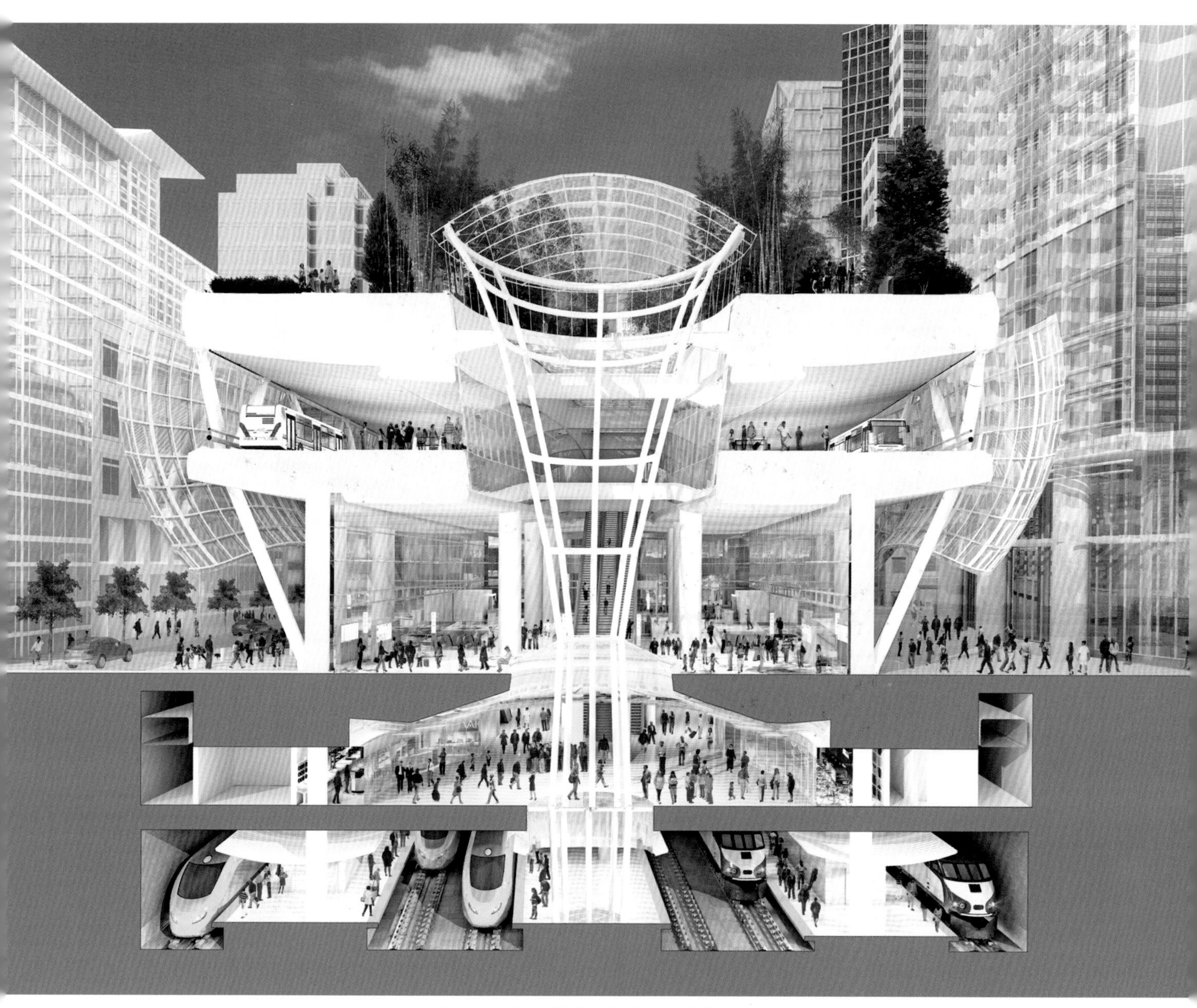

图 2-2　旧金山跨海湾交通枢纽中心横断面图

[项目建筑师：佩里 · 克拉克 · 佩里（Pelli Clarke Pelli），效果图来自跨湾联合管理局（TJPA）]

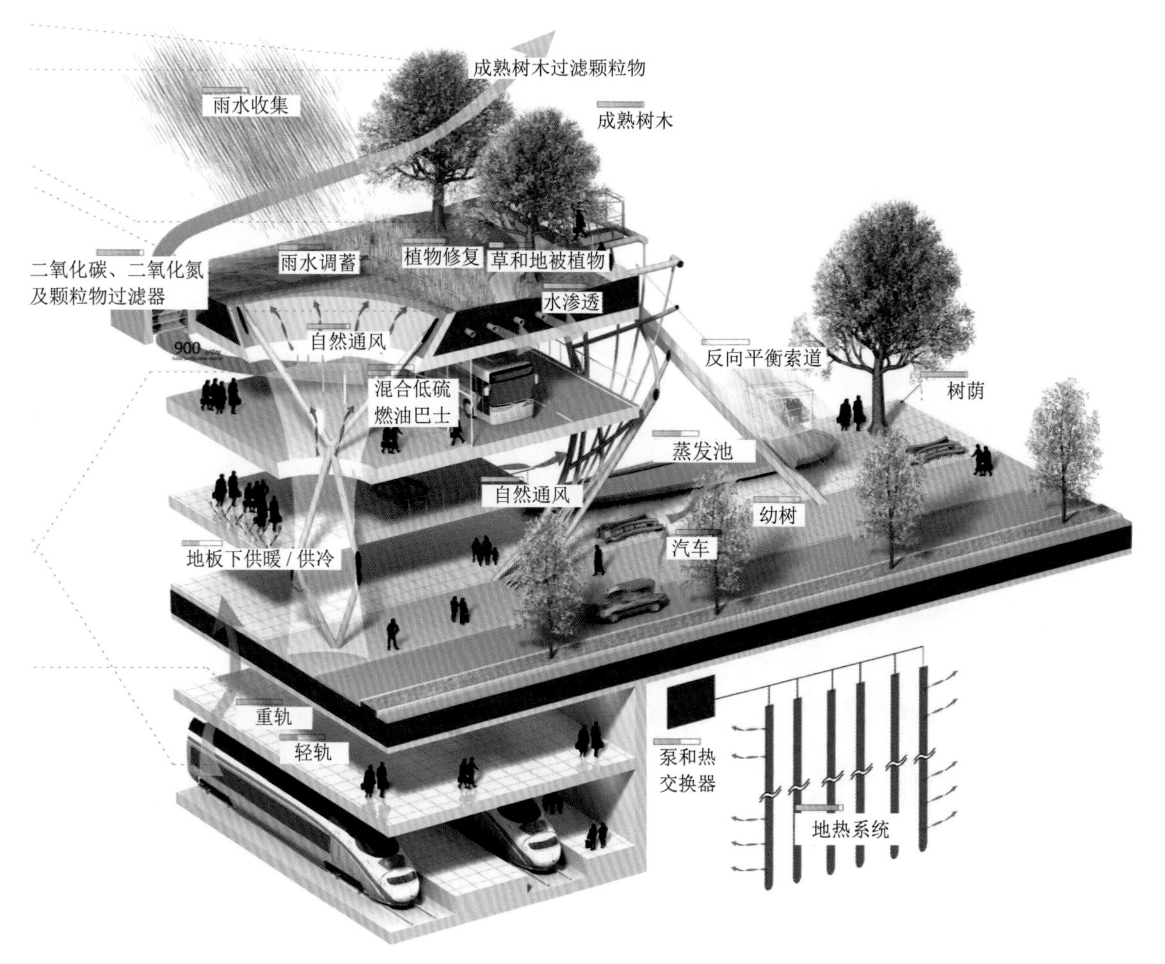

图 2-3　旧金山跨海湾交通枢纽中心的可持续性设计
（图片来自荷兰乌得勒支 Except Integrated Sustainability 公司，转载经 CC BY 2.0 许可）

系统服务水平。另一个达到如此标准的地下开发实例是纽约市布朗克斯区的克罗顿水过滤厂（Croton Water Filtration Plant）。该项目由一座地下设施及其上方用作高尔夫练习场的绿地构成 [布朗（Brown），2014 年]。有意思的是，纽约是通过评价生态系统服务来论证这个设施的合理性的——借自然之力过滤并净化水。而项目将拟建设施置于地下，未盖在绿地上，留出一片绿色空间，则增加了自身的美学和休闲娱乐价值。图 2-4 为项目及开发后的情况。

此外，克罗顿项目还着重彰显了前文所述的能够保障和提升生态系统服务的混合式土地利用原则。与此项目相类的另外一个例子是位于荷兰鹿特丹的多克哈芬污水处理厂[Dokhaven Waste Water Treatment Facility，科纳罗（Cornaro）与阿德米拉尔（Admiraal），2012 年]。该厂建于市中心区一旧码头之下，并覆以绿化屋顶。由此形成了一个公共绿地空间，并环绕这片绿地冒出了许多住房开发项目。毋庸赘言，倘若该项目当初是放在地表上开发的，断然不会取得上述成功。同时，这也是一个发人深思的城市再生规划的范例，因为该项目对废弃码头实施了改造——如未经此改造，这样的码头除了可供人回味昔日繁忙的商港活动外，将别无他用。

图 2-4　克罗顿水过滤厂的绿化屋顶提供了可容纳高尔夫球练习场的空间
[©Alex MacLean 与纽约市环境保护局（NYC Environmental Protection）]

马德里河项目是另一个范例。该项目需将20世纪70年代建于曼萨纳雷斯河（River Manzanares）河岸之上逾40km长的城市高速公路（以及高压电线等其他市政设施）改建到地下。Burgos & Garrido、Porras La Casta、Rubio & A-Sala以及West 8几家公司共同提出了项目设计方案。方案中提到，等到高速公路以及一套由25个暴雨雨水储罐组成的系统被移至地下后，将在所空出来的空地上通过种植15000棵树，打造出面积为150公顷（150万m^2）的公共绿地空间（图2-5）。这是一个多用途项目，对用地进行了混合模式的利用，在同一地点上叠加了不同用途，毕竟马德里是座人口特别稠密的城市，非常注重可持续发展。由此，项目中就有了一个占地规模可观的巨型绿色基础设施。而项目既然为市民打造出了一大片公共空间，它也就兼顾了社会效益。同时，项目的绿化与渗透性可缓解热岛效应，并可控制车辆排放的污染气体，因为供车辆穿行的地下公路隧道能先对污染气体进行过滤后，再将其释放到大气中。此外，该项目还可过滤和蓄留雨水，从而改善沿岸河水质量。

a）

b）

图2-5　马德里河（Madrid Rio）项目为该市打造了150万m^2公共绿地（图片来自Ayuntamiento de Madrid，航拍图片来自Burgos & Garrido、Porras La Casta、Rubio & A-Sala以及West 8）

上述案例共同说明了，我们可从可持续发展的角度来评价这些项目。一个项目的可持续性体现在能够符合布朗的五大原则，并保障或提升生态系统服务上。然而，如何将这些因素统统纳入可持续城市地下开发决策模型中，仍是一个有待解决的问题。

2.5 构建可持续地下开发决策模型

过去，利用地下空间的理由通常受到这样一种观点驱使，即地下空间利用本身是可持续的。修建隧道可缩短出行距离，从而减少燃料消耗。这个观点本身无可挑剔。然而，它是片面的，没有触及其他需考虑的诸多方面。我们在此提出的模型（图 2-6），试图囊括前面章节中探讨的多种因素，并充分借鉴布朗（Brown，2014 年）、普莱斯等人（Price et al.，2016 年）以及我们自己（Admiraal 和 Cornaro，2014 年）的研究成果。这一模型的目的不仅是评估拟建地下空间开发项目能否被视为可持续项目，更重要的是为城市规划师、建筑师和城市设计师提供一个可持续地下空间开发框架。

正如我们所看到的，可持续发展就是一种以古为鉴、心系未来的当下发展。在这个

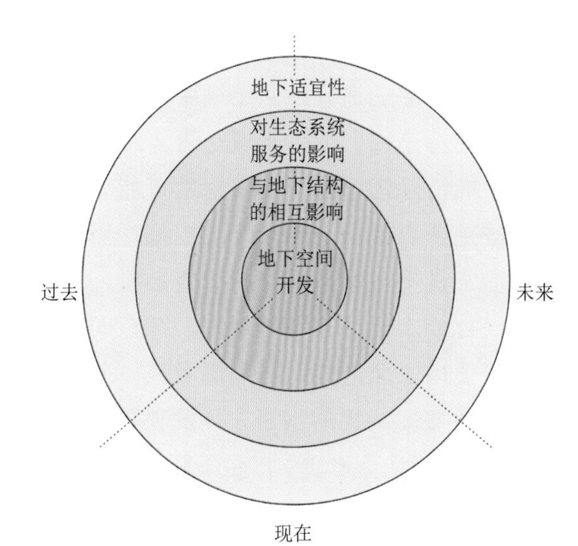

图 2-6　城市地下开发评估模型

意义上，可持续地下开发的各条准则就必须置于过去、现在和未来这三个时间维度之下。虽然这三个维度不是同等适用的，但却可将每个维度都框入一个大背景中，从而帮助规避短线思维。上述原则也可视作甄选不同方案的手段，因为这些原则能够充当筛选方案时所用的“选择性过滤器”。如果可持续发展是评估具体方案的标准，那么一旦达不到其中一条，项目就会遭到否决，被视为不可持续项目。

第一步是从人为干预角度判定地下利用的适宜性。城市地下空间是否适宜拟建开发项目？这需要根据地质和空间规划的适宜性进行判断。地质适宜性由地下项目实际开发

的可行性分析的结果决定。同时，还需审视地球化学方面的适宜性。土壤中是否含有无法清除的污染物？或者土壤是否需经特殊处理后才能清除污染物？开发棕地可能涉及对污染严重或毒性极强的土壤的挖掘，而这类土壤通常是不宜触碰的，就算要触碰，也需事先进行成本高昂的特殊处理。在空间规划上，可使用《地下空间规划愿景》（荷兰政府，2016 年）给出的指引。开发项目是否会对土壤和 / 或地下水质量产生不利影响？是否会对地上环境有害处？在这方面，水力压裂（fracking）是一个很好的例子。水力压裂法需使用地表设施，同时也将干预地下。在荷兰，如果水力压裂项目与既有饮用水含水层存在潜在冲突，有导致污染的可能，则足以让这类项目叫停。因此，规划中对涉及饮用水含水层的地区进行了保护，使其免受外来干扰。过去—现在—未来的评估通常会考虑饮用水含水层的状况，并针对未来情况强化保护。

第二步是审视拟建开发项目将对生态系统服务产生怎样的影响。在这一步，我们只需考察地下生态系统服务，而开发项目对地表生态系统服务的任何贡献均将留待之后评估。在此，我们需仔细审视这些服务本身，以及支撑这些服务的自然作用过程。这项评估工作可能极其不易。有时，我们对这些自然作用过程的认识是有局限的，因为这些作用过程发生的时间跨度差异很大，通常是 50 ～ 100 年不等。而我们对这些作用过程的考虑，可能仅仅局限于地下开发项目短短的使用寿命期内。前文中荷兰出现的人为诱发地震的案例，更进一步揭示了这个问题。如果当初决定开采天然气之时能预先考虑未来的地震风险，那么就能提前采取相应的防范措施了。在最糟糕的情况下，相关方还可能因认为项目危险性过大，直接不再推进项目。

在考虑地下开发项目时，必须小心对待既有地下结构。这些结构可能是废弃不用的旧结构、正在使用的现存结构，也可能是规划中的未来结构。在考虑大规模地热应用时，城市也需注意项目对地下基础设施未来线形规划可能产生的影响。一个垂直布局的开发项目与另一水平布局的开发项目可能产生重大冲突，甚至妨碍未来地下开发。从可持续发展角度来看，我们必须避免此种情况。不过，个中难点在于需要立足当前城市开发，放眼未来城市地下空间利用。在这方面，三维思维加上地下分层是一种解决方案。荷兰的《地下空间规划愿景》区分了两大地层：地表至地下 200m 的地下浅层以及地下 200m 以下的地下深层。一般来说，城市公用设施位于第一层，即地下浅层，深度约 1.5m。更深层的开发，则要取决于地质状况，而地下水的存在可能会严重制约更深层开发。对此，我们将在第 5.2 节加以论述。史等人（Shi et al.，2015 年）探讨的城市规划方法体系就分层原则进行了说明。在这个方面，特定地下空间可通过水平分区规划和纵向分层来实现三维化用途配置。

最后，地下空间开发本身需要从可持续角度进行评估。假设拟建项目通过了上述所有的“漏斗滤层”，那么拟建项目还将面临可持续性评估这最后一个“滤层”。我们建议，将布朗（Brown，2014 年）提出的五大原则作为这项评估准则的主要指标。这些原则不仅囊括了基建新思维，本身还能应用到其他城市开发项目上。

虽然这个模型针对的是城市地下开发，但其适用范围并不局限于此，如瑞士萨尔甘斯（Sargans）的晶圆厂（Waferfab Factory）。该厂位于贡岑（Gonzen）山内开凿的一座大型洞穴中，是为生产半导体晶圆片而建。其相关生产需要的环境特殊（图 2-7）——设施需恒温控制且不得出现任何振动。如果当初该厂建在地面上，仅为满足上述特殊环境要求，就需采用复杂地基。从地下适应性来看，贡岑山岩体坚实，可采用钻爆法开挖。由于岩体足够稳定，施工不会对整座山及周围环境（包括一座 17 世纪建造的小教堂）造成任何不利影响。出于对周围环境的考虑，即使在有可用土地的情况下，地表建厂方案也无法获得规划许可。而在山体内建厂，不仅未对地表生态系统服务造成干扰，反而给周边社区带来了经济效益——创造了就业机会。并且，工厂建在山体内部，可避开行车等周围活动导致的振动。山体内部的恒温环境，又可减少夏季供冷、冬季供暖需求，从而产生极大的节能效益。此外，施工弃碴经处理后还可进行再利用，变为公路项目所需的骨料 [鲁格（Ruegg）等，2013 年]。从长远来看，由于该厂建在大型洞穴内，若工厂今后停止运营，其所占空间则可改作其他用途。

采用建议模型对该项目进行评估，评估结果为该项目可被视作可持续项目。评估主要考虑了大型洞穴空间未来再利用以及施工弃碴再利用两方面的变通性。

但我们也要意识到，任何模型均有局限性。提出这个模型，只是向建立可持续地下空间开发框架迈进了一小步。该模型的价值在于，它考虑了地质、生态、规划和环境等方面的因素，并提出了更环保的基础设施开发新思路。该模型还表明，评估一个开发项目的可持续性，仅考察项目本身的开发量是不够的。在推进地下空间的开发过程中，还需秉持一种建立在人与自然和谐共处基础上的整体观。

图 2-7　瑞士萨尔甘斯贡岑山内部为晶圆厂开挖的大型洞穴

2.6 本章核心观点

本章首先论述了人与自然和谐共处的必要性——这对人类在地球上的生存至关重要。相关文献表明，“地下资源有限”这个理念可追溯至19世纪。如我们已看到的，人类需要平衡的事物有很多，资源或物资只是其中一部分。考虑到我们如今生活在一个有人建议以“人类世”称之的地质年代，我们需考虑人对地下的干预，以及相关干预对地下生态系统服务的影响。

其实，人类对地下的干预贯穿古今，从人类挖取燧石制作工具和武器的新石器时代，一直延续到了开采矿石和碳燃料的现在。我们从过去经验中汲取的一项教训是，在某些情况下，废矿或大规模采掘作业会影响地表生命。土体沉陷、陷坑或人为诱发的地震都是人类对地下干预所产生的不可预见后果。有时，相关干预对生态系统的影响在干预发生很久后才会显露出来。如此种种皆表明，我们不仅需深入了解将规划开发项目放在地下的适宜性，还需深入了解这些开发活动对地下可能产生的长期影响，以及由此衍生出的对地表的长期影响。以往干预所导致生成的地质和地球化学构造，决定了地下和地上开发项目当前的适宜性。

千年生态系统评估表明，地球上的生命依赖于自然环境提供的生态系统服务。生态系统服务的独特之处在于其可再生性，这与地下空间中蕴藏的非可再生资源或物资迥异。不过，生态系统服务的再生能力完全依赖于背后的自然作用过程，人类杂乱无序的地下开发活动可能扰乱甚至破坏这些作用过程。因此，我们需要评估拟建开发项目对地下环境的影响。

几个世纪以来，基础设施建设并无多大变化，无非就是基本的公路和铁路。后现代基础设施建设需要我们予以彻底的再思考，这有两方面原因：第一，是为了使基础设施与自然和谐共存；第二，是通过再思考使我们想出为基础设施融资的新思路，因为可持续的基础设施有多种用途且能改善城市生态系统。这样实施的可持续城市地下开发，将有助于城市变得更具韧性、包容性和宜居性——由此通过缓解城市热岛效应、减少污染并打造更多供人休闲娱乐的绿色公共空间，既提高人们的生活质量，又为人们带来健康福祉。

我们提出的可持续城市地下开发决策模型，为可持续决策或可持续规划设计提供了一种全盘型评估方法。采用上文所述方法，该模型呈现了一个综合考虑过去、现在与未来三个时间维度的四步法。因此，该模型旨在打造保护过去、提升现在并尊重未来的城市地下开发项目。

本章参考文献

[1] ADMIRAAL JBM. A bottom-up approach to the planning of underground space[J]. Tunnelling and Underground Space Technology, 2006, 21(3-4): 464-465.

[2] ANNAN KA. We the Peoples: The Role of the United Nations in the 21st Century[R/OL]. (2000)[2017-11-14].http://www.un.org/en/events/pastevents/pdfs/We_The_Peoples.pdf.

[3] ArchiNed. Van mijnstreek tot Parkstad[R/OL]. (2008)[2017-11-14]. https://www.archined.nl/2008/01/van-mijnstreek-tot-parkstad.

[4] BOLUND P, HUNHAMMAR S. Ecosystem services in urban areas[J]. Ecological Economics, 1999, 29(2): 293-301.

[5] BROWN H. Next Generation Infrastructure: Principles for Post-industrial Public Works[M]. Washington DC, USA: Island Press, 2014.

[6] Bureau de Recherches Géologiques et Minières. Mine working: a major operation to prevent sinkhole risks[R/OL].(2013)[2017-11-14]. http://www.brgm.eu/project/mine-workingmajor-operation-to-prevent-sinkhole-risks.

[7] CORNARO A, ADMIRAAL H. Changing world-major challenges: the need for underground space planning[C]//48th ISOCARP Congress 2012. Perm, Russia: ISOCARP, 2012.

[8] FORDYCE FM, NICE SE, LISTER TR, et al. The chemical quality of urban soils in Glasgow, UK, with reference to anthropogenic impacts and current toxicologically-based soil guideline values: extended abstract[C]// Proceedings of the SETAC Europe 23rd Annual Meeting, Glasgow. Glasgow, UK: Society for Environmental Toxicology and Chemistry, 2013.

[9] Government of the Netherlands. Ontwerp Structuurvisie Ondergrond[R/OL]. (2016-11-11)[2017-11-14].https://www.rijksoverheid.nl/documenten/rapporten/2016/11/11/ontwerpstructuurvisie-ondergrond

[10] MILL JS. Principles of Political Economy with Some of their Applications to Social Philosophy[M/OL]. London, UK: Longmans, 1848[2017-11-14]. http://www.econlib.org/library/Mill/mlP.html.

[11] MORRIS S. Stonehenge tunnel: heritage groups warn over ancient barrow[N/OL]. Guardian, 2017[2017-11-14]. https://www.theguardian.com/uk-news/2017/feb/08/stonehenge-tunnelheritage-groups-warn-over-ancient-barrow.

[12] PRICE SJ, FORD JR, CAMPBELL SDG, et al. Urban futures: the sustainable management of the ground beneath cities[J]. Engineering Geology Special Publications, 2016, 27(1): 19-33, 10.1144/EGSP27.2.

[13] Rechtbank Noord-Nederland. ECLI: NL: RBNNE: 2017: 715[R/OL].(2017)[2017-11-14]. https://

uitspraken. rechtspraak.nl/ziendocument?id=ECLI:NL:RBNNE:2017:715.
[14] RUEGGC,WANNENMACHER H, SCHÖNLECHNER C. Challenges during design of an underground chip factory (Waferfab)[C]//Proceedings of the ITA World Tunnelling and Underground Space Congress. Geneva, Switzerland: ITA-AITES, 2013.
[15] SHI W, XIAO Y, ZHAO G, et al. The utilization of underground space planning in Tianjin (China) Central City (2013–2020)[C]//Admiraal H and Narang Suri S (eds). Think Deep: Planning, Development and Use of Underground Space in Cities. Hague, the Netherlands: ISOCARP/ITACUS, 2015.
[16] The Prehistoric Society. Grime's Graves Neolithic flint mines[R/OL].(2017) [2017-11-14].http://www.prehistoricsociety.org/places/place/grimes_graves_neolithic_flint_mines/.
[17] Transbay Program. Program sustainability[R/OL].(2017)[2017-11-14]. http://tjpa.org/project/program-sustainability.
[18] Urban Fabrick. Transbay Transit Center, Water Reuse System, San Francisco, California[R/OL].(2015)[2017-11-14]. http://urbanfabrick.com/dev/wp-content/ uploads/2015/04/UFKPROJECTPROFILE-Transbay-Terminal-Water.pdf.
[19] VELA J. Helsinki data centre to heat homes[N/OL]. The Guardian, 2010-06-20[2017-11-14]. https://www.theguardian.com/environment/2010/jul/ 20/helsinki-data-centre-heat-homes.
[20] VELKOVA J. Data that warms: waste heat, infrastructural convergence and the computation traffic commodity[J]. Big Data and Society, 2016, 3(2):1-10.
[21] VPRO (2016) Invisible Netherlands. Episode: Energy. https://www.vpro.nl/programmas/onzichtbaar-nederland/kijk/afleveringen/2016/energie.html (accessed 14/11/2017). (Video)
[22] World Commission on Environment and Development. Our Common Future[M]. Oxford, UK: Oxford University Press, 1987.

第 3 章

从窑洞到第三维度——地下城市主义演变史

3.1　窑洞——天然地下栖息地

从人类存在之初，人类就在洞穴中寻求庇护。这一结论是根据全球各地发现的洞穴壁画得出的。不过，鉴于早期文明游牧生活方式与穴居相悖，也有人持不同意见。洞穴式结构大型定居地，可见于土耳其 [卡帕多奇亚（Cappadocia），特别是代林库尤地下城（Derinkuyu）]，也可见于伊朗 [基什岛（Kish）] 以及突尼斯 [玛格玛塔（Magmata）和切尼尼（Chenini）]。面对恶劣的环境，不论是恶劣气候还是敌对部落，人类始终需要设法寻求庇护之所。这历来是人类在丘陵、高山中或地下建造栖息地的主要原因。在中国，地下穴居概念的中文表达是“窑洞”（图 3-1）。窑洞之所以值得关注，是因为从多方面来看，窑洞可被视作人类地下定居的概念原型。同时，窑洞还经受住了时间的考验，至今仍在广泛使用。

中国的窑洞与突尼斯的地下居所似乎都是从早期部分沉入地下的坑洞式结构演化而来 [郭庆华等（Guo et al.)，2001 年]。定居地下或山中的根本理由，源自特殊的环境（气候）条件与当地地理及地质条件。中国窑洞所在的黄土高原地质条件特殊，相对容易开挖，且开挖后能立即形成长期不变形的稳定结构。需要特别指出的是，由于如今许多地下开发项目在不良地质条件下实施，往往需要采取各种复杂的技术解决方案，才有可能取得同样出奇的效果。由此，我们可从历史中得到一项经验教训，即地下开发与地质条件之间有着错综复杂的关系。

最早的窑洞可追溯至秦朝（约公元前 221 年）[刘加平等（Liu et al.），2002 年]，主要见于华中北部，所涉地区覆盖六个省份，面积约 40 万 km^2。这片地区总人口超 4000 万，其中，城区以外人口有 80% 居住在窑洞里，即现今仍有几百万人在使用这种古老的地下居所。

刘加平等人（Liu et al.，2002 年）认为，

图 3-1　窑洞穴居（图片来自 Kevin Poh，经 CC BY 2.0 许可转载）

保护窑洞文化具有重要意义，因为窑洞是区域特色建筑的典范。他们指出，从“批判性地域主义”的角度出发实现新与旧的融合是至关重要的，不可“不假思索地滥用西方建筑风格——常见于中国许多城市中心的新建筑”。从这个意义上讲，窑洞呈现的是一种地域性现代住宅形式，它不仅经受住了时间的考验，而且在留住先辈传承下来的窑洞基本设计概念的同时，某种程度上还易于适应现代生活方式。

借助窑洞这一基本设计概念，历史已向我们展现了两种基本的地下开发形式：

- 由地面向下挖出大型天井，然后朝天井四方掘洞造屋，以此形成窑洞。

■ 直接在山坡开挖掘洞，于山内造屋，以此形成窑洞。

我们可以看到这些基本形式在现代地下空间开发中的再现，如荷兰阿纳姆建造的地下学校。荷兰阿尔特兹艺术大学舞蹈与音乐学院（The Artez Faculty of Dance and Music），位于阿纳姆市莱茵河畔一座建筑内，该建筑最初由荷兰著名建筑师赫里特·里特费尔德（Gerrit Rietveld）于1963年设计。建筑本身坐落在费吕沃（Veluwe）冰碛层最远端的正前方。费吕沃冰碛层形成于最后一次冰期，现为受保护景观——这就意味着，任何新建筑均不得遮挡该景观（图3-2）。对于当时需要更多空间来开展活动的学院而言，该限制是一大挑战。除此之外，也没有建筑师敢于构想能与里特费尔德原设计相匹敌的设计，学院扩建似已陷入僵局。直到后来，建筑师休伯特·简·亨基特（Hubert Jan Henket）基于窑洞概念提出了地下扩建既有

图3-2 费吕沃（Veluwe）冰碛层和舞蹈与音乐学院的扩建屋顶[图片来自Bierman Henket建筑事务所；摄影：米歇尔·基维奇（Michel Kievits）]

建筑的设计，才终于打破了僵局。

据其设计，扩建项目将在地下修建与窑洞天井极为相似的长条形中庭，并将在中庭的各个侧面修建教室和会议室。中庭由玻璃天花板遮盖，如此不仅能让日光透射进来，还能让人欣赏到令人震撼的冰碛层景观。事实表明，这条景观线至关重要，因为它创建了地下与地面的永久连接，所以不会让人意识到项目是在地下（图 3-3）。尽管最初学院教职工和学生都反对这一设计，但现在看来新扩建部分确实是一项了不起的成就。

至于第二类在山体内部创造空间的开发概念，现在则被用来为工业设施寻找新的空间，以便腾出地面空间用于地面开发。芬兰赫尔辛基维依基玛基（Viikinmäki）污水处理厂即建在山体内部，山体表面因此得以进行住宅区开发，且不会让住户意识到一座工业厂房正好就位于脚下。中国香港沙田污水处

图 3-3　学院地下扩建内部（图片来自 Bierman Henket 建筑事务所；摄影：米歇尔・基维奇）

理厂的开发规划也同样如此，该项目一共腾出了26公顷优质的房地产用地[香港排水服务部（Drainage Services Department），2017年]。从规模小一些的开发上来看，则还可在山体内修建住宅，使住宅与地理景观融为一体，如维奇建筑公司（Vetsch Architektur，2017年）设计的瑞士迪蒂孔（Dietikon）Lättenstrasse地下庄园（Earth House Estate Lättenstrasse）。这类例子不仅体现了窑洞开发概念，还通过建造覆盖住宅的人工山体拓宽了这一概念。

英国建筑师“泰晤士河岸福斯特男爵”（Lord Foster of Thames Bank）曾说[冯·梅金菲尔德特（Von Meijenfeldt）与格鲁克（Geluk），2002年]：

“我认为，建筑学上有两个极限：一个是帐篷，一个是洞穴。这两个概念范畴，以不同方式影响着我们的观念。我们不应假装将它们视作是一样的。小至一栋房屋，大至一座城市，地上和地下之间的设计反差越大，空间层次越复杂，人们穿行其间所获的体验也就越丰富。”

历史告诉我们，无论是自然形成的洞穴还是人类挖掘的洞穴，在为这个星球上的人们提供安身之所方面的确发挥了重要作用，并且仍在发挥重要作用。此外，历史也启发我们应继续改造人工洞穴，以容纳支撑我们现代生活方式的各种功能设施——既然我们对地质和工程已有了比以往深入得多的认识，就更应如此了。不过，在这样实施之时，我们必须重视地上空间和地下空间之间正面的相互作用。

3.2 19世纪——变革性工程与无与伦比的乐观精神

1848—1854年，全长41km的塞默灵铁路（Semmering Railway）在阿尔卑斯山地形条件最困难的地段修建完成。该铁路是连接奥匈帝国首府维也纳与亚得里亚海港口城市的里雅斯特（Trieste）的关键通道。由于铁路线形包含当时的机车所无法应对的斜坡和曲线，很多人一度认为这一铁路构想是无法实现的。该构想出自卡尔·里特尔·冯·盖加（Karl Ritter von Ghega），他向政府提交了一份宏大规划。规划于1848年6月获批，内含各种坡度以及前所未闻的小半径曲线，唯有使用当时尚未造出的全新机车方可通行。该规划基于他自己对各类备选线形的测量，为此，他还发明了新的测量工具和方法。尽管国内外专家就这个工程的价值产生了巨大争论，工程还是在1848年8月开工了。1850年3月，开启了一轮设计并制造满足工程技术规范要求的新型机车的国际竞赛。1851年，工程使用多台新机车进行了试运行。不过，仍需进一步将其中三种机车设计的最佳部分结合起来，才能最终设计出专用的塞默灵机车（BDA，1995）。

这一壮举在电影《托斯卡纳艳阳下》（*Under the Tuscan Sun*）（2003年）的一个场景中得到了不朽之誉。在该场景中，其中一个主角说道：

> “女士，在奥地利与意大利之间的阿尔卑斯山脉中有一段叫塞默灵，险峻奇绝，高耸无比。但他们还是建起了一条穿越这段阿尔卑斯山脉的铁路，以此连接维也纳和威尼斯。他们建起了铁路，哪怕当时的火车根本就无法在上面通行。他们建起了铁路，因为他们相信终有一天会出现适于通行的火车。”

经过150多年的运营，塞默灵铁路时至今日仍在运行，且还在1998年被联合国教科文组织列为世界文化遗产。

冯·盖加展现出的这种工程师的乐观精神，范·德尔·伍德（Van der Woud，2006年）在其关于19世纪欧洲交通运输发展的著作中也提到了，并对之进行了反思。

范·德尔·伍德在书中谈及随着铁路的出现，新的交通网是如何形成的。世上首条铁路于1830年开通，其长度仅有50km。在此之后形成的全球铁路网，1870年时总长度已为地球周长的3倍。而到了1890年左右，总长度已增至地球周长的15倍。从哲学角度看，范·德尔·伍德认为，这意味着人类不仅在征服时间和空间，而且还在与自然进行大规模搏斗。因为那些最早的铁路先驱在当时不得不去克服沙漠、高山、河流、河口的险阻，并突破——正如我们从塞默灵铁路这个例子中看到的那样——技术本身的界限。

1870年，塞尼山隧道（Mont Cenis Tunnel）开通后，使用公共马车运送邮件和旅客就成为过去式了。公共马车已被机械化马力取代，这一事实同时在工程师中激起了一股巨大的乐观情绪。他们宣称，哪怕更宏大的项目也能建成，这只是资金问题罢了。毕竟，铁路已能借助隧道穿越山体实现延伸，他们据此也就可以证明自然不再构成挑战，通过技术就能征服。于是，他们制定出了各种项目规划[范·德尔·伍德（Van der Woud），2006年]，包括：

■ 直布罗陀海峡海底隧道；

■ 伊斯坦布尔博斯普鲁斯海峡钢壳沉管海底隧道；

■ 连接丹麦与瑞典的厄勒海峡（The Sont）海底隧道。

这种乐观主义与当时的公众认知形成强烈反差，因为自马克・布鲁内尔（Marc Brunel）和伊桑巴德・金德姆・布鲁内尔（Isambard Kingdom Brunel）父子着手尝试在泰晤士河下修建隧道以来，距当时仅有数十年而已。

1827年5月20日，《星期日泰晤士报》（*The Sunday Times*）刊登了布鲁内尔写给泰晤士隧道公司（Thames Tunnel Company）董事的一封信。在这封信中，布鲁内尔谈到了隧道被淹导致的暂时停工：

> “隧道主体目前灌满了水，但令我十分满意的是，整个隧道砖砌体完好无损，损坏的地方仅局限于盾构顶部上方的那一小块范围。而工人则是在盾构框架的保护下进行开挖的。我要报告一个非常可喜的消息，工人们都逐步有序地撤离了。比米什（Beamish）先生，身为我的助理工程师之一，是最后一位撤离盾构的。这一消息证明，盾构是防止任何突发灾害的有效保护措施。”

1827年10月，隧道再次被淹。布鲁内尔只好诉诸其他手段说服公众相信其项目计划的可靠性。于是，他在隧道内举办了一场宴会。1827年11月，隧道积水清除完毕，已可进入[罗尔特（Rolt），1957年]：

> 为庆祝这次来之不易的抗击灾害的胜利，布鲁内尔举办了一场隧道史上最盛大的活动。他决心要在河水之下设宴招待他的朋友们。只见，隧道边拱悬垂着深红色帷幕，一张长桌在煤气灯烛台照耀下显得格外明亮。那是11月10日周六的晚上，在身着制服的冷溪近卫团（Coldstream Guards）军乐队的奏乐声中，共有五十人坐下就餐……在组织这场举世瞩目的盛宴时，布鲁内尔并没有忘记他的精英团队（corps d’elite），在毗连的拱洞内有一百二十位矿工坐下来享用了这场盛宴。

有个问题，从当时延续至今，即为何在19世纪设想的那些项目要花如此久的时间，到20世纪和21世纪才开花结果，就像博斯普鲁斯海峡海底隧道和厄勒海峡连接线（Øresund Link）那样？一个原因可能是所谓的儒勒・凡尔纳（Jules Verne）效应：想法惊奇，时机不甚合宜。在某种程度上，人们也许认为工程师的想法太过大胆，就像儒勒・凡尔纳那样——儒勒·凡尔纳是与那些先驱工程师同时代的人，他构想出到那时为止人们从未构想过的事物。工程师们构想的计划在当时被视作对未来的憧憬，就像儒勒·凡尔纳所描述的登月之旅一样，在当时是遥不可及的，因此人们也就不想投资。第二个原因是，地缘政治因素造成了一定影响。大量的地面铁路和地下铁路创建了一个巨大的交通网络，使旅行的范围达到前所未有的广远程度。这在安东尼·特罗洛普（Anthony Trollope）出版于1857年的小说《三个职员》（*The Three Clerks*）中即有所体现：

> “现在很难说伦敦市郊到哪里为止，乡村又自哪里开始。铁路非但没有让伦敦人住到乡下，反而使乡下变成了城市。伦敦不久就将呈现出大海星的形状——以波普拉（Poplar）至哈默史密斯（Hammersmith）的老城区为中心，以各类铁路线为伸向四方的放射线。”

特罗洛普表达的这种担忧，公众并不是没有注意到。而公众的担忧，正是导致1876年就开始掘进的英吉利海峡隧道项目于1882年停工的主要原因。公众施加的压力越来越大，这就意味着修建一条通往法国的永久连接线，从政治层面来看已是不可能实现的了。正如范·德尔·伍德所说，这个项目虽然既新奇又大胆，但它只是展现了工程科学自身已发展到的学科高度。

1897年，《每日新闻报》（*The Daily News*）在回顾60年来取得的进步时指出：

> “在铁路和蒸汽船的建造中有哪些进步呢？对比一下我们就能知道。六十年前通过手工挖掘来修建隧道，既缓慢又痛苦；而现在则通过蒸汽驱动的设备挖土，实现了快速掘进。布鲁内尔修建泰晤士河隧道时，施工过程可用辛苦劳累、痛心刻骨、险象环生来形容；而几天前在布莱克沃尔（Blackwall）建成的穿越泰晤士河多孔质河床的通道，则不仅施工速度奇快，而且还安全可靠。另外，就在前一天为伦敦桥附近电气化铁路开掘的通道也是如此。”

从工程师的角度，我们可以得出这样的结论：即使这些大项目能带来更大繁荣，缩短旅行时间，但要使大项目得以落成，仅有技术和资金本身似乎是不够的。即使是具有深远意义的愿景也需放在时代背景下考量。如前所述，公众对项目可能产生的负面结果的担忧，将阻挡实施完成项目所需的政治意愿。

但工程师们的乐观精神占了上风，地下

铁路网络和隧道已成为正在发展中的跨大陆基础设施里的重要通道，使各个国家和城市得以发展壮大。这些新型交通基础设施在当时对经济的重要性与现在一样。而随着隧道掘进技术的演进和更大胆的项目的实施，有一种意识已在人们心里生根，那就是怎样才能使这些地下网络成为更大规模的地下开发中的一部分。由此也就产生了地下城市主义。

3.3　20 世纪——地下城市主义

3.3.1　未来城市

在 19 世纪末的法国巴黎，时任塞纳省省长的是乔治 - 欧仁 • 奥斯曼（Georges-Eugene Haussmann）。奥斯曼负责对巴黎进行改造，改造后的巴黎也就是我们今天熟知的样子：拥有华美大道和宏伟建筑的“光之城”。不过，奥斯曼在城市改造上的抱负还令他走进了地下空间领域。他在个人回忆录中谈到了他关于利用地下空间的想法 [甘迪（Gandy），1999 年]：

> “这些地下廊道将成为大都会的器官，就像人体器官那样发挥着功能，却从不曾见过阳光。纯净新鲜的水，连同光和热，将像各种体液那样循环，其流动和补给维持着生命本身。这些液体将以人们看不见的方式运行流动，并维持公共健康，既不会扰乱城市的正常运转，又不会破坏城市外观的美。”

奥斯曼对巴黎地下空间开发做出的贡献比其他任何人都多。在开发巴黎地下空间的过程中，他提出了将地下作为城市服务层的概念。在他心中，地下起到的作用是，在不打扰地面生活的情况下，以不为人所注意的方式运走人类社会的“分泌物”——地下是一个用作支持地面生活的服务层，能向地面提供居住和照明所需的天然气等。实际上，正是优良的天然气分配能力使巴黎获得了“光之城”的美誉。

1914 年，《美国政治和社会科学院年鉴》（*Annals of the American Academy of Political and Social Science*）发表了一篇由美国费城总工程师和测量师乔治 • 斯梅德利 • 韦伯斯特（George S. Webster）撰写的论文。论文题目为《地下街道规划》（*Subterranean Street Planning*）。韦伯斯特在论文开头表达了他的担忧：人们只是关心地面街道，几乎未曾思考过“地下街道”的规划和布置。但这些有着各种服务功能的“地下街道”对城市的存续却是至关重要的。这篇论文重申了奥斯曼的构想，即城市地下空间的首要功能是充当城市服务地层。同时，论文还重申了这一事实，即人们很少或根本没有考虑如何去布置、组织和管理这样一个服务地层。

韦伯斯特就他如何看待未来地下空间的利用描绘了一幅有趣的图景。在论文中，他区分了“地下街道”的六种不同用途，见表 3-1。而真正使这篇论文变得引人注目的，并不只是上述各种用途的划分，更多的是他就此给出的理由和提出的担忧。如果将管道和电缆铺设在地下廊道内，就可以避免出现因铺设或修复管道和电缆而频繁破坏街道的现象——当然，还需在管道或电缆铺设许可证中强制规定，铺设后 3 ～ 5 年内不得通过破坏街道来进行相关维护或修复。100 多年过去了，这个建议似乎非常合理，但世界上有许多城市仍未采用。通过细致跟踪和记录管道与电缆的铺设线路来管理“地下街道”也是非常合理的建议，但也面临同样的情况。根据韦伯斯特的说法，费城自 1884 年以来就

韦伯斯特关于地下空间利用的构想　表 3-1

序号	“地下街道”形式
1	水管、下水道、燃气管、电气管道、蒸汽和热水管、气动管、制冷管，以及未来所需多不胜数的其他性质相近的结构
2	管道和导管用地下廊道
3	人行道下的廊道
4	客运铁路交通地道
5	穿过地下街道的隧道
6	与铁路站、商店和工业场所连接的地下货运服务设施

在这样做了。可不知为何我们这个时代许多城市仍不采用这种做法。

韦伯斯特得出的结论是：“如果要维持健康的环境，保护市民享有的舒适和便利，那就需致力于把更多对人类舒适生活而言必不可少的公共服务设施搬进‘地下街道’。”

这个结论似乎与数年前奥斯曼的提法非常相似。

韦伯斯特在他的论文中引用了与他同时代的尤金 • 赫纳德（Eugène Hénard）的观点，后者于 1910 年发表了题为《未来城市》（*The Cities of the Future*，*Hénard*，1911 年）的论文。赫纳德和韦伯斯特一样关注城市如何发展的问题，尤其是关于公共服务设施以及如何容纳这些设施等问题。赫纳德在论文开头对典型街道进行了分析，典型的街道通常配有下水道和以电缆、管道形式存在的其他公共服务设施。然后，赫纳德推测说，如果未来再按常规新增公共服务设施，那就需要一次又一次地掘开街道，而每次开掘都会扰动土壤，且必定要更换路面。他认为，新的公共服务设施应由能够收集和分散垃圾的气动管道以及各种其他公共服务设施组成，包括制冷用的冷却剂输送管道。为容纳这些管道，赫纳德建议彻底改变城市街道布局。他认为，

所有问题都源于人类思维上的一个根本错误，即“道路底部必须与原始状态的地面齐平”。赫纳德进一步指出，如果准备好不再奉此为真理，那我们就能考虑其他的解决方案了，如他提出的两个方案。对于既有街道，他建议将街道抬高，以使街道下方有足够空间可用作城市服务层。同时，他还建议新城市地区应设四个地下层，用以容纳各种公共服务设施（图 3-4）。赫纳德构想了可按需向下延伸的未来城市地下平台（图 3-5）：

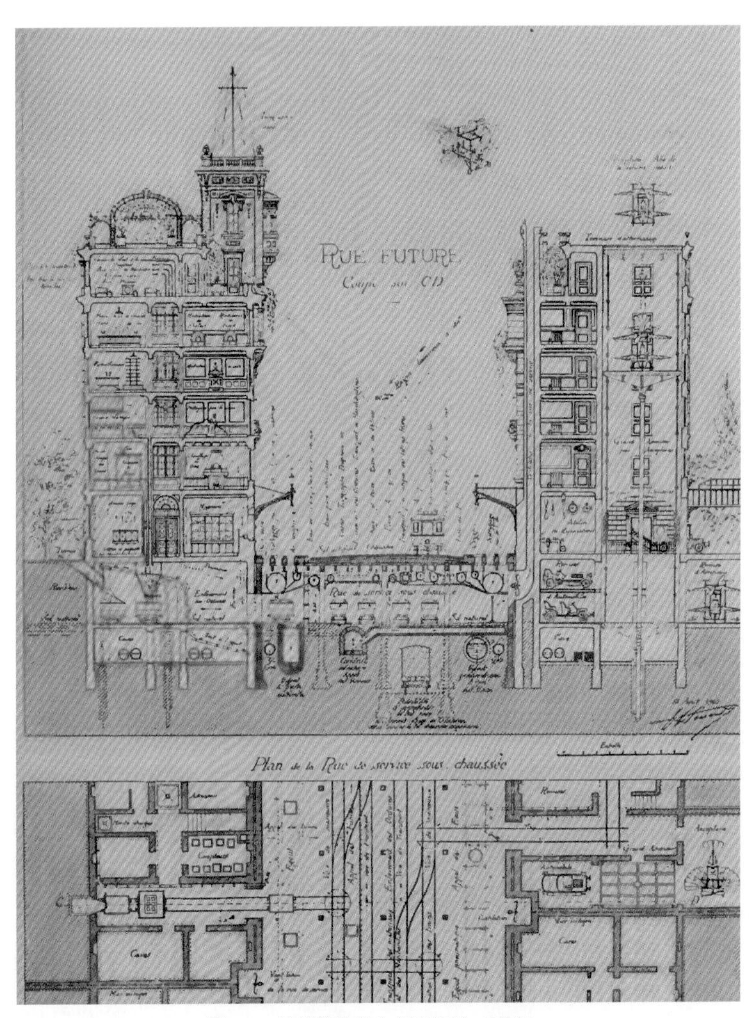

图 3-4　赫纳德的复合多层街道（手稿）

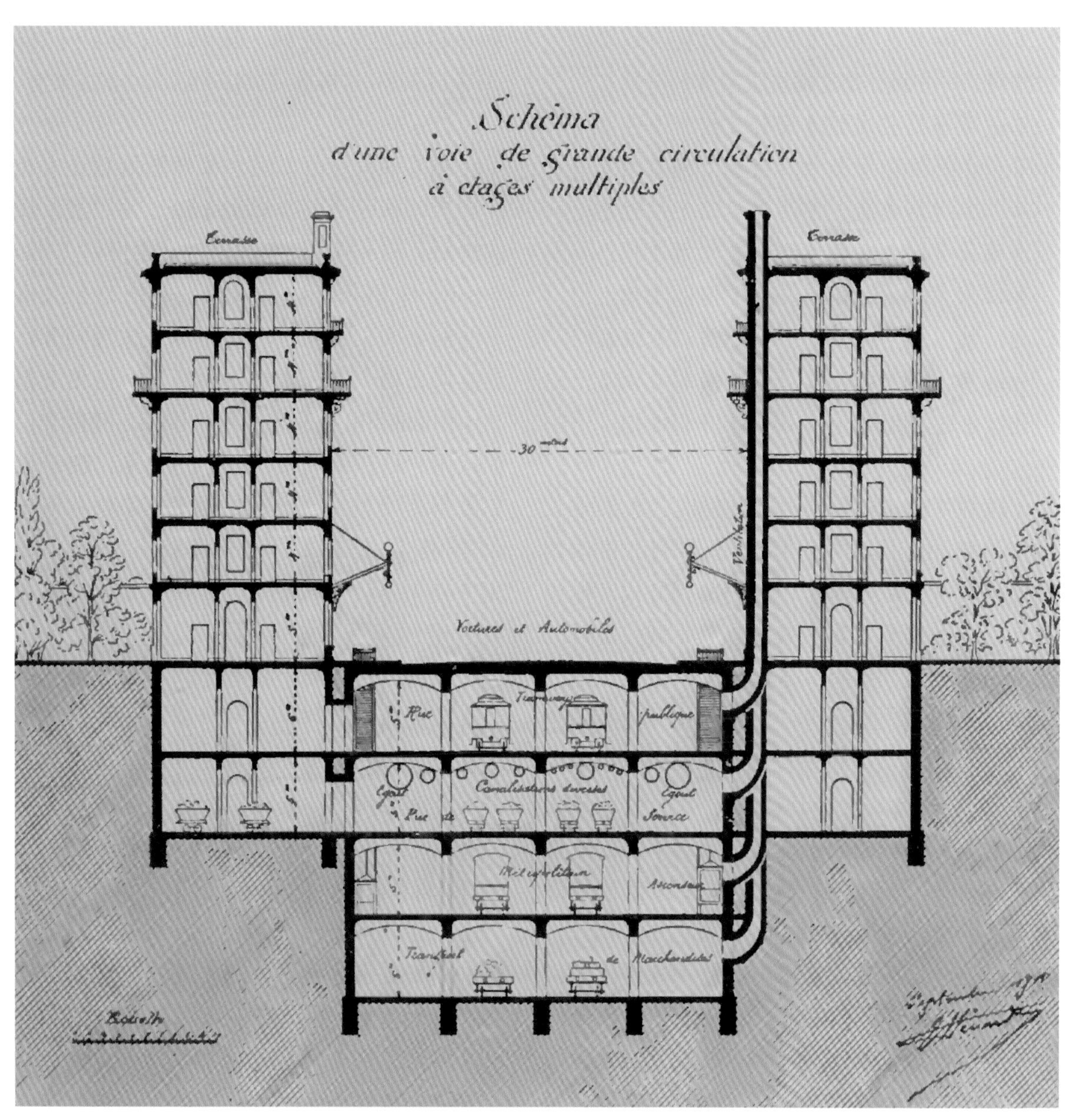

图 3-5　赫纳德的叠加平台（手稿）

“展开这样一张平面图，我们可以构想，一个所有街道都交通拥堵的城市，完全可根据交通频率设置三或四个叠加平台。第一个平台供行人和车辆使用；第二个供电车轨道使用；第三个供垃圾清除所需的各类总管道和支管道使用；第四个供货物运输使用；等等。由此，我们就将拥有一种多层的街道，就跟我们的多层房屋一样。普遍存在的交通难题也将迎刃而解，无论交通有多么拥堵。”

赫纳德的论文以对“飞行新时代”的讴歌作为结尾。他认为，“飞行新时代”将改变城市本身，以及城市中人的出行方式。尽管赫纳德的构想对我们来说似乎不切实际，但操控城市地面高程并予以抬升，是创造地下空间最经济有效的方法。体现这一构想的案例是荷兰新城阿尔梅勒（Almere）的市中心区域——于2005年建设之时就采用了这一构想。微微隆起的台地使街道层下面的空间可供停车、公共服务设施和公共交通使用。服务层与街道层之间由自动扶梯和升降电梯连接。阿尔梅勒市中心总体规划由大都会建筑事务所（OMA）制定。据大都会建筑事务所首席建筑师雷姆·库哈斯（Rem Koolhaas）的阐释，使用曲线形街道层台地，实质上就是创建了一块“白板”，在上面可以新建宏伟建筑，并为市民提供欣赏和享用这些建筑的空间[冯·梅金菲尔德特（Von Meijenfeldt）与格鲁克（Geluk），2002年]。

在某种程度上，阿尔梅勒的规划让人想起勒·柯布西耶（Le Corbusier）为巴黎所做的规划。勒·柯布西耶在他的瓦赞规划（Plan Voisin）中纳入了办公大楼，并在办公大楼之间创建大型公共空间，将各座大楼隔开。他建议在每个办公大楼下面修建一座地下车站，利用地下公共交通将整个区域连接起来。他认为，这样就可使街道层空出来，便于人们漫步游走。用他自己的话说即[勒·柯布西耶基金会（Le Corbusier Foundation.），2017年]：

“你将置身于树荫下，你的周围铺满了宽广的草坪。空气清新而纯净，空中几乎无一丝噪声飘荡。什么，你看不见楼房在何处？透过那迷人的如散状蔓藤花纹般缠绕着的树枝，望向天空吧，望向那稀疏相间、高耸入云的‘水晶塔’。这些半透明的‘棱镜’仿佛就浮在空中，未立于地面。它们在夏日阳光的照射下熠熠生辉，在朦胧冬日的灰空中隐现柔光，在夜幕降临时璀璨迷人。它们就是一栋栋巨大的办公楼。在每栋办公大楼下面，都是地下车站，这也说明了办公楼之间的间距之大。由于这个城市空间利用紧凑度是我们现有其他城市的三或四倍，所以在这个城市中工作生活所需穿行的距离（还有因此而产生的疲劳），就仅为现有其他城市的三分之一或四分之一。这个城市的商业中心只有5% ~ 10% 的地面面积被建筑物覆盖。这就是你会发现自己正漫步于宽敞公园中，远离了高速公路嗡嗡喧嚣声的原因。”

在 20 世纪初，一个坚定的信念在人们心中升起，且至今仍为人所持有。这个信念即城市地下空间的主要用途是充当城市服务层，通过将所有干扰地面景观的功能设施都限制在不为人所见的地下，从而恢复地面街道的品质和宜居性。

3.3.2 地下城市主义

1933 年，年轻的法国建筑师爱德华·尤图德安（Edouard Utudjian）创立了城市地下空间开发研究和协调委员会，即 Groupe d’Etude et de Coordination de l’Urbanisme Souterrain（GECUS）。这是历史上首次成立致力于城市地下空间的委员会，并首次使用“地下城市主义（Underground Urbanism）”一词。委员会的设立标志着人们对地下空间在城市发展中所扮演角色进行思考的一个新起点，也标志着转变地下空间思考方式的新起点。

在 1937 年于巴黎举行的第一届国际城市地下开发大会（与世界博览会同时举行）上，尤图德安在大会开幕致辞中阐述了他的想法。他在致辞开头解释了关注地下空间的原因[海姆·德·巴尔萨克（Heim de Balsac），1985 年]：

“我们的城市非常拥挤，表现出一片混乱景象。而地下空间却正在被越来越多地用来承担城市功能。这就启发我们要转向地下空间，从中寻求补救和改善困扰着大型城市中心的诸多弊病的途径。此外，我们也想把秩序和规范引入地下这一辽阔的区域，因为埋藏于地下的数量庞大的城市维生‘动脉’，铺设得杂乱无序，混作一团。”

与韦伯斯特、赫纳德和勒·柯布西耶如出一辙，尤图德安当时的想法很明显也是聚焦在将地下空间用作城市服务层这一问题上[海姆·德·巴尔萨克（Heim de Balsac），1985 年]：

“这绝不是在倡导‘地下居住’或倡导将天生就要生活在阳光下和露天里的人类埋到地下。相反，地下城市开发必须有助于城市空间的更好利用，要将设在地面上就会带来麻烦和障碍的各种城市系统都藏到地下——将它们设在无法考虑高层结构的地方。”

尤图德安以及GECUS的与众不同之处在于，他们并不止步于针对未来可能出现的情景提出乌托邦式幻想。他们从一开始就认识到，地下城市主义涉及的不仅仅是规划师和建筑师。它不仅需要技术知识，还需要地质学知识[海姆·德·巴尔萨克（Heim de Balsac），1985年]：

“最重要的是，地下城市开发者的作用是监督维持和谐的相互依赖关系，并协调整套数据，以便研究人员和艺术家、科学家以及技术专家能够自由地给这个领域赋予他们最丰富、最大胆的创造。在这里，专业人士每一步所面临的各类问题要比在其他任何地方都多，因此显然需要城市规划师与建筑师、工程师和地质学家建立紧密联系。”

正是这种大胆的深刻见解使尤图德安在地下城市主义的研究上有别于其他思想家。他指出的是，在城市地下开发方面开展跨学科协作的必要性。用他自己的话说即为，“城市规划师必须纵深思考，但城市地下空间的开发也不能只盯着种种需求随意为之，而应遵循明确的承诺、法规和确定的规划[尤图德安（Utudjian），1952年]。”

GECUS塑造了地下城市主义的思想。在前面提及的国际大会期间，成立了一个国际团体，即国际地下技术与规划常设委员会（CTIPUS）。之后，该委员会还在鹿特丹（1948年）、布鲁塞尔（1959年）、华沙（1974年）和马德里（1964年）组织了会议。

以下这段话出自1970年时任巴黎地区行政长官的莫里斯·杜布莱（Maurice Doublet），这或许是对GECUS所做的意义深远的工作最好的总结[海姆·德·巴尔萨克（Heim de Balsac），1985年]：

“城市地下开发的巨大贡献在于，它使办公区与商业区实现分离。服务和行政管理办公室得以布置到地下，让地面恢复最初的平衡状态和‘生活乐趣（Joie de vivre）’。地下城市开发展现了‘一个人要为人类做什么’的概念，从而恢复了城市功能的层次结构。因此，我真心认为，地下城市开发催生了一种城市哲学，而这种城市哲学又依赖于人的哲学。通过三维地构想城市，你已将城市规划者所能用到的各种视角增加了十倍。”

第三维度才是城市地下规划与空间设计

的基础。对此，我们将在第 4 章中进行探讨。同时，这还展现了 GECUS 工作思维的转变——最初只是把地下空间视作地面多余公共服务设施的空间减压阀，后来则转变为将地下空间视作现代城市的潜在新城市“组织”。后者是一种更综合完整、更透彻合理的观点。

3.3.3 关于城市地下空间的当代思考

CTIPUS 于 1964 年组织的马德里会议是其发起主办的最后一次国际大会。不过，此后一直到 20 世纪 70 年代，GECUS 还与众多国际组织合作举办过许多国际专题研讨会、学习考察以及交流会。1974 年，国际隧道协会（ITA）成立。尽管国际隧道协会当时重点聚焦的是隧道掘进工程和隧道掘进技术，但它也认识到地下空间是一重要研究领域，且协会中已有数个工作组开始对地下空间非技术层面进行研究。在 20 世纪 80 年代和 90 年代，主要通过世界各地大学里的专家学者的努力，才重新兴起了就地下空间利用非技术层面组织召开各种学术大会的风潮。1991 年签署的《东京宣言》不仅明确了城市利用地下空间的必要性，而且强调了进一步发展该领域学科知识的必要性。此宣言推动美国、荷兰和日本的研究中心在 1996 年联合成立了国际城市地下空间联合研究中心（ACUUS）。

在 21 世纪初，国际隧道协会正式更名为“国际隧道与地下空间协会”。同时，国际隧道协会还设立了四个委员会，致力于解决隧道与地下空间领域战略性难题。其中的 ITACUS，即国际隧道协会地下空间委员会，主要负责倡导和促进地下空间的规划和利用。

在地下空间利用和地下城市主义方面，国际地下空间联合研究中心与国际隧道协会地下空间委员会都属于悠久传统和丰富遗产的一部分。距第一批思索者写下他们关于地下空间利用和地下城市主义的想法已有 100 多年的时间了，但现在仍需继续倡导和促进对我们城市下方的地下世界的利用，因为地下是最大的也是最经常被忽视和低估的城市资产。

3.4 本章核心观点

21 世纪将成为地下空间的时代吗？本章回顾了地下空间开发史，为我们指明了更有计划和更广泛地利用地下空间的方向。

对地下利用进行规划的想法已存在很长时间。地下利用需要井然有序。规划在这个意义上，可被视为对地下利用的管理。不过，规划的内涵远不止此。事实上，它已演变成了一种地下城市主义，这一主义将地下视作空间减压阀。把地面之上不需要的“用途”布置到地面之下，就能腾出重要的地面空间，并对其进行更好地利用。这仍然是利用地下空间的正当理由，但它最多只能带来对地下零敲碎打的开发。

如果要将21世纪打造成为“地下时代”，我们就需要采用跨学科的综合城市规划方法。在这个意义上的“综合”，是指将地面和地下均融入城市规划中，使地下得以生成新城市“组织”——不再有零零散散的地下空间网络或地下室，而是将地下空间网络和地下室有机连接起来，与地面规划相辅相成。

尤图德安等思索者已向我们表明，地下空间利用远不只是打造地下的城市服务层。这必定需要跨学科协作：没有哪一个学科可以宣称地下空间仅为己所有。莫里斯·杜布莱那句不同凡响的话已点出城市地下空间有可能成为城市不可分割的一部分——“因此，我真心认为，城市地下开发催生了一种城市哲学，而这种城市哲学又依赖于人的哲学。”[海姆·德·巴尔萨克（Heim de Balsac），1985年]

通过贯彻地下城市主义，我们将能够使城市地下空间变成它始终注定要成为的样子：一种有助于打造可持续、有韧性、宜居且包容的城市地下空间。

本章参考文献

[1] BDA (Bundesdenkmalamt Österreich). World Heritage List: documentation for the nomination of the Semmering Railway cultural site[R]. Vienna, Austria: BDA, 1995.

[2] Daily News. Sixty years of progress[N]. Daily News, 1897-06-21.

[3] Drainage Services Department. Relocation of the Sha Tin Sewage Treatment Works to caverns[R/OL].(2017)[2017-11-14]. http://www.ststwincaverns.hk.

[4] GANDY M. The Paris Sewers and the rationalization of urban space[J]. Transactions of the Institute of British Geographers, 1999, 24(1): 23-44.

[5] GUO Q, GUO Q. The formation and early development of architecture in northern China[J]. Construction History, 2001, 17: 3-16.

[6] HEIM DE BALSAC R. The history of GECUS: a great adventure in contemporary urban development[J]. Underground Space, 1985, 9: 280-287.

[7] HÉNARD E. The cities of the future[C]//The Royal Institute of British Architects. Transactions of the Royal Institute of British Architects, Town Planning Conference, London, 1910. London, UK: The Royal

Institute of British Architects, 1911: 345-367.

[8] Le Corbusier Foundation. Plan Voisin, Paris, France, 1925[R/OL].(2017)[2017-11-14].http://www.fondationlecorbusier.fr/corbuweb/morpheus.aspx?sysId=13&IrisObjectId=6159&sysLanguage=enen&itemPos=5&itemSort=en-en_sort=6&sysParentName=Home&sysParentId=11.

[9] LIU J, WANG D, LIU Y. An instance of critical regionalism: new Yaodong dwellings in north-central China[J]. Traditional Dwellings and Settlements Review, 2002, 13(2):63-70.

[10] ROLT RTC. Isambard Kingdom Brunel[M]. London, UK: Longmans, 1957.

[11] The Sunday Times. Copy of the report made to the Directors by Mr. Brunel[N]. The Sunday Times, 1827-05-20.

[12] UTUDJIAN E. L’ urbanisme souterrain[M]. Paris, France: Presses Universitaires de France, 1952.

[13] VAN DER WOUD A. Een Nieuwe Wereld. Het ontstaan van het moderne Nederland[M]. Amsterdam, the Netherlands: Bakker, 2006.

[14] Vetsch Architektur[EB/OL]. (2017)[2017-11-14]. http://www.erdhaus.ch.

[15] VON MEIJENFELDT E, GELUK M. Below Ground Level: Creating New Spaces for Contemporary Architecture[M]. Basel, Switzerland: Birkhäuser, 2002.

[16] WEBSTER GS. Subterranean street planning[J]. Annals of the American Academy of Political and Social Science, 1914, 51:200-207.

第 4 章

空间设计——创建新城市“组织”

4.1 超越城市服务层

随意看看地下空间开发史，以及地下空间在当代的利用，就能发现对地下空间的利用似乎仅局限于将之用作城市服务层。而韦伯斯特、赫纳德与尤图德安关于城市地下空间利用的思考，如第 3.3 节所述，似乎也只关注并聚焦于消除地面上有碍市容之处，并将所有不需要阳光的设施设置在地下。

2011 年，福斯特建筑事务所（Foster + Partners）的一份规划图在 Co.Design 网站上被激烈讨论。有趣的是，网站上显示的拟定规划中的一个横截面的配图文字是“地下的交通与污染”。虽然这张图已从网站上消失，但它表明即使在当代设计中，“城市服务层”的思维也仍然存在。

在考虑地下空间利用的未来时，坚持“城市服务层”概念将在实质上阻碍有助于城市未来发展的混合利用型开发和空间整合型开发。从这个意义上来说，韦伯斯特在 20 世纪初表达的担忧不仅正确，而且在当今仍然适用。地平面以下 1m 深度范围内的浅层地下空间，在许多城市已变为城市服务层。这一层是电缆和管道的领域：适用于为城市服务的公用服务设施，缺少了它们，城市将不复存在。在这一层之下，我们将见到的是包含下水道和交通运输系统的另一服务层。尽管交通运输系统往往会根据当地地质条件规划建设，但从历史上来看，它们都是尽量靠近地面布置的。因为靠近地面，带给乘客的不便最少，且无须采用复杂的解决方案，动用多个自动扶梯或升降电梯把乘客从地面送至站台。以明挖法进行施工的伦敦大都会地铁线很清楚地说明了这一点（图 4-1）。

随着新线路的开发，地下线路的布置越走越深。伦敦地下线路的最深点深达地下 67m（图 4-2）。新建利河隧道（Lee Tunnel）是一条城市污水隧道，属于泰晤士河潮路（Thames Tideway）工程的一部分，位于地下

60～70m。这不仅显示了现代城市地下城市服务层已实现的在用途上的延伸，也显示了在深度上的延伸。同时，这还表明，聚焦于将公共服务设施主要设置在地下，已导致生成了一个极其拥塞的地下层，在里面几乎没留下可用于其他用途的空间。此外，这也展现了城市服务层是怎样由多个地下层构成的，而所有地下层或多或少都是采用的平面线形。

在考虑采用地热能或含水层热能开采方案，将地下空间用于可再生能源开采时，由于需沿垂直面向下设置数百米的管道，这样的方案显然无法在城市服务层已经密集开发的区域内实施。

关于城市服务层的另一个可以看到的现象是，城市服务层将规划者和决策者的注意力引向了错误方向。许多城市广泛地将地下空间用作城市服务层，很容易让人得出这样一个结论，即这种用途正是地下空间的预期用途。而最坏的结果是，这已导致出现了拥塞严重的地下服务层，毕竟在地下进行的是一种杂乱无序的开发——如此开发在地面上是不被容许的。在此转述一段尤图德安的话，即这一地层包含的设施都是为满足随机权宜之需而设，没有明确目标，缺乏相关法规，且绝无既定规划。这给许多城市遗留下了数量庞大的地下既有电缆、管道和其他结构，它们的存在通常不为人知，因为并未进行登

图 4-1　1861 年国王十字车站（King's Cross Station）附近大都会铁路施工图（图片来自英国土木工程师学会）

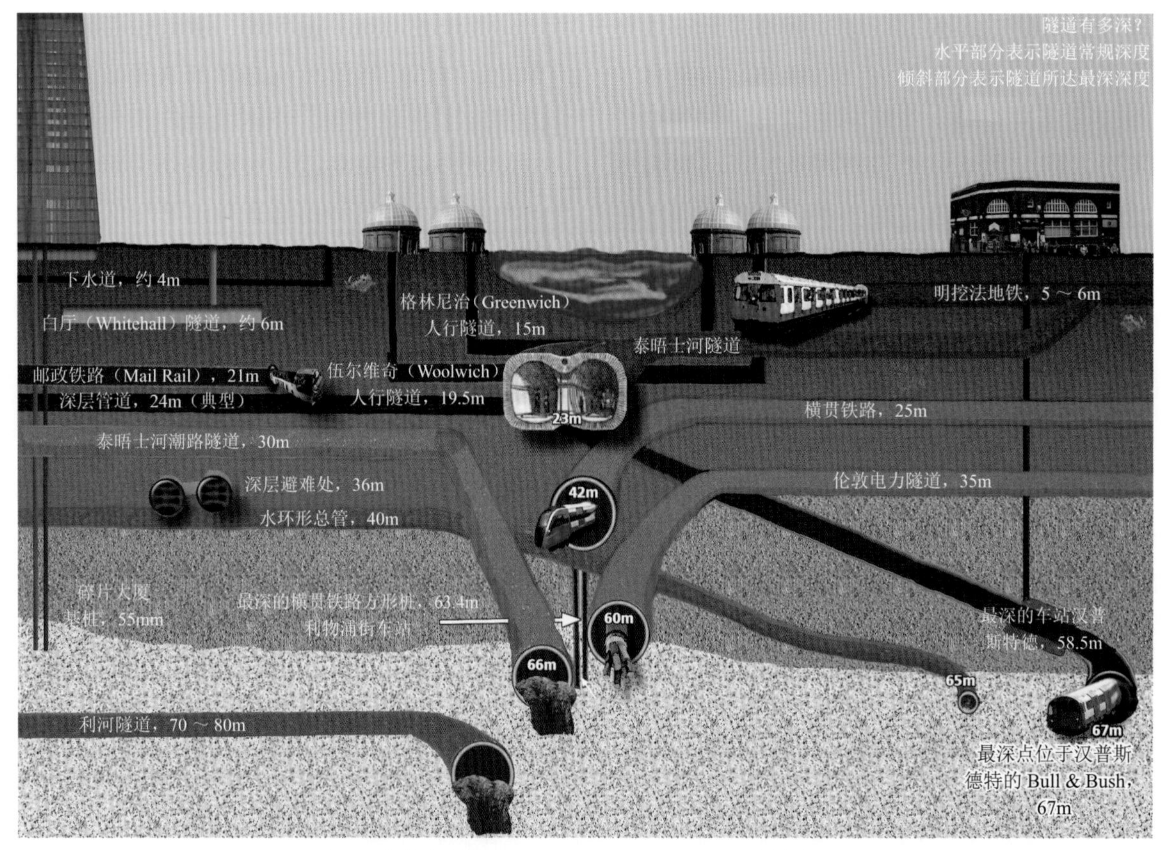

图 4-2　伦敦有多深？（© Matt Brown / Londonist Ltd 版权所有）

记备案，无法找到相关位置、用途及所有权信息。在许多情况下，这种“遗留物”会对城市的韧性造成直接影响。因为地面施工活动需对地下进行干预，即便只是打地基也需如此。在荷兰，地下公共服务设施网由 170 万公里的电缆和管道构成。据报道，每年有 4 万例因地面活动对其造成破坏的事故。城市服务层位置及构成信息的稀少或缺失将带来较高风险。根据一位地下定位专家的说法，“在澳大利亚，每天都有一根地下燃气管道被打到并损坏 [米努托利（Minutoli），2016 年]。”打到燃气管道的后果可能是灾难性的，通常紧急救援部门会称之为重大事故。尽管许多国家都有相应制度，要求在开始施工前确认电缆和管道位置，但大多数制度都是由行业自我监管，并不具有强制性。在荷兰，现已通过立法来正式监管和取代由行业监管的方案。这样做的原因之一是出于外部安全考虑，同时顾及社会对地下网络信息和通信服务的依赖。进一步的立法还强制要求地下基础设施业主对不再使用的电缆和管道进行拆除。虽然这仅适用于电缆和管道，但也能使我们联想到已见过的城市服务层中其他用途设施的情况，以及不了解公共服务设施、网络和地下隧道的实际位置可能会带来哪些影响。然而，事实上，这只是难题的一部分，我们将在探讨政策和规划时（见第 5 章）更深入地研究相关影响。

本章将探讨空间设计和在地下创建新城市“组织”的最终目标。我们认为，地下城市主义需关注地下空间利用这一方面。地下城市主义应聚焦的问题是地下空间利用该如何对我们的城市及城市宜居性做出贡献。尽管城市服务层显然能服务（且已在服务）于城市，但问题是，我们应把自己的思维局限于这种用途上吗？这样利用地下空间就是最好的方式吗？

地下城市主义需发展到这种程度，即“充分考虑地下空间”已成为地面开发不可或缺的一部分。为实现这一目标，我们需要打破实践上和我们思维上将地面和地下分离为两个不相容领域的物理障碍和心理障碍。将我们脚下所走的路面视为城市延伸的极限，正是赫纳德所谓的我们思维上的根本错误。随着城市向上朝着天空延展，多层开发的概念应运而生。第 2 章关于旧金山跨海湾交通枢纽中心的示例就说明了这点——该项目的最顶层有座公园与附近的 Salesforce 塔楼（Salesforce Tower）的第五层相连。在荷兰鹿特丹市中心有另一有趣示例，它展现了当我们把建筑物的底层降至地下时会发生什么。贝尔斯购物通道项目（Beurstraverse）于 1991 年开始建设，旨在建成一条地下人行通道，以连接林班（Lijnbaan）和胡格（Hoogstraat）购物街，以及贝尔斯（Beurs）地铁站（图 4-3）。

来自 de Architekten Cie 建筑师事务所的皮·代·布鲁因（Pi de Bruin）对这条通道进行了独特设计，经后续施工完成后，便生成了一条开放式购物街道。街道带有额外的零售空间，能将地铁站展露于所有人眼前。出于典型的鹿特丹式幽默，当地人往往会给城市中所有新开发项目起绰号，贝尔斯购物通道就被称为“零售沟”（Retail Trench）。它于 1996 年开通时，就是一条具有较高空间质量的沟槽，通过布置树木和人工水景作为供儿童玩耍（尤其是在炎热的夏季）的景点，吸引了大量游客，满足了他们的休闲之需。它成为公共开放空间与考文特花园如出一辙（后者通过改建地下室营造出了新的具有休

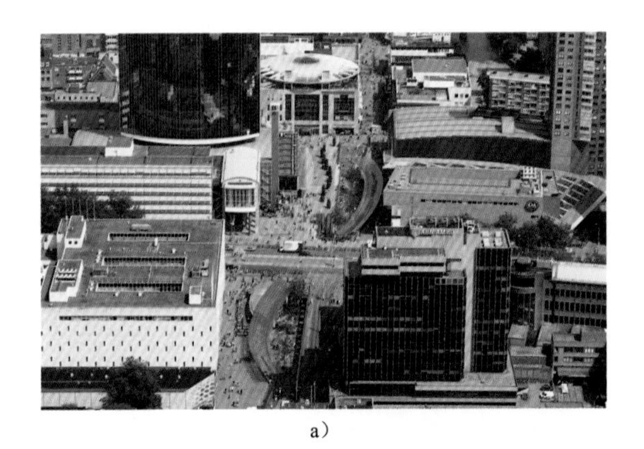

a）

b）

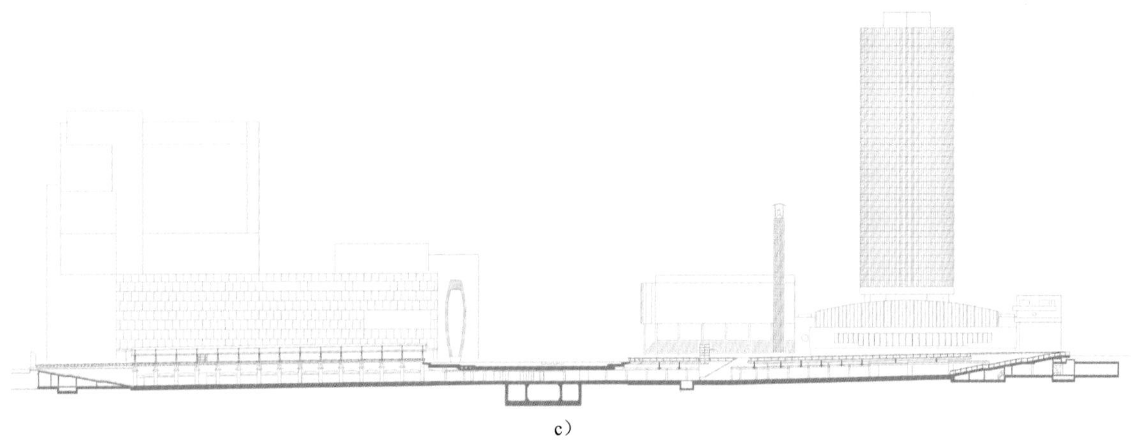

c）

图 4-3　荷兰鹿特丹贝尔斯购物通道（图片来自 Aeroview、Tom de Rooij 和 Architecten Cie）

闲娱乐氛围的空间）。同时，贝尔斯购物通道还连通了附近的 Bijenkorf 百货商店，将百货商店的地下层与地铁站和人行道相连，在地下创建了一个入口。

贝尔斯购物通道这个案例说明，当地面不再被视为不可逾越的障碍，而至多只是被看作对城市发展范围的暂时性限制时，将会产生怎样的变革。地下城市主义的目标应该是将地下开发无缝融入城市肌理中。这样就能将空间质量推向新的高度，将隐藏的地下交通网络与地面的生活和城市的流动自然地连接起来。

这个意义上，空间设计应关注如何达成上述目标。这将挑战我们对地面—地下界面的既有认识，并将证明我们能够超越该障碍，将地下城市“组织”融入城市肌理之中。

4.2 窑洞—当代设计—未来设计

2009年，巴黎交通管理局（RATP）组织了一场建筑师设计未来地铁站的竞赛。三项入选设计均极佳地体现了巴黎交通管理局的宏大愿景。2010年5月至6月，这三项设计在巴黎特罗卡德罗（Trocadéro）建筑与遗产之城博物馆（Cité de l’Architecture et du Patrimoine）举办的“Osmose——2025年地铁站”（Les stations de métro en 2025–Osmose）公共展览上进行了展示（RATP，2010年a）。当时仍任职于伦敦外国建筑事务所（Foreign Office Architects）的法希德•穆萨维（Farshid Moussavi），是其中一项设计的负责人。穆萨维在设计中，通过创建中间站台，使地下站台向地面敞开（图4-4）。用她自己的话说即是（RATP，2010年b）：

> 如果我们能在人们于日常生活中经过这个地铁站时，使他们获得新的体验感受，从而激发新的灵感，那么我想我们已成功地将地铁站从提供服务的角色转变为了激发新灵感的角色。由此，我们所做的是，用必要的中间站台去连接不同的线路，或连接我们围绕车站设置的那些空间。同时，我们还突破常规地增大了中间站台的尺寸，我们将中间站台与斜坡相连，斜坡上设有坡道、台阶和绿植。所以在任何时候，你都可以只是穿过这个空间，也可以只是躺在里面，并且你还可以坐下来观看别人表演——这样的设计能使你不断地在观众和表演者的角色之间转换。此外，环绕这个开放空间的建筑物被设计成，或者说可被设计成，一个真正能将该空间用作表演空间的基础设施。

穆萨维将设计视为能带来空间紧凑度和混合用途的一种城市主义形式。在某种程度上，她将简•雅各布斯（Jane Jacobs）于1961年所指出的种种元素结合了起来，这些元素是街道乃至城市获得吸引力及功能性的部分来源。她将这些元素汇集在围绕着地下地铁站的一个密集空间中，从而使地下空间融入了城市肌理。该设计也是将窑洞概念扩展为现代设计概念从而服务于城市和城市居民的范例。

“下一个城市”（Next City）网站对Osmose竞赛发表了评论，并在谈及地下交通运输与地下站时提出了有理有据的论点[弗里马克（Freemark），2010年]：

图 4-4　巴黎地铁新型开放式地铁站的设计（图片来自 Farshid Moussavi Architecture 与 Richez Associés 建筑事务所）

地铁系统的一个矛盾是，尽管将列车置于地下运行的目的就是为了使其不扰乱周围城市地区，但尽可能地让地铁站在公众视野内清楚可见也至关重要。与此同时，地铁虽位于城市区域中心，但往往并不方便，总是缺少商店和聚集场所，而这些对于让地铁成为完全有用的公共领域构成元素是必不可少的。

地面与地下的关系一直是建筑师们感兴趣的话题。回顾最初的地铁入口设计，如赫克多·吉玛德（Hector Guimard）为巴黎地铁（Paris Métropolitain）做的入口设计（图4-5），它们似乎总是通过楼梯或自动扶梯来标志通向地下"生活"的入口。甚至连现代的地铁入口也仍在采用这种理念，并将带有"M"或"U"的标识用作地铁入口的主要标志。然而，在21世纪初，此种思维开始出现转变，这可从2002年开通的哥本哈根地铁国王新广场站（Kongens Nytorv Station）的设计（图4-6）中看出。该设计实现了一种更开敞式的地下与地面的过渡，强调了与地面相关的视觉观感。在某种程度上，它效仿了英国建筑师诺曼·福斯特（Lord Norman Foster）勋爵设计的金丝雀码头地铁站（Canary Wharf Underground Station）（图4-7）。诺曼·福斯特勋爵的设计以敞开地下并使地下与地面相连的方式将地面和地下融合在了一起。从金丝雀码头地铁站出来，站在自动扶梯上，透过玻璃棚顶看向周围的摩天大楼，会让地铁旅客感到愉悦和惊奇。

金丝雀码头地铁站有两个外观相同的入口，分别位于车站大厅的西侧和东侧。两个玻璃棚顶分别标志着两个车站入口，而棚顶之间的区域则是朱比利公园（Jubilee Park），公园在车站正上方为公众提供了一个绿色的公共开放空间。

现在，我们将对巴黎大堂（Les Halles）案例进行详细分析，以说明将地下空间与城市"组织"相分离的理念及其所产生的后果。与伦敦考文特花园一样，巴黎大堂最初也是市集用地——自1183年在那里建起两座木质建筑后，巴黎大堂就成了一个市集的所在地[韦克曼（Wakeman），2007年]。从那时起，市集就一直存在于巴黎大堂。与此同时，这个地方也发展成了巴黎的一个区，有了"异托邦"的称号。"巴黎大堂有着永恒的狂欢节。它还是米歇尔·福柯（Michel Foucault）所说的'异托邦'的终极对应之地。异托邦是一个具有'异己性'与'另类次序'的场所"[韦克曼（Wakeman），2007年]。巴黎大堂不断尝试着满足周边城市发展的需求，但遗憾的是，美食与玩乐的交织使这个区域成为城市中不那么光鲜的地区之一[韦克曼

图 4-5　赫克多·吉玛德最初设计的巴黎地铁阿贝斯（Abbesses）站新艺术风格（Art Nouveau）入口（图片来自 Steve Cadman，经 CC BY-SA 2.0 许可转载）

图 4-6　哥本哈根地铁国王新广场站入口（图片来自 Patrick Nouhailler，经 CC BY-SA 3.0 许可转载）

a）

b）

图 4-7　金丝雀码头地铁站（图片来自 David Ilff，经 CCBY-SA-3.0 许可）

（Wakeman），2007 年]：

“巴黎大堂的历史读起来就像是在看一部建筑和城市设计的戏剧性剧集，此两者试图去满足不断增长的城市人口的需求，并洗去这个脏乱之所的臭名。巴黎大堂是一个永恒话题，涉及城市应为何样以及城市空间应如何组织，这个话题不断引来当时最有影响力的建筑师的关注。”

18 世纪涌现了无数试图改变巴黎大堂当时处境的建筑设计。到了 1853 年，维克多 • 巴尔塔（Victor Baltard）设计的巴黎中央市场（Halles Centrales）开始施工建设（图 4-8）。该设计需拆除大量旧建筑，扩建市集以适应城市发展。当时正是奥斯曼重建巴黎的时期，关于城市未来的宏伟愿景已经形成 [韦克曼（Wakeman），2007 年]：

“巴黎大堂的改造遵循了具有理性且注重卫生的建筑城市主义，这一主义为商业贸易和资本关系创造了理想条件……巴黎大堂成为视觉和文学上的代名词，用来代表巴黎，代表其民粹主义之根、其迷人的社交氛围以及古怪特性。巴黎大堂呼应了巴黎的城市特征以及公社市民特征。”

然而，这种对巴黎形象及巴黎象征意义

图 4-8　维克多 • 巴尔塔设计的巴黎中央市场

的强烈趋同，限制了这个地区的发展。在法国政治体系中，执政领导层与地方政府间一直存在着斗争，两者均想在这座城市留下自己的印记，这是阻碍发展的另一原因。20 世纪初，赫纳德和勒·柯布西耶都提出了新的规划方案，这些方案原本可以永远地改变巴黎大堂，可惜未能实施。他们的方案在设计上是乌托邦式的，着眼于构造能够体现城市现代性的新形式。在这方面，勒·柯布西耶的瓦赞规划是最具乌托邦特性且最易引发争议的巴黎大堂规划 [韦克曼（Wakeman），2007 年]。后来，到了 1958 年，塞纳省省长邀请了两位建筑师为这个综合体提出“宏伟设想”。其中一位建筑师罗伯特•洛佩斯（Robert Lopez）是勒·柯布西耶的门徒。两位建筑师在设计上较大限度地借鉴了高层密度理念，想以此来取代巴尔塔设计的中央市场。而在随后法国政府与巴黎市议会之间的“斗争”中，后者却宣称“无论是华盛顿，还是华尔街，都不会成为巴黎大堂的未来”。于是，“又选出了六组建筑师，为这个被称为‘新城’或‘新首都’的地区制定详细规划。他们的设计在 1968 年 2 月公布于众”[韦克曼（Wakeman），2007年]。

但带有高层塔楼的高密度开发形式引起了公众的强烈抗议，间接造成未来巴黎的建筑物高度都被限制在 25m 以内 [海姆·德·巴尔萨克（Heim de Balsac），1985 年]。正是在那时，尤图德安与他的委员会，即城市地下空间开发研究和协调委员会（GECUS），向巴黎市议会提出了他们关于对地下空间进行大规模开发的规划方案。由于之前出现的僵局，GECUS 的建议很快就被巴黎市议会采纳，作为既能实现之前规划又不会破坏城市特征的替代方案——当然，巴尔塔市场仍需拆除。GECUS 的建议方案围绕以下原则实施运作 [海姆·德·巴尔萨克（Heim de Balsac），1985 年]：

■ 从该地区无法接受的地面高密度开发改为地下深密度开发；

■ 创建一个换乘站台，用于连接所有公共地下交通运输网络：地铁、地下快铁（R.E.R.）、公交、列车站、停车场等；

■ 充分利用一切资源均匀回填地下快铁站施工所需的明挖段，但同时又保留较大的“负体积”或“火山口”，以便让空气和光进入综合体的最外层（地下）区域（图 4-9）。

■ 鼓励具有社会文化性质的项目，采用铺路石和台阶处理空余地面，并配置大量花园或绿色城市区。

韦克曼（Wakeman，2007 年）评论道：

“尽管从 1979 年 9 月落成之日起，

地下广场（Forum）就被普遍批评为毫无新意、不甚美观，但在20世纪60年代，它却处于空间再造的前沿。‘广场’或‘市场’这个理念本身就与城市中心性相关，与体现20世纪后期城市风格的商业、市政和历史功能的融合相关。”

这可说是尤图德安的梦想实现了，尽管当时采纳的并不是他为巴黎大堂设想的未来式规划，而仅是他所坚持的地下城市综合体这一概念 [海姆·德·巴尔萨克（Heim de Balsac），1985 年]：

图 4-9　开发巴黎大堂过程中挖方产生的“负体积”

地下城市综合体是一种通过地下三维开发，有效操控地下或地面交通线路连接网络，让庞大的公共人流得以穿梭于商业、行政、公共、私营和娱乐设施的综合体。这样的定义意味着，为使各种功能兼容并存，必须以相当程度的概念一致性为主导，同时也必须最大限度地发挥建设逻辑。

韦克曼（Wakeman，2007 年）认为上述开发是“一项创造横向和纵向延伸的统一都市风格的实验”。在 1977 年 12 月沙特雷——大堂（Chatelets-Les-Halles）地铁站开通后的几年里，这一地下空间又经历了持续的开发和再开发，但它仍未能实现其试图实现的统一都市风格，“结果是，这一地下空间成为一个充满各种讽刺的所在，这些讽刺源于政治斗争、各种利益冲突以及现代主义与历史保护之间的博弈 [海姆·德·巴尔萨克（Heim de Balsac），1985 年]。”

正如海姆·德·巴尔萨克（Heim de Balsac，1985 年）指出的：

“对于 GECUS 而言，巴黎大堂地下综合体既是一个巨大的胜利，又是无数痛苦的源头。值得注意的是，这个项目是在没有建筑师参与的情况下完成的，它现在欠缺三维城市开发特征，即能独一无二地创造原本可能成为巴黎城市开发辉煌成就之一的大型立体空间‘容器’的特征。”

据 GECUS 的说法，开发中所缺失的主要元素之一是“负体积”或“火山口”概念——“这个概念于实际工程中只体现在极小维度内，以致其失去了全部价值”[海姆 • 德 • 巴尔萨克（Heim de Balsac），1985 年]。

巴黎大堂以其所有的缺陷证明，它对地面和地下进行分隔的教训值得我们记取。如想创造横向和纵向延伸的统一都市风格（韦克曼），就需要将地面开发与地下空间开发结合起来。通过建设尤图德安等人所构想的“负体积”便能实现这一目标。不过，“负体积”的尺寸要足够大，才能满足三维城市开发需求。荷兰建筑师雷姆 • 库哈斯（Rem Koolhaas）就认识到了这一点。他是四位被选中来为巴黎大堂提出 21 世纪新方案建议，使其与时俱进的设计师之一。库哈斯对他设计背后的理念做了如下阐释 [大都会建筑事务所（Office for Metropolitan Architecture），2003 年]：

“因此，项目将由一组建筑物构成，其中有部分结构从地下冒出地面，也有部分结构从地面穿入地下，希望这个设计能彻底消除巴黎大堂地下与地面之间的分裂。”

遗憾的是，他为将高层概念带回埃菲尔铁塔所在的这座城市而使用的塔楼设计，正如他在 2004 年 4 月举办的另一场展览上所说的那样，并不足以令公众信服。“明日的巴黎大堂”一共展示了四种方案，其中还有一种是由法国建筑师大卫 • 曼金（David Mangin）设计的。曼金的设计是将巴黎大堂改造成一个大型开放公共空间，并用一条中央林荫大道恢复绿色景观。巴黎大堂中的市场和交通枢纽均将敞开，以展露尤图德安等人所坚持的“负体积”，同时还将有大型顶棚悬于其上方 9m 的空中。而顶棚设计事宜则带来了 2007 年的另一场国际竞赛，赢得这场竞赛的是建筑师帕特里克 • 伯杰（Patrick Berger）和贾可 • 安齐乌蒂（Jacques Anziutti）。巴黎市市长于 2016 年 4 月 5 日为新综合体举行了落成典礼（图 4-10）。

《卫报》的一篇评论文章将这个顶棚戏称为“黄色雨伞”和“奶黄色人字拖”[温莱特（Wainwright），2016 年]。无论评论家们怎么看待它，真正的检验标准是，最新的巴黎大堂改造是否已令人信服地、永久彻底地消除了地面和地下之间的分裂。它是否成功，时间终将证明。就目前而言，它仍是一

图 4-10　打通地下空间的巴黎大堂顶棚（Canopée Les Halles）

次勇敢的尝试，是我们能找到的结合地面与地下开发具有统一都市风格的为数不多的案例之一。

4.3 私有式地下公共开放空间

将地下空间纳入地面开发是一回事，而创建新城市“组织”则需迈出更大的一步。当我们从空间设计的角度来考虑创建新城市“组织”时，这项任务乍看之下似乎很简单。但分析地下空间的用途时，我们就会遇到先前在公共地下空间网络和私人“地下室”存在情况方面所观察到的现象。从中可以看到的一个主要挑战，是地下公共空间的缺乏。我们将用一个简单的例子来对此进行说明。如果以在第 4.2 节中讨论过的金丝雀码头地铁站为例，我们就能绘制出一张简单的示意图（图 4-11）。

从图中可以看出，地面上所有的开放空间都属于公共领域。然而，只要离开地面进入地下，所有的开放空间就变成伦敦地铁公司（London Underground）的资产了，立即就失去了公共开放空间的特征。尽管这是由公共单位拥有的物理空间，但它却有着私有空间的样貌。伦敦地铁公司的工作人员负责对车站进行管理的事实就清楚地说明了这一点。车站治安维护工作并不是由伦敦警察厅（Metropolitan Police）来完成，而是由英国交通警察局（British Transport Police）——列车运营公司英国铁路网公司（Network Rail）与伦敦地铁公司筹资设立的警察队伍来完成。而伦敦地铁公司则隶属于伦敦交通局（Transport for London），监控车站内乘客的摄像头均由伦敦交通局中央控制室的伦敦地铁公司工作人员操作和监控。让该地下空间变成了私有空间的一项主要因素是公众在地铁线路未运行期间无法进入地下空间，即在

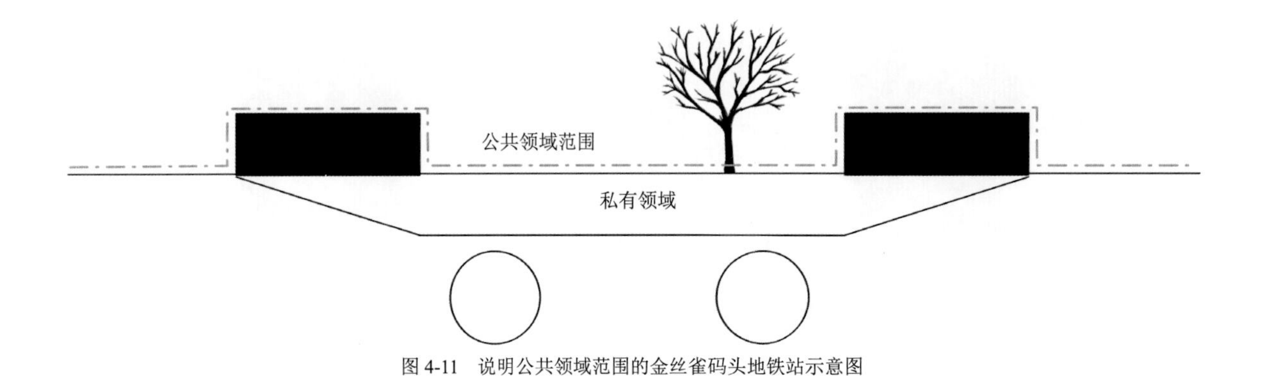

图 4-11　说明公共领域范围的金丝雀码头地铁站示意图

运行时段外，公众根本就没有进入该设施的公共路径。

对于那些使私有建筑物实现向地下延伸的“地下室”，无论里面装的是办公室、商店、住宿场所，还是融合了这三者的综合体，也都是同样的道理。通过廊道来连接建筑物，并不自然而然地就意味着这些廊道是公共空间：它们其实是默认的私有空间，由建造它们的私人开发商所拥有（图 4-12）。能否进入廊道，要受廊道所连接的“地下室”的开放时间限制，所以办公时间或商店营业时间决定了公众何时可以进入这些空间。此外，还有另一个问题，即由谁来负责维持这些廊道内的公共秩序？这里没有主动布置的治安维护力量，治安维护工作只是交由办公室或商店所在公司的安保人员负责。然而，这些安保人员有足够的职权来维持公共秩序吗？既然这些“地下室”和廊道都被视为在公共领域之外，那么在发生医疗紧急情况时又该由谁来负责呢？尽管参与医疗紧急救治属于公共责任，但办公室和商店对来到其场地的访客也有照管义务。所以健康安全条例就恰好适用于此，这意味着，在发生事故时，应首先由建筑或商店内的人做出响应。

皮埃尔•贝朗格（Pierre Bélanger，2007 年）在他关于多伦多 PATH 地下城步行系统——加拿大最大的地下步行网络之一（蒙特利尔有更大的步行网络）的文章中首次指出了上述问题。贝朗格认为，尽管这些步行网络似乎实现了许多城市规划者的梦想，因为所有汽车交通都已从这些步行系统中消失。但实际上，由于这些步行网络是私有的，城市规划师便认为这些网络不在他们的领域范围内，因而对它们不感兴趣：

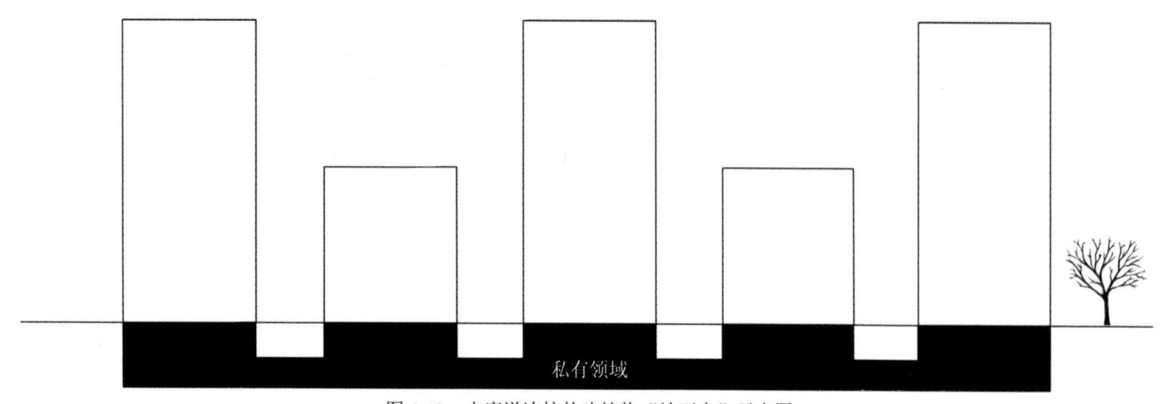

图 4-12　由廊道连接的建筑物“地下室”示意图

“城市设计师和专业学者不愿意涉足充满动态特性的地下空间，这令人震惊。近50年来，城市设计师、景观建筑师和规划师都渴望创造安全、可靠、易通行的无车步行环境。从规划的角度来看，多伦多地下步行系统可能是将‘汽车’从城市景观中消除的最终模式，系统既无停车场、沥青路面，也无车辆拥堵现象。由于还连接了公共交通，这一系统可说是理想的步行网络。而上述‘不情愿’则可能部分地归因于一种普遍的看法，即私人拥有的地下购物场所是有害可厌的，退一步说，也是不该予以考虑的。由于其环境封闭独立，它们就被认为处于所谓的公共领域之外，还‘扼杀’了街头生活。而位于市政通行权范围内的路面街道层，作为一种更正当的集体空间形式，自然就得到了更多支持。”

当从上述角度看待鹿特丹的贝尔斯购物通道项目时，我们观察到了细微的差异。查看图4-13中的平面示意图，我们发现公共领域在人工沟槽内的较低地层中得到了延续。即使顶棚遮盖了整个区域，但它仍是一个公共开放空间，因为购物时间或地铁运营时间并不决定这一空间是否可以进入。实际建成的地下廊道，不受其所服务的商店和地铁站开放或关闭的影响。在这一点上，我们看到了此例与其他例子的关键区别。其他例子中的设施系统，至少部分是由“地下室”或车

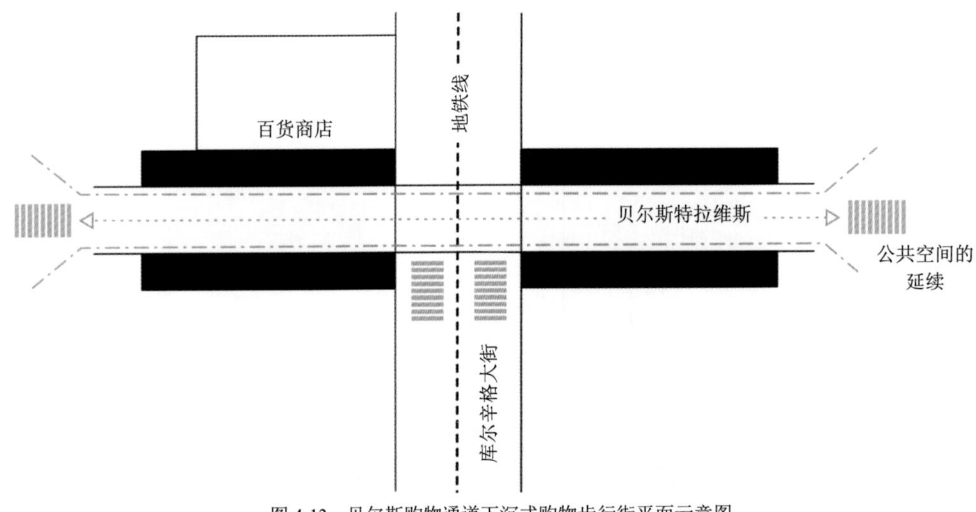

图4-13　贝尔斯购物通道下沉式购物步行街平面示意图

站本身构成的，这就使其对公众的开放必须取决于相关私有领域的开放时间。

贝尔斯购物通道项目则遵循了由威廉•怀特（William Whyte，1988 年）制定的一项重要设计原则：

> “好的空间应能吸引人入内，从这方面来看，室外街道进入室内空间的过渡至关重要。在理想情况下，过渡应无比自然，让人难以看出何处是上一段的终点，何处又是下一段的起点。你走进去，几乎是本能使然，根本无须先考虑一番。”

尽管怀特并不赞成他所称的那些“下沉式广场”，但贝尔斯购物通道的设计必然能使他的一些反对意见站不住脚。而他更有识见的看法之一是：“要设计出不吸引人的空间是很难的。但这种情况发生的频率之高实在让人触目惊心”（怀特，1988 年）。我们除了需把公共空间领域延伸至私人空间领域以维持行人顺畅流动外，还需把地下空间设计成吸引人的空间。

但一个悬而未决的问题是：如何才能解决地下私人空间领域的难题？其解决之法的寻得就要看“私有式公共开放空间（POPOS）”这一概念了。怀特在其书附录中提到了这个最初由纽约市在 1961 年所提出的概念：

> “1961 年，纽约市颁布了区划决议案，给予提供广场空间的开发商建筑面积奖励。每提供一平方英尺的广场空间，开发商就可获得额外 10 英尺的商业建筑面积。而议案对广场的要求是，在任何时候均能做到对公众开放。后来事实表明，这就是广场的全部意义所在。”

怀特接着描述了 1975 年的修正案是怎样要求广场“服从”于公众的，并详细说明了该如何实现这一点。如今，POPOS 概念不仅在美国获得广泛运用，在韩国首尔和新西兰奥克兰等城市也同样如此。当然，并非人人都热衷于这个概念，因为私人所有者有时似乎更喜欢尽量将 POPOS 掩藏起来。奥克兰的学者做过一项关于奥克兰市内 POPOS 的研究，他们得出的结论是，“大多数都是专属空间，并且由于进入时段受限，陈设观感冰冷、不温馨，监控森严，无显眼标志表明其为公共空间，致使它们通常未被公众使用”[里夫思（Reeves），2016 年]。

旧金山规划部门注意到了这种让此类空间避开公众视线的现象。因此在 2012 年，旧金山针对市内 POPOS 识别标志出台了新法规，旨在让公众更好地知晓市内可供其使用的空间。旧金山市内 POPOS 的建设直到 1985 年都是基于一种像纽约那样给予额外面积的自愿建设方案。但自 1985 年《市中心规划》（*Downtown Plan*）出台以来，POPOS 就成为市中心 C-3 区内开发项目的强制性构成部分。图 4-14 所示即为旧金山的一个 POPOS，它位于诺布山（Nob Hill）区域旧金山费尔蒙特（Fairmont San Francisco）酒店顶部。要进入这个屋顶花园，需先进入并穿过酒店。

在地下创建新城市“组织”则应采用不同的方法，原因在于这些空间还需相应地被重新设计为“私有式地下公共开放空间（POPOUS）”。这样做至少可以解决办公室或商铺开放时段之外进入地下公共空间的难题。同时，也能对这些空间所需满足的要求有所规定，以确保公共人流可以顺畅地进出这些空间。对于创建新城市“组织”而言，至关重要的一点是，需要使用城市廊道来连

图 4-14　旧金山费尔蒙特酒店屋顶花园 POPOS（图片来自 Jennifer Morrow，经 CC BY 2.0 许可转载）

接地下空间。除进行详细空间设计外，这些廊道的建设还应考虑诸种额外因素，对此我们将在下面进行讨论。

4.4 城市地下廊道

在伦敦地铁南肯辛顿站（South Kensington Station）下车后，乘客若想去参观自然历史博物馆（Natural History Museum）、维多利亚和阿尔伯特博物馆（Victoria and Albert Museum）或皇家阿尔伯特音乐厅（Royal Albert Hall），则可通过南肯辛顿地下通道（South Kensington Subway）直接抵达，而无须去穿越地面的车流。南肯辛顿地下通道是一条建在地卜的人行隧道，既是连接地铁站与维多利亚和阿尔伯特博物馆地下层入口的城市廊道，又是自然历史博物馆花园的出口通道。通道走线在地下沿地面博览会路（Exhibition Road）布置，并在科学博物馆附近露出地面。这条人行隧道建成于 1885 年，长度为 433m（图 4-15）[英格兰历史遗产保护局（Historic England），2017 年]。

尽管这条地下通道是维多利亚时代的产物，但它至今仍在被使用，发挥着它的服务功能，使公众能够从伦敦地铁直接前往上述博物馆。该地下通道是一次性建成并定型

a）

b）

图 4-15　南肯辛顿地下通道

的开发项目，与多伦多不断延伸扩展的地下步行网络形成了鲜明对比。正如贝朗格（Bélanger，2007年）所说："纵观多伦多地下城的发展历程，最令人赞叹的是其自我复制特性。"他接着指出了这一地下网络自我复制特性背后的驱动因素和动态特性。推动该地下廊道网发展的首要因素是北美的气候，极端的炎夏和寒冬使地下成为人们寻求舒适安逸的避暑避寒之地。此外，贝朗格还提到，雾霾也是一个促成因素。多伦多这座城市的雾霾预警天数已从1993年的1天增长到了2005年的41天。虽然41天即为被认定的历史最高纪录[安大略省环境和气候变化部（Ontario Ministry of the Environment and Climate Change），2017年]，但雾霾仍是个问题。城市地下廊道无疑为避开地面上更不宜人的气候环境提供了有效庇护。

正如气候是这个步行网络背后的驱动因素一样，贝朗格（Bélanger，2007年）所列出的关于城市地下廊道空间设计的动态特性需求也与之密切相关。他列出了以下动态特性：空间可识别性、可达性和机动性、流量与使用率、空间控制与监视。我们将借助贝朗格关于多伦多PATH步行系统的评述，并在可能的情况下利用其他建设经验加以扩展，对这些动态特性进行更详细的探讨：

"这个地下网络最显著的特征之一是其迂回曲折且通常难以辨识的空间。由散布于地下网络的隧道、洞口、商铺和广场汇聚成的综合场景——当被视为一个整体时——让人感到晕头转向。而超量聚积的各种标志、媒体宣传物、符号、灯光、材料、显示屏和各种比例形态的结构——1200家租户之间零售竞争的必然结果——使这种情况更加严重，从而遮盖掉了该地下网络中更基础或根本的构成部分。"

在考虑如何才能让人顺利穿过地下空间和地下廊道时，路径导向是最重要的考虑因素。如果周围环境的视觉参考完全缺失，人在不依靠标识的情况下，很难清楚地知道自己身在何处。例如，在一座你从未去过的大型国际机场里四处寻路，肯定会感到晕头转向。缺少了标识，这根本就是一件无法完成的任务，即使有了标识，在很大程度上也要视标识的质量、清晰度和逻辑性而定。不过，我们可通过与外部地面实景相对应的地下廊道设计来另辟蹊径。这种设计不应仅仅着眼于打造那种单调刻板的通道，还需将重点放在地面上，通过设计让地下网络使用者的脑海里形成一幅将地面信息与地下位置相结合的画面。这个理念在地铁站设计中正得到不断发展。相关地铁站设计并不将所有车站都设计成相似模样，然后依赖不同站名使旅客弄清自己所在位置，而是对车站进行了地点标志化设计。莫斯科地铁即以其运用了此种方法的精致设计而闻名。斯德哥尔摩地铁站也同样遵循了这一理念，并聘请艺术家赋予了各个车站不同的身份特征。杜塞尔多夫韦尔哈恩线（Düsseldorf Wehrhahn-Linie）车站设计，是由诸多建筑师和艺术家合作完成的。Netzwerkarchitekten 建筑事务所设计了其中的 Kirchplatz 站，设计中运用了恩内 • 亨勒（Enne Haehnl）打造的艺术装饰，使车站具有了独特外观（图 4-16）。

a）

图 4-16

b）

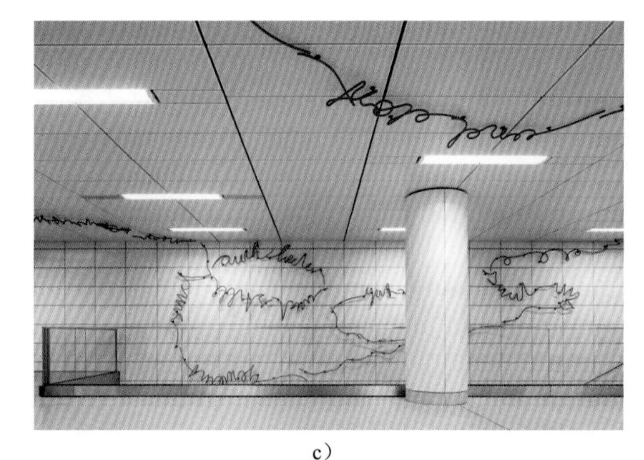

c）

图 4-16　杜塞尔多夫韦尔哈恩线 Kirchplatz 地铁站（图片来自 Jörg Hempel-Aachen）

2008 年，AMFORA 项目在阿姆斯特丹召开的一次国际会议上被提出。该项目是一个由荷兰承包商 Strukton Civiel 和总部位于阿姆斯特丹的 Zwarts & Jansma Architects（ZJA）建筑事务所共同发起的私人项目。AMFORA 项目致力于调和阿姆斯特丹的两个看似互相矛盾的规划目标：消除运河沿线街道上的所有车辆，同时增加进入城市的交通流量以减轻阿姆斯特丹环路的拥堵。在城市运河与阿姆斯特河（Amstel River）正下方设置多层地下设施网被视作该挑战的解决方案。尽管项目至今几乎未获得政治家和决策者的任何支持，但项目本身的确展现了在城市地下空间创建新城市“组织”的强大功用。AMFORA 项目于 2010 年获得了 MIPIM 大型城市项目——未来项目奖（图 4-17）。这一项目与我们眼下所探讨内容相关的是，针对项目开展的研究中有一个方面正是路径导向。为克服路径导向问题而提出的一种解决方案是，将地下空间位置正上方地面的视图投射到地下空间的墙体上，这样就不仅提供了一项导向功能，而且在无形中将地下与地面连接了起来。这种投射既能提供“实时”地面图像，又能提供关于地面时间（白天或夜晚）以及天气状况的信息 [ZJA 建筑事务所（ZJA Zwarts & Jansma Architects），2017 年]。

如果仅将标识作为唯一的导向方式，考虑到地下零售商环境中存在的大量视觉刺激，这很容易造成困惑混乱。贝朗格（Bélanger，2007 年）所称的这种视觉刺激物的超量聚积，不仅具有误导性，而且意味着信息过载，将导致人们在将来对相关地下系统避而不用。多伦多金融区商业促进区（Toronto Financial

图 4-17 Amfora Amstel 项目——阿姆斯特丹阿姆斯特河下方规划的大型地下设施（图片来自 ZJA Zwarts & Jansma Architecten 建筑事务所）

District BIA）发布的一项研究指出，“目前，这一地下系统是一份‘未被充分利用的资产’，因为使用它的居民和游客通常觉得在里面穿行既麻烦重重又难辨方向”，而且使用者觉得当前的标识系统“令人困惑、僵化刻板、变化无常、前后不一、过时老旧”[沈（Shum），2016 年]。据悉，新系统将于 2018 年推行。

贝朗格列出的第二个动态特性与“可达性和机动性”相关。正如我们已经看到的，可达性对于开发属于城市肌理组成部分的地下空间来说至关重要。多伦多在构思地下步行系统的设想时，主要目标即实现地面和地下的融合。贝朗格引用了爱德华·卡彭特（Edward Carpenter’）所著《城市设计——案例研究》（*Urban Design: Case Studies*）一书中的一段话来说明这种融合：“通过在地下步行路线附近设立开放空间……使阳光、天空、雪、树木、城市景观和街道活动能够且必须做到（在视觉上和实际上）易于让行人接近。”然而，当多伦多于 1976 年退出上述这种规划后，留下来的就只有“仅服务于单独开发商和业主各自单一思维的那种不受约束的地下开发了”[贝朗格（Bélanger），2007 年]。据卡彭特（Carpenter）所言，唯一的例外是第一加拿大广场（First Canadian Place）。卡彭特认为，“各种各样的入口、连接、路径和亮度级，使这个城市街区成为多伦多地下步行系统中一个非常成功的构成元素”[贝朗格（Bélanger），2007 年]。但需着重考虑的一点是，要尽量避免地下空间的使用因受上方建筑物办公时间限制而出现中断。细致的空间设计，将有助于防范这种不连续性。

从图 4-18 可以看出，第一加拿大广场构成了当地地下系统的一个节点，而该系统的节点都是采用轴线连接，沿轴线布置的是城

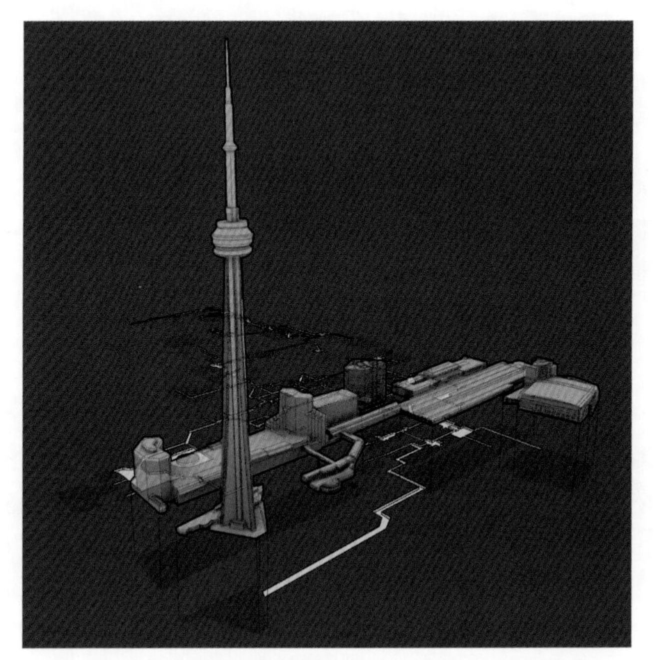

图 4-18　PATH 网络中加拿大国家电视塔（CN Tower）节点的三维表示（图片来自 Pierre Bélanger，©OPSYS/Pierre Bélanger 版权所有，2007—2017 年）

市地下廊道或人行通道。这些节点相较于轴线能够提供更大自由度，因为节点的空间宽广。而轴线则呈长线条状，为公用服务设施的布置所留的自由度较少。因此，正是节点与地面的连接以及地面与节点之间的可达性决定了地面和地下融合的成功与否。

交通流量和使用率是贝朗格提及的另一种动态特性。他观察到，在多伦多 PATH 网络范围内存在固定的交通流量高峰时段。这些高峰时段是由上班族的上下班时间以及午休时间决定的。在介于高峰时段之间的其他时段以及周末，系统则大多处于空置状态。据怀特（Whyte，1988 年）所说，这种现象普遍存在于许多中心城区广场。不过，他对此并不感到绝望，而是提出了应对建议。他的一些想法包括在市中心建造更多住宅、好的餐馆和景点，以此吸引人们来到广场，并让人们留在广场。例如，俄勒冈州波特兰的先锋法院广场（Pioneer Courthouse Square）可以对外出租，用于举办婚礼。而在谈到地下系统的空间设计时，交通流量也是一个重要的考虑因素。怀特使我们意识到，在使用率方面，城市规划与地面开发项目之间存在直接关联性。如要使地下空间具有活力，就只能致力于提升可达性，并赋予它那些能令广场特别是街道成为引人驻足之地的各色用途。

根据贝朗格的观点，影响地下空间的最后一项动态特性是其所称的“空间控制与监视”。在之前介绍过的伦敦地铁站治安维护和闭路电视监控案例中，我们已说明了单一地下设施如何变成一个仅部分对公众开放的私有空间。无须做进一步阐释就能明了的是，这种情况在各个设施相互连接并分别由不同私有企业运营的复合式地下设施综合体中将变得更为复杂。此外，在引用肯·琼斯（Ken Jones）的报告《多伦多地下系统内零售动态》（*Retail Dynamics in the Toronto Underground System*）时，贝朗格注意到了另一个情况，即私营商可以筛选哪些人进入其私有设施。这种对公众的筛选通常基于一种主观看法，即杂乱的人群是可厌的，虽然这种看法可能会有损于私营商招揽顾客这一首要经营目标。琼斯认为，此类歧视以及可能施加的过分严苛的行为约束，即使只是存在于主观看法层面，也可被视作人们不愿进入步行网络的一个原因。正如前面所探讨的（尽管较为简略），安全和安保同样可能成为一个复杂问题。私营商在安全和安保上有关照义务，但安全和安保同时也属于公共责任范畴。显然，在随时都有大量人员聚集的地下空间内，安全和安保问题可能会引起公众担忧。但这些担忧主要需通过私有资源来加以解决，这无疑会造成职责与权力不匹配的局面。

从空间设计的角度来看，上述四个动态特性有助于我们了解地下步行网络的运作方式，也为我们提供了一些有用的指引，以此引导我们思考如何设计才能应对已确定的动态特性所带来的挑战。正如POPOS概念可为地下空间开发提供帮助，地下网络供应者这一概念也同样如此。

贝朗格（Bélanger，2007年）为设立一个清晰而灵活的方向目标，制定了一份包括至少三项优先目标的战略：

第一，尽快绘制城市中心城区图，以提供一种简单精确的市中心导航方式，并应着重凸显空间参照物与街道层的关联。

第二，积极响应日益增长的市中心居民人口需求，解决夜间及周末地下设施运营时间协同问题。

第三，制定指导规划，将未来地下零售商设施的增长发展与地上街道层的公共空间相结合。

我们从贝朗格那里得到的最大收获是，规划与设计构成了新地下城市“组织”发展的基础。对开发不加以管制，任由私人开发商和业主随心所欲地开发，从长远来看，只会导致不太理想的结果，由此也必然会不利于这些开发商和业主实现最初目标。如果将地下开发视为更大的地面开发规划的一部分，那么公共目标和私人目标便均可实现。从本质上讲，这就是城市规划的核心。在第5章中，我们将探讨政策制定与城市规划如何以更大利益为出发点促进地下空间的利用，从而打造出我们所需要的城市。

4.5 本章核心观点

本章首先回顾了地下空间的利用在许多现代城市的下方是如何演变的，然后讨论了城市服务层的概念。城市服务层在许多方面看来似乎是固有观念中地下空间的常规用途。浅层地下空间在很大程度上属于电缆和管道（服务于城市的公用工程）的领域。在浅层地下空间之下，我们见到的是分为多层的交通运输空间，这些交通地下层向下延伸的深度有范围限制，相关深度需确保设施能够将乘客顺利送至乘车站台。地下空间的一项新用途是通过利用含水土壤、含水层或借助地热应用，向城市提供可再生能源。而管理所有这些不同的地下开发利用本身就是一项重大挑战。为避免未来的混乱无序，以及城市发展受到不必要限制，对此类地下空间利用进行规划是非常必要的。正是因为推行地下城市主义，新城市“组织”才能发展到与地面开发和活动无缝融合的程度。

当代地铁站的发展为未来铺平了前进的道路。在过去，地铁站入口采用的都是较易识别但空间狭窄的楼梯间。因此，地铁空间仍然隐藏在地下，且往往与城市相分离。而金丝雀码头地铁站和哥本哈根地铁国王新广场站等的设计，则遵循了更加开放和开阔的入口设计理念，从而使乘客的流动更为顺畅自然，也使地下空间得以向地面敞开。通过这样的做法，至少在视觉上形成了一种地上与地下连接更为紧密的入口通道，地下空间也因之更容易在地面上被识别出来。

尤图德安与他的 GECUS 委员们成功地为巴黎大堂开发项目提出了地下解决方案，由此也就衍生出了地下城市主义。他们将地下城市综合体定义为 [海姆 • 德 • 巴尔萨克（Heim de Balsac），1985 年]：

“一种通过地下三维开发，有效操控地下或地面交通线路连接网络，让庞大的公共人流得以穿梭于商业、行政、公共、私营和娱乐设施的综合体。这样的定义意味着，为使各种功能兼容并存，必须以相当程度的概念一致性为主导，同时也必须最大限度地发挥建设逻辑。”

通过探讨公共开放空间和私有空间概念，我们看到，私人创建的“地下室”一旦连接起来形成地下网络，概念一致性就会成为一个难题。在这个意义上的私有空间，还包括那些虽然由公共单位运营但并不具备公共开放空间特征的空间。由于此类空间在地下运输系统或商店运营时段内才对外开放，它们就变成了使用时间受限的空间区域。此外，还存在其他限制，因为这些空间并不是对所有人都开放的，如仅限付费乘客进入。

POPOS 概念可作为这个难题的部分解决方案。贝朗格在研究多伦多地下步行网络时列出的四个动态特性为我们所寻求的一致性提供了一幅更精确的图景，具体包括空间可识别性、可达性与机动性、流量与使用率、空间控制与监视。这四个动态特性是适用于任何地下空间设计的基本原则。为创建新的城市地下“组织”，实现地面与地下的融合，政策制定和城市规划中应认可地下空间的存在，并结合地面开发来规划地下空间利用。中心城区广场通常在上班族傍晚下班回家后变得空空荡荡，或者在周末时无人光顾，这样的情况对地下城市综合体来说也是适用的。如要使地下空间具有活力，就只能致力于提升可达性，并赋予它那些能令广场特别是街道成为引人驻足之地的各色用途。

本章参考文献

[1] BÉLANGER P. Underground landscape: the urbanism and infrastructure of Toronto's downtown pedestrian network[J]. Tunnelling and Underground Space Technology, 2007, 22: 272-292.

[2] FREEMARK Y. When you get the chance to build a new subway station, take full advantage[N/OL]. Next City, 2010[2017-11-14]. https://nextcity.org/daily/ entry/when-you-get-the-chance-to-build-a-new-subway-station-take-full-advantage.

[3] HEIM DE BALSAC R. The history of GECUS: a great adventure in contemporary urban development[J]. Underground Space, 1985, 9(5-6): 280-287.

[4] Historic England. South Kensington Subway[EB/OL].(2017)[2017-11-14]. https://historicengland.org.uk/listing/the-list/list-entry/1392462.

[5] MINUTOLI B. Every single day an underground gas pipe is being hit and damaged in Australia[N/OL]. LinkedIn, 2016[2017-11-14]. https://www.linkedin. com/pulse/every-singleday-underground-gas-pipe-being-hit-ben-minutoli.

[6] Office for Metropolitan Architecture. Les Halles[EB/OL].(2003)[2017-11-14]. http://oma.eu/projects/les-halles.

[7] Ontario Ministry of the Environment and Climate Change. Smog advisory statistics[EB/OL].(2017)[2017-11-14].http://airqualityontario.com/history/aqi_advisories_stats.php.

[8] RATP (Régie Autonome des Transports Parisiens). Osmose, quelles stations pour demain?[R]. Paris, France: RATP, 2010.

[9] RATP. Demain...la station Osmose[Z/OL]. (2010)[2017-11-14]. https://vimeo. com/11971353.

[10] REEVES D. Open up hidden public places in Auckland towers[N/OL]. The New Zealand Herald, 2016[2017-11-14]. http://m.nzherald.co.nz/nz/news/article. cfm?c_id=1&objectid=11702774.

[11] SHUM D. New downtown Toronto PATH wayfinding signage eyed for 2018[N/OL]. Global News, 2016[2017-11-14]. https://globalnews.ca/news/ 2731703/new-downtown-toronto-path-wayfinding-signage-eyed-for-2018/.

[12] WAINWRIGHT O. A custard-coloured flop: the €1bn revamp of Les Halles in Paris[N/OL]. The Guardian, 2016-04-06[2017-11-14]. https://www.theguardian. com/artanddesign/2016/apr/06/les-halles-paris-architecture-custard-coloured-flop.

[13] WAKEMAN R. Fascinating Les Halles. French Politics[J]. Culture and Society, 2007, 25(2): 46-72.

[14] WHYTE WH. City: Rediscovering the Center[M]. Philadelphia, PA, USA: University of Pennsylvania Press, 1988.

[15] ZJA Zwarts & Jansma Architects. Amfora Amstel, Amsterdam[EB/OL]. (2017)[2017-11-14]. http://www.zja.nl/en/page/2819/amfora-amstelamsterdam.

第 5 章

政策制定与城市规划

5.1　政策制定

5.1.1　增强意识

将地下空间纳入空间政策规划或其他战略规划的情况在世界各地并不常见。其原因与其说是政策制定者、决策者或规划者缺乏兴趣，毋宁说是相关意识和认识不够。而解决这个问题的一条可能的途径是，充分证明地下空间能在制定众多领域的政策方面发挥一定作用。

在 2014 年联合国世界城市论坛期间，国际隧道协会地下空间委员会（ITACUS）与城市地下空间联合研究中心（ACUUS）通过在哥伦比亚麦德林举行各类活动推介了地下空间理念。

从论坛分会活动效果来看，单纯地引用提及地下空间的种种优点并不能帮助决策者。决策者需要的是了解地下空间的利用如何能帮助他们实现其政策目标。通过展示地下空间所发挥的作用并提供实例，能增进人们对城市地下空间作用的关注、了解和认识。

此前已探讨过将地下空间纳入城市规划的必要性。我们得出的结论是，“地下空间是城市肌理中具有极高战略意义的一部分，可以为城市的地产开发和公共空间提供宝贵的额外空间”（Admiraal 和 Cornaro，2016 年）。我们认为：

> 联合国近期约定了新的可持续发展目标（联合国，2015 年）。在这 17 个目标中，地下空间的利用有助于实现其中的 7 个目标（图 5-1）……因此，城市地下的未来发展应成为城市发展的一部分，是毋庸置疑的。

接下来，我们将扩展以上这些于 2016 年所写下的内容，并增添案例，说明地下空间如何能发挥促进作用。通过这种方式，我们希望可以增进人们对地下空间的关注、了解和认识。

5.1.2 零饥饿

联合国（2017 年）将可持续发展目标 2（SDG2）描述为“消除饥饿，实现粮食安全，改善营养状况和促进可持续农业”。该目标中的一项具体目标是：

> 到 2030 年，确保建立可持续粮食生产体系并执行具有抗灾能力的农作方法，以提高生产力和产量，帮助维护生态系统，加强适应气候变化、极端天气、干旱、洪涝和其他灾害的能力，逐步改善土地和土壤质量。

我们认为地下空间可在实现上述可持续发展目标及具体目标的过程中发挥重要作用。根据人们对地下的常规认识，有一点是不言而喻的，即土壤是实现这些目标所必不可少的要素，为此，保护农业用地至关重要。问题在于，现存的所有可耕土地是否足以满足未来粮食生产需求。我们是否希望维持现行制度，继续在世界某些地区种植大量作物，然后将其运至其他地区？传统生产方式是否足以应对气候变化，如极端天气、干旱、洪水和其他灾害？2016 年，飓风“莎莉佳”对中国海南农作物造成的破坏已给出了清楚答案（图 5-2）。

地下空间能够提供而且已经提供了另一种解决途径。例如，在伦敦街道之下，一座旧时的防空洞经成功改造后，被用来种植供应当地餐馆的香草和蔬菜，该项目名为“地下生长（Growing Underground）”[罗德奥诺瓦（Rodionova），2017 年]。这个例子不仅

图 5-1　地下空间对实现联合国可持续发展目标的促进作用
（© 联合国版权所有，允许转载）

图 5-2　飓风“莎莉佳”造成的作物损失

清楚地说明我们可以重新利用废弃的地下基础设施，而且说明我们可以在有作物需求的地区借此种植作物并创造供应关系。城市农业（urban farming）已呈现出快速发展趋势。我们认为，城市地下农业也不应被忽视，其在促进食品安全和保障方面具有发展前景。

据城市花园（Urban Gardens）网站 [普拉斯科夫·霍尔顿（Plaskoff Horton），2015 年] 所援引的日本经济产业署（Janpanese Ministry of Economy，Trade and Industry）的说法：

> “日本目前约有 211 家由电脑操控的植物工厂——不利用阳光的封闭环境中的水耕和雾耕作物种植农场。”这些农场的生产效率惊人：每平方英尺产量要比采用传统种植方式的农场多 100 倍，而与传统农业相较，能耗却减少了 40%，用水量减少了 99%，食物浪费量减少了 80%。这类自给自足的基于城市的食物系统，生产食物的里程更短，碳足迹也更低。

尽管这些农场并非全都建于地下，但它们的确证实了在人工条件下种植作物是可行的，并且这种方式还能产生巨大效益。在日本，有一座位于写字楼“地下室”里的农场，该“地下室”在东京市中心，曾是银行地下金库。该农场由一块水培菜地和一块稻田组成。作物不受环境影响，且具有不需使用杀虫剂的额外优势。

“地下生长”现已发展为一项重要产业，为伦敦和更广泛地区供应着保证不含杀虫剂的有机农产品（图 5-3）。有趣的是，整个项目得到了英国各大知名厨师的支持，这就使

a）

b）

图 5-3　英国伦敦城市地下农业（© 地下生长版权所有）

得项目意义非凡——它不仅是一次独特实验，还是一种具有颠覆性的生产方法，为我们指明了一条可在高度密集城市地区进行复制的通往食品安全、营养和可持续农业的新路径。

5.1.3 清洁饮水和卫生设施

联合国可持续发展目标6(2017年)是“为所有人提供水和环境卫生并对其进行可持续管理”。该目标下包含若干具体目标，而地下空间利用则可促成相关目标的实现：

> 到2030年，人人普遍和公平获得安全和负担得起的饮用水。

> 到2030年，人人享有适当和公平的环境卫生和个人卫生，杜绝露天排便，特别注意满足妇女、女童和弱势群体在此方面的需求。

> 到2030年，通过以下方式改善水质：减少污染，消除倾倒废物现象，把危险化学品和材料的排放减少到最低限度，将未经处理的废水比例减半，大幅增加全球废物回收和安全再利用。

> 到2030年，所有行业大幅提高用水效率，确保可持续取用和供应淡水，以解决缺水问题，大幅减少缺水人数。

水是地球不可或缺的资源之一。通过降雨渗透将水储存在地下含水层，是自然循环的一部分。然而，建筑区却致使雨水流入下水道，从而阻碍了这种渗透作用过程。收集雨水并将其作为灰水（grey water）重新利用，是减少饮用水使用量的一种方式，那么地下空间利用在这方面能起到什么帮助呢？首先，通过将基础设施布置于地表以下并恢复绿地，能够释放城市地区硬化空间(hardened spaces）。其次，地下空间能够容纳饮用水输送管道及分配管道。最后，能够对存在于地下的天然含水层进行利用。当然，毋庸赘言的是，所有这些“利用”都需予以权衡和规划，并在某些情况下需要通过监管加以保护。在新开发的城市地区，将饮用水、污水和径流进行分离的做法已变得越来越普遍。这种分离不仅减少了污水处理厂的压力，而且能够实现灰水的再利用。

5.1.4 可负担的清洁能源

联合国可持续发展目标7(2017年)是“确保人人获得负担得起的、可靠和可持续的现代能源”。为实现这一大目标，需先实现各类具体目标。以下是与地下空间利用相关的具体目标：

到 2030 年，确保人人都能获得负担得起的、可靠的现代能源服务。

到 2030 年，大幅增加可再生能源在全球能源结构中的比例。

到 2030 年，全球能效改善率提高一倍。

地热能和含水层储能系统在能源转换中都发挥着重要作用。荷兰海尔伦（Heerlen）的矿井水开发利用项目（Minewater）是一个有趣的例子。在海尔伦的地下，坐落着荷兰最大的工业综合体——由过去的矿井和坑道构成（请见第 2.2 节）。通过在这个地下迷宫中钻井，可以有效利用充水含水层中存在的温差。出自最深处通道的水，平均水温为 28℃，而出自近地表通道的水，平均水温则为 16℃。虽然这些热水不足以直接为住房供暖，但因其与通常使用的冷饮用水之间存在温差，可减少住房供暖所需能源。通过使用可再生资源来达到这一目的，能够使整个系统具有极高的可持续性。而较冷一点的水则被用来为住宅供冷，由此也节省了原本会被空调系统消耗的那部分能源。此外，还有一项好处是，“矿井水”本身并不适合人类饮用。开采这类水能够减少对用途更广的饮用水的开采需求。目前，该项目正与瑞典的一个项目合作，致力于共同研发一种区域能源控制系统（图 5-4）[矿井水公司（Mijnwater），2017 年]：

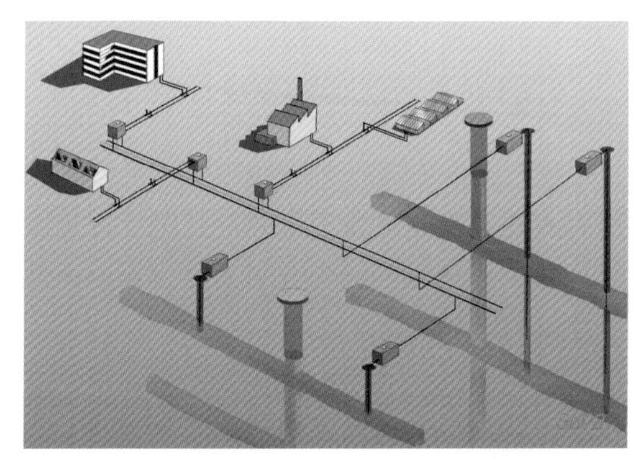

图 5-4　矿井水项目概念（图片来自：矿井水项目）

在海尔伦区，受水淹的矿井坑道被用作可再生能源，通过连接低温区供暖供冷的网络，为总计 500000m^2 的建筑面积区域供热供冷。而 STORM 能源控制系统项目的目的，则是为混合能源系统研发出一个控制器，使地下储能系统得以整合，从而实现区域能源自给自足的目标。

矿井水项目表明，将地下储能系统纳入旨在仅使用可再生能源的能源组合中，能够削减对化石能源的需求，并使供暖供冷所产生的二氧化碳总排放量减少 65%[费尔赫芬等（Verhoeven et al.），2014 年]。

5.1.5 体面工作和经济增长

联合国可持续发展目标 8 是“促进持久、包容和可持续经济增长，促进充分的生产性就业和人人获得体面工作”[联合国（UN），2017 年]。尽管这一可持续发展目标主要针对的是发展中国家，但所有城市都对保持高水平经济生产有同等的需求，因为城市需借此来消除贫困和防止大规模失业。该目标由许多具体目标组成，地下空间利用有助于实现其中一个具体目标，即“通过多样化经营、技术升级和创新，包括重点发展高附加值和劳动密集型行业，实现更高水平的经济生产力”。

这方面的一个例子是新加坡拟开发的一座“地下科学城”（Underground Science City）。该科学城将在既有的 1 号、2 号和 3 号科学园以及肯特岗公园（Kent Ridge Park）地下施工建设。一项研究显示了该项目的可行性，它将能够让 4200 名科学家、研究人员和其他专业人员在新加坡地下 20 公顷的场地内工作。该场地所容纳的，不仅有研发设施，还有一个数据中心 [常（Chang）等，2013 年]。

在英国，伦敦对储存空间的需求逐年增长，因此，伦敦对仓库设施也就总会有新的需求。2017 年，豪恩斯洛议会（Hounslow Council）下发了规划许可，允许开采休耕农业用地下方的砾石。

这块休耕农业用地虽然是绿带（Green Belt）的一部分，但因其位于希思罗机场附近，所以位置非常便利。该规划预计将对砾石进行开采，并同时建设一个类似于 Sub Tropolis（位于美国堪萨斯城一处旧矿区的设施）的大型地下储存设施。整个项目名为“教区农场（Rectory Farm，图 5-5）”，其项目建议书（2017 年）介绍道：

> 教区农场是拟建的豪恩斯洛新公园所在地。这是一个宏伟的项目，将打造一个占地 110 英亩的公园以及供社区中每个人使用的休闲设施，并将带来 1870 ～ 2540 个直接就业机会和许多其他好处……这个新的大型公园将提供亟须的休闲娱乐空间，借此将当地各社区连接起来。同时，公园里还有标准草地全天候足球场、曲棍球场和板球场以及各类沿场地布置的其他设施和供散步、跑步、自行车骑行用的林荫小道。从历史上看，这片 110 英亩的绿带土地曾是农业用地，但由于常年遭受反社会行为、无节制垃圾倾倒、非法侵入、故意破坏的影响，再加上人们对食品安全的担忧，

a)

b)

图 5-5　教区农场项目艺术效果图：地面新建公园与地下仓库（图片来自 Formal Investments 公司和 Vogt Landscape Architects 建筑公司）

该地从1996年起便不再用于耕种。目前，该场地还未对外开放，之后将被改造成一个开放且可自由出入的公园。

5.1.6 产业、创新和基础设施

我们生活在一个不断变化的世界，需要各行业重新思考其整个业务战略。通过脱离对化石资源的依赖，从而提高可持续性，这方面的压力正不断增大。化学产业正在为其产业流程寻找新型资源，同时也在研究如何对副产品或废品进行重新利用或使其为他人所用。这些发展在很大程度上遵循了循环经济原则，但其本身却面临“连通性”问题。联合国将可持续发展目标9定义为“建造具备抵御灾害能力的基础设施，促进具有包容性的可持续工业化，推动创新”。地下空间可促进实现的这一目标下的相关具体目标包括（联合国UN，2017年）：

> 发展优质、可靠、可持续和有抵御灾害能力的基础设施，包括区域和跨境基础设施，以支持经济发展和提升人类福祉，重点是人人可负担得起并公平利用上述基础设施。

> 促进包容可持续工业化，到2030年，根据各国国情，大幅提高工业在就业和国内生产总值中的比例，使最不发达国家的这一比例翻番。

> 到2030年，所有国家根据自身能力采取行动，升级基础设施，改进工业以提升其可持续性，提高资源使用效率，更多采用清洁和环保技术及产业流程。

> 大幅提升信息和通信技术的普及度，力争到2020年在最不发达国家以低廉的价格普遍提供因特网服务。

这些具体目标均以“连通性”为中心，即连接人、城市与产业的能力。化学产业的转变，涉及各种创新型发展，如“产业共生（industrial symbiosis）”和“以清洁能源为主体的能源转化（power-to-X）”。产业共生概念着眼于将各种产业连接起来，从而使一家企业的废弃物可以成为另一家企业的生产原料。以清洁能源为主体的能源转化，则旨在利用风能和太阳能生产合成燃气，将其用作供化学产业及能源中间存储使用的可再生能源。而这两种发展都需要借助运输管道实现连通性。

通过建设地下大众快速交通系统，我们已成功实现了城市和区域层面的连通性，而超级高铁（Hyperloop）等概念的发展，还可

能颠覆我们关于交通运输的传统思维，改变“我们在何处生活又在何处工作？”这一问题的本质。我们认为，地下空间在连通性方面能够发挥重要作用，但前提是需建设地下基础设施廊道。这些隧道形状的廊道应包含针对“智慧城市”和“智能产业”的全部连通性解决方案。这些廊道将提供多用途设施，相关设施能够承载各种事物，包括管道、物流配送系统和区域供热系统，乃至为高速互联网连通性所需的玻璃纤维，以及行人高速移动系统。通过建设这些廊道，相当于建设了布朗（Brown，2014 年）所提出的“生态基础设施”：“基于这种全系统的视角，我们可以重新发明一种依据生态学的后工业时代基础设施”（如第 2.2 节所述）。正如布朗所说，这需要“全系统的视角”。虽然此种做法并不常见，但我们认为像“产业共生”这样的发展，只有从全系统的视角出发才可行，由此也就能开辟出一条新路径，去将这一概念纳入未来基础设施发展之中（图 5-6）。

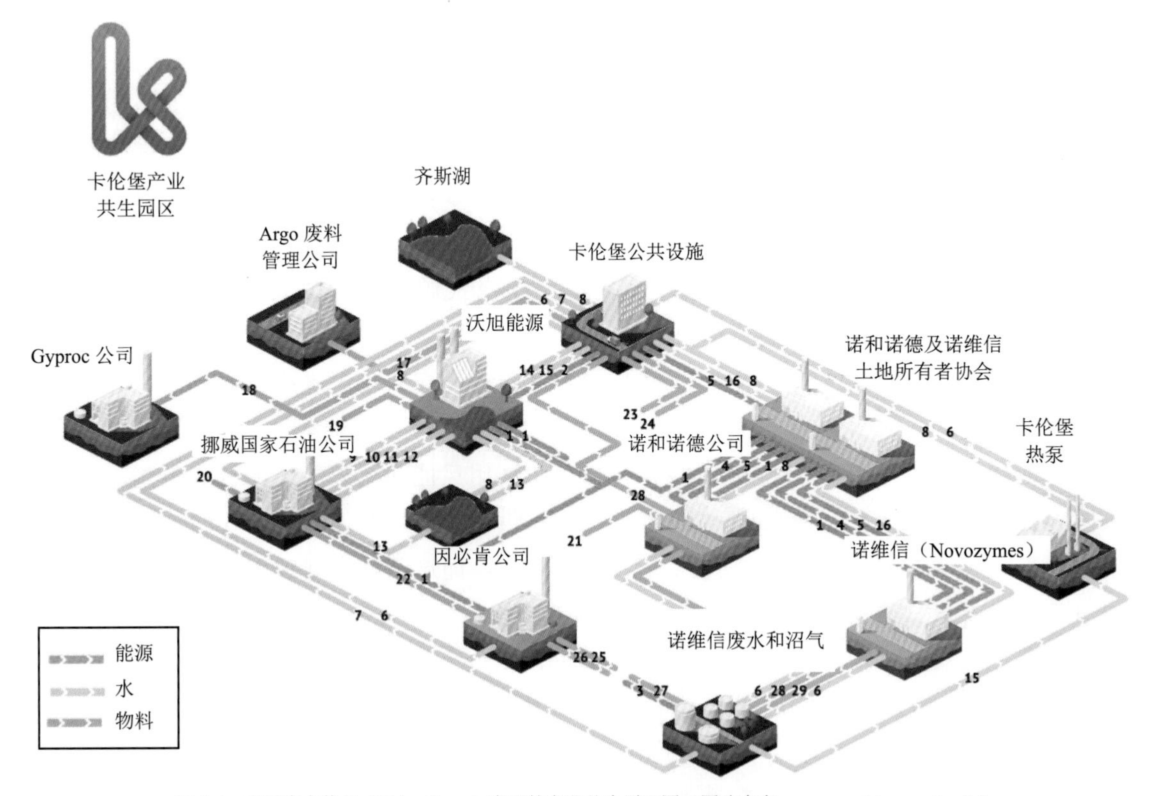

图 5-6　在丹麦卡伦堡（Kalundborg）实现的产业共生原理图（图片来自 www. symbiosecenter.dk）

5.1.7 可持续城市和社区

2016 年 10 月，“第三届世界人居大会”（Habitat III）在厄瓜多尔首都基多举行。为实现“第三届世界人居大会”目标，世界城市运动（World Urban Campaign）发起了合作伙伴大会。这场全球协商会的成果是一份报告，即《我们需要的城市：迈向一个新的城市范式》[世界城市运动（World Urban Campaign），2016 年]。这份文件是进一步推进“第三届世界人居大会”目标进程的基础，它将地下空间视作了新城市范式的重要组成部分。报告指出：

> 我们所需要的城市已规划了相互顺畅连通的城市公用设施、地下交通和地下公共空间所需的地下基础设施。此类基础设施，需进行妥善管理和信息记录，同时提供相关信息，从而避免潜在使用冲突和服务受扰。

尽管这一建议并未被采纳进“第三届世界人居大会”成果文件中，但它表明了地下空间正逐渐被视为一种可为我们所需要的未来城市做出贡献的概念，但这需要具有可持续性和抗灾性的规划和管理。

联合国可持续发展目标 11 列出的各种具体目标中，地下空间可帮助实现的具体目标包括（联合国 UN，2017 年）：

> 到 2030 年，向所有人提供安全、负担得起的、易于利用、可持续的交通运输系统，改善道路安全，特别是扩大公共交通，要特别关注处境脆弱者、妇女、儿童、残疾人和老年人的需要。

> 到 2030 年，在所有国家加强包容和可持续的城市建设，加强参与性、综合性、可持续的人类住区规划和管理能力。

> 进一步努力保护和捍卫世界文化和自然遗产。

> 到 2030 年，大幅减少包括水灾在内的各种灾害造成的死亡人数和受灾人数，大幅减少上述灾害造成的与全球国内生产总值有关的直接经济损失，重点保护穷人和处境脆弱群体。

> 到 2030 年，减少城市负面的人均环境影响，包括特别关注空气质量以及城市废物管理等。

> 到 2030 年，向所有人，特别是妇女、儿童、老年人和残疾人，普遍提供安全、

包容、无障碍、绿色的公共空间。

通过加强国家和区域发展规划，支持在城市、近郊和农村地区之间建立积极的经济、社会和环境联系。

只有当地下空间规划成为参与型、综合型和可持续型规划与管理的组成部分，地下空间规划才真正可行（请见第5.2节和第5.3节）。从某种意义上说，地下空间为城市地区带来的机遇可能并不仅仅在于物理结构建设层面，还在于地下空间的吸引力可以成为探索新规划方法的推动力。

按照上述观点，全系统视角同样适用于创建未来城市。正是从这种视角出发，才有了诸如马来西亚吉隆坡SMART隧道这样的解决方案——一种综合型解决方案，既能满足基础设施建设需求，又能够预防城市大片地区遭受洪涝灾害（图5-7）。而通过在公路

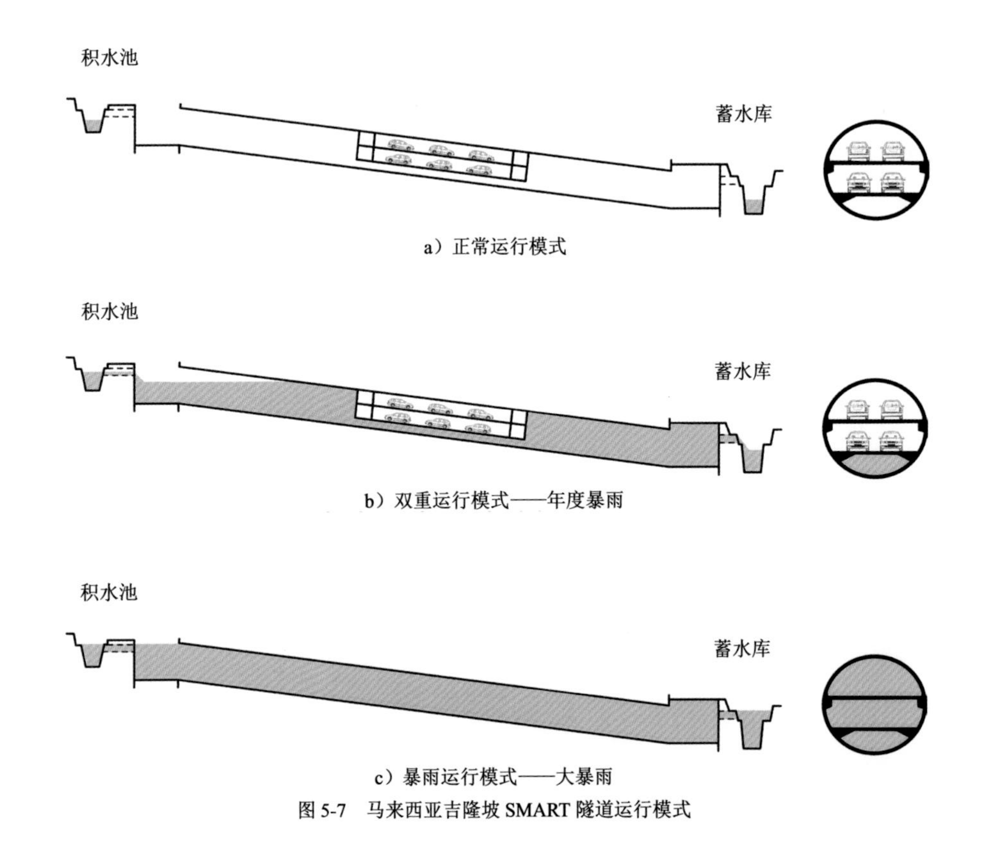

a）正常运行模式

b）双重运行模式——年度暴雨

c）暴雨运行模式——大暴雨

图5-7　马来西亚吉隆坡SMART隧道运行模式

隧道征收过路费，项目还快速地收回了投资成本［世界银行（The World Bank），2010 年；联合国国际减灾战略署（UNISDR），2012 年］。

5.1.8 气候行动

联合国可持续发展目标 13 是“采取紧急行动应对气候变化及其影响”。除了我们看到的农村向城区的大规模人口迁移外，气候变化的影响是左右我们关于未来城市规划决定的另一项重要因素。尽管目前我们将所有的努力都集中在减少二氧化碳排放上，试图以此减轻气候变化的影响，但规划者还需在气候适应方面做超前思考。城市现在有必要采取措施应对高强度降雨，并通过利用地下空间来实现［博贝列夫（Bobylev），2013 年］。与这一可持续发展目标相关的各种具体目标中，地下空间可发挥作用的具体目标包括：

> 加强各国抵御和适应与气候相关的危害和自然灾害的能力。

> 将应对气候变化的举措纳入国家政策、战略和规划。

> 加强气候变化减缓、适应、减少影响和早期预警等方面的教育和宣传，加强人员和机构在此方面的能力。

SMART 隧道的建设原则着眼于捕集雨水并改变雨水在城中的流向，而其他城市则正在研究如何在城市下水道或池塘、运河和湖泊有溢出危险的情况下，捕集并临时储存多余的雨水［普拉萨德等（Prasad et al.），2009 年］。在日本东京，就有一座专门为此而建造的人工洞穴，它是“首都外围地下排水通道”工程（Metropolitan Area Outer Underground Discharge Channel）的一部分（图 5-8）［考希（Kashik），2012 年］：

> 这个巨大的地下水管理系统建造于 1992—2006 年期间，耗资 30 亿美元。工程包含总长 6.4km 的多条隧道，隧道深达地下 50m，将 5 个 65m 高、32m 宽的巨型仓筒连接到一座巨大的储水池上——“神殿”……这座巨大的金属水库长 25.4m，宽 177m，高 78m，由 59 根巨大的柱子支撑。来自城市水道的洪水，将通过隧道汇集到仓筒中。

与此在规模上仅稍有不同的一个项目是，鹿特丹市在某地下停车场下方建造的一座大型储水池。将地下停车场与储水池这两个项目合二为一，就使项目整体成本减少了数百万欧元［杜斯伯格（Doesburg），2012 年］。

这些例子只是如何利用地下空间帮助城

图 5-8 “神殿”——东京地下的大型储水池（图片来自 Amano Jun-ichi，经 CC BY 3.0 许可转载）

市适应气候变化的一个方面，而正在积极推行的另一概念则是碳捕集与封存。这一概念涉及将二氧化碳注入以前用于开采矿物、盐、天然气或石油的地质层中。虽然公众对于永久封存的优点与危害仍有争议，但若将捕集的二氧化碳转化为合成燃气，纳入“以清洁能源为主体的能源转化”（Power-to-X）之类概念的范畴，临时封存似乎就可以实现了。

5.1.9 突破

正如第 2.2 节所述，布朗（Brown，2014 年）阐明了实施跨政策方法的理由。她认为，我们今天在基础设施方面遇到的许多问题都源于政策机制之间的割裂：“然而，我们仍在继续从本质上和管辖范围上将它们分解为不同部门，并在思想上将公用设施和几乎是所有基础设施本源的自然系统割裂开来。”

上述章节所展示的是，通过实施多种多样的解决方案，如何能使地下空间利用在 2030 年年底之前促成实现至少 7 个联合国可持续发展目标。此外，我们还看到，这是一项“大工程”，有时需要跨学科和跨政策协作才能实现。吉隆坡 SMART 隧道的例子显示了城市交通部门与水务管理部门之间的合作，如何成就了一项独特且发人深思的解决方案。同样美好的结果也出现在鹿特丹，这得益于水务部门与城市停车管理部门的通力合作。而上述思想理念的融汇是如何发生的？是出于偶然还是精心策划？如果是精心策划，那么确保和谐共处的指挥协调者又是谁？

我们认为此即城市规划的用武之地。在接下来的章节中，我们将进一步讨论这一问题，并展示有哪些方法可以用来创建作为新城市范式和议程的构成部分的新型对话，而这往往需要突破常规思维。我们需要跨学科、跨部门的合作，以确保城市能够充分利用位于其地表之下的各种机遇。

5.2 地下规划方法

墨西哥城有一座独特的广场，坐落在城市中心。这座名为索卡洛的广场（The Zocalo）宽阔宏伟，面积达 57600m²（240m×240m）。围绕在广场四周的是大教堂、国家宫殿和各类重要的政府建筑，这些建筑物中存有举世闻名的迪亚哥 • 里维拉（Diego Rivera）壁画，展现了墨西哥悠久的历史。广场中央矗立着一根旗杆，旗杆上每天都会威严地升起一面大得惊人的国旗。墨西哥城对自己的文化遗产怀有敬畏，这种敬畏就体现在其所制定的新建筑限高法规中。但与此同时，墨西哥城地面用地压力也在不断增大。在一场建筑规划竞赛中，来自BNKR Arquitectura建筑师事务所的两位建筑师，面对既要创造新空间又要尊重历史的两难挑战提出了一项解决方案。他们发明了一个新概念，并恰切地将之命名为“摩地大楼”（Earthscraper，图5-9）。BNKR Arquitectura建筑师事务所（2011年）对这一概念的说明如下：

> 摩地大楼是历史城市景观中与摩天大楼相抗衡的一种建筑，就历史城市景观而言，摩天大楼是受到批评的对象，而保护既有建筑环境则是首要追求的目标。摩地大楼能够保留城市广场的地标性面貌以及周围建筑的现有层次。它是一个倒金字塔形建筑，中间呈镂空状，由此可以使所有可居住空间均能享有自然采光和通风。为保留一年当中在城市广场上举行的众多活动（音乐会、政治示威、露天展览、文化集会、阅兵……），摩地大楼在地面形成的巨大空洞将由玻璃地板进行遮盖，从而让摩地大楼内的生活与其顶部之上发生的一切融为一体。

图5-9　摩地大楼：摩天大楼的对立面，向下思考而非直冲云霄（图片来自BNKR Arquitectura建筑师事务所）

摩地大楼十分突出地反映了地下与地上施工建设之间的区别。摩天大楼已是一种获得普遍认可和广泛应用的概念，而摩地大楼的建设则需要满足相关特定条件。地面高层建筑是依靠地下作为其地基的，但如果在地下修建高层建筑，就会面临一定的复杂局面。

首先，地下本身会产生影响，因为地下将对建筑物施加作用力。这可以是土壤压力，也可以是地下水造成的压力——地下水也能产生重要影响。项目当地地质条件将成为左右摩地大楼施工的最重要的决定性因素，而地下水位则将决定摩地大楼所能达到的深度。在一些地方，地下水位可能低于地表 25m 甚至更多，在另一些地方，如三角洲区域，地下水位却仅能达到低于地表 1m 的深度。在第 4.1 节中，伦敦地下空间的建设就利用了当地地质，即伦敦黏土（London Clay）。在荷兰这样的三角洲地区，地下水的存在则限制了施工建设的深度。

第二，我们需要深思自问，地下干预将对底土所能提供的再生生态系统服务产生什么影响（详见第 2.3 节）？除了这方面的担忧外，我们还需着手解决项目开挖产生的大量弃碴对环境造成的影响。摩地大楼这种规模的项目将可能产生 500 万～ 1000 万 t 的弃沙量。不过，我们可对此加以利用，因为上述沙量已经大约是荷兰每年维护其海岸线和重新调整土壤沉降地面所需沙量的 10% 了。在长达 57km 的瑞士圣哥达山底隧道（Gotthard Base Tunnel）——世界最长铁路隧道——施工过程中，产生过 2870 万 t 的弃碴，其中 90% 的弃碴经回收利用变成了建筑材料。而芬兰赫尔辛基市旧码头的重建，也用到了该市地铁线施工所产生的弃碴。

在地下空间规划中，地质学起着重要作用。正如我们所提到的，地质能够依靠地下水来限制开发所达深度，或者像中美洲的情况那样，凭借岩浆房（Magma Chamber）使地下施工变得近乎不可行——虽然通过开展地热应用可驾驭并利用岩浆房的巨大热能。稳定的基岩地层则能为建造大型地下空间提供理想地质条件。此条件下人造洞穴的应用十分灵活，新加坡、中国香港和北欧的一些国家及地区均以这方面的应用而闻名。此类洞穴空间极大，通常被用来存储燃料或其他资源，或安放废水处理设施、体育场、军用机场。这种有利的地质条件能为地下空间利用创造各种机会。正如我们之前所见到的，伦敦地铁就通过利用伦敦黏土的特性——主要是其非渗透性，防止了隧道涌水（Water Ingress）。不过，经多年使用，地下隧道释放的热量一直在影响周围土壤，使土壤日益干燥。随着时间的推移，这可能致使原本有利的伦敦黏土变得不大有利，因为人为干预已改变了黏土特性。此外，包括水管在内的庞大地下管网正在迅速填满这一地下土层，由此还将降低未来使用该土层的可能性。

地下空间的空间立体规划要求我们应以不同于地上规划的方式来处理规划问题。如前所述，城市地下地质的类型和质量是重要的决定性因素。如果一座城市建立在硬花岗岩上，如赫尔辛基市，那么在某一地层内所进行的地下开发的先后顺序就不会对未来开发产生限制。图 5-10 是赫尔辛基地下空间开发情况示意图。从图中可见，各类地下空间开发项目的布置顺序与项目实施时间并无直接关联。然而，如果上述开发顺序是在更加松软的土壤层中，就是不可想象的了——我们将感到难以置信，怎能以这种方式来开发地下空间？因为各类地下施工活动不仅会对彼此造成严重影响，也会对地表本身造成严重影响。此外，有时人们也有进入地下基础设施的需求。图 5-10 中，那些地下管线都是布置于紧挨着彼此、堆挤在一个平面上的地下管廊之中。虽然在这种布置下，进入管廊进行维修或维护也是可行的，但采用此种方式需要占用相当大的空间，因为这要求管廊附近或下方不能再有建筑物。空间立体规划，特别是在较软土壤环境下的空间立体规划，不仅需要对各种空间利用进行土层内位置的规划，还需进行建设时间顺序规划。在此情况下，地下空间规划所需要的就不仅仅是一

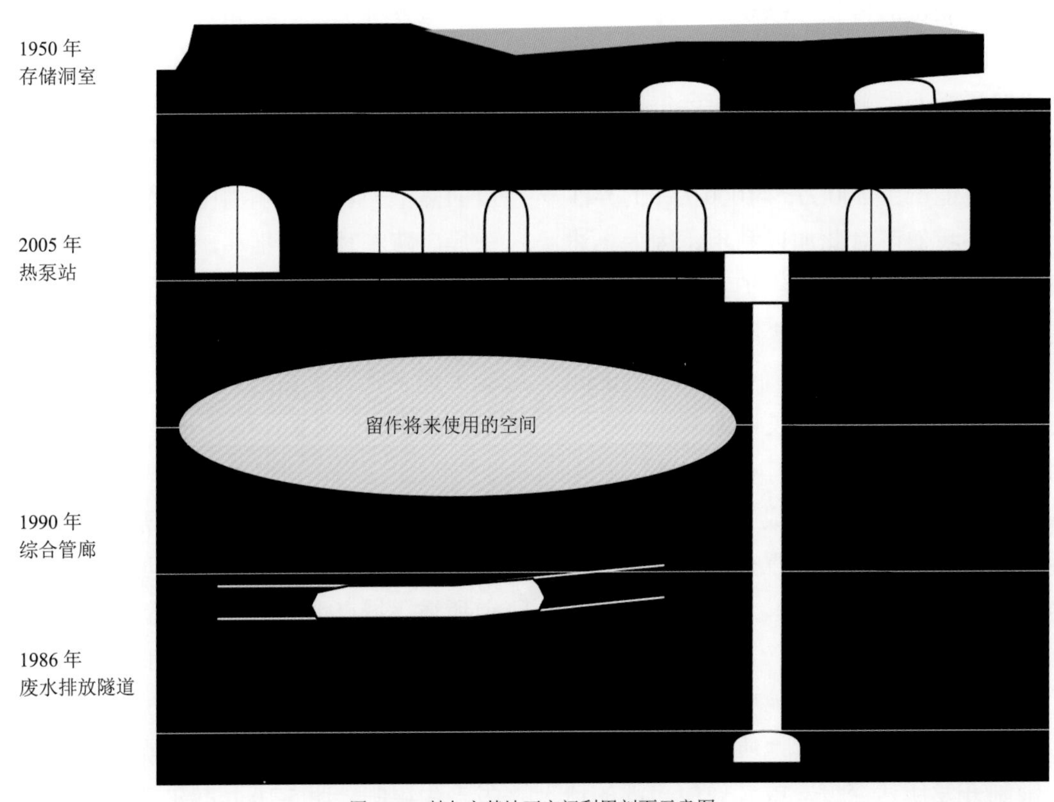

图 5-10　赫尔辛基地下空间利用剖面示意图

种三维方法——因为加入了时间因素，规划就变成四维的了。

从规划的角度出发，我们需要自问的一个问题是，地下开发能否继续自主地进行下去。换言之，地下开发是应继续秉持先到先开发的原则，还是应通过规划和管理来予以指导，即使仅是从功能性和未来空间利用的角度进行指导？如果选择后者，就需要采用一种三维（3D）方法。地面开发中，高度是一个限制性和结构性因素。而地下开发中的情况则与之相反，我们需在人类地下空间利用具有线型和网络型开发特点的背景下，把握开发的深度。要做到这一点，就只有将地下空间视作由不同物理地层组成的空间。

2001年6月，当时的荷兰政府国家规划部发布了《2000年空间探索：优质地下空间的重要性》[*Spatial Explorations 2000: The Importance of a Good Subsurface*，国家规划部（RPD），2000年]。值得注意的是，该文件选择的主题是“地下”。当时，社会仍在持续就地表和地下空间的使用展开争论，尤其是在面对各种大型基础设施项目，以及隧道掘进机已能用于荷兰典型软土这一新现状时，争论更为激烈。因此，荷兰的国家规划者开始深思。通过观察思考，他们得出了两个深刻见解：一是要将地下作为空间规划的一部分，一是要将地下空间分层法作为分析手段。

空间分层法通常将空间划分为三个假想层，即居住层（habitation）、网络层（networks）和地下层（subsurface）（图5-11）。这三层中的每一层都代表了一种典型空间使用形式，相关形式以时间上的变化周期为特征。在这种方法中最稳定的一层是地下层。这一层包含了地下系统、水系统和生物系统。这一层的变化周期长达一个世纪以上。网络层包含地面以上、地面和地面以下的基础设施，也包括空中线路和数字链接。这一层的变化周期通常在40～60年之间，该周期是创建

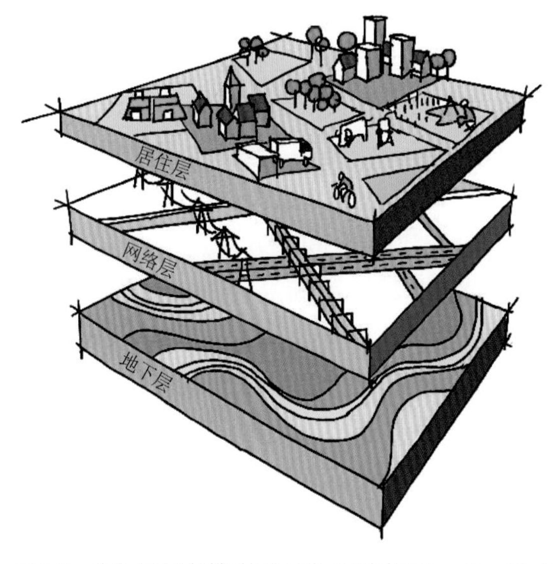

图5-11　作为空间分析模型的分层法（图片来自Peter Duvallier）

新一批基础设施系统所需的时间长度。人类居住模式占据了第三层。人类在这一层开展着包括生活、工作和娱乐在内的各种活动。这一层的变化周期通常是一代人的时间，即10～30年。

分层法的价值在于能够显示各层发展的不同速率。根据《2000年空间探索》，该方法在这些分层相交的情况下将彰显潜力。各种分层之间的界面非常重要，正如我们之前所看到的，人类对地下的干预是从人类居住层和网络层向地下层进行渗透。从空间规划的角度来看，这种渗透必然意味着，发展速率的差异将会产生影响作用。

《2000年空间探索》认为，分析地下空间需要使用三种不同视角，每种视角都有其独一无二的特点，这就使多维规划变得更加复杂。第一种视角，是将地下看成一个空间存储体（Spatial Reservoir）。这种视角是最常见的，其特征可用几何尺寸来呈现，即长度、宽度、深度和高度。第二种视角则将地下看作一个复杂的生态系统（Complex Ecosystem），这一系统由土壤系统、地下水系统和生物系统构成。我们在前文已论述过这些系统如何通过自然循环共同发挥作用。《2000年空间探索》指出，正是这一视角吸引了自然保护主义者和环境活动家的注意。这两种视角体现了开发空间存储体与保护地下生态系统两者之间存在的典型紧张关系。而所谓的“保护”，并不是在单纯地为保护谈保护，而是源自切实的担忧，毕竟人们对各种自然作用过程及其相互作用方式还缺乏认识了解。这种视角就使客观评估人类在地表之下的干预活动变得复杂化了。围绕地下碳捕集与封存的讨论就说明了这一点。第三种视角是将地下视作分层法中的基底层（Base Layer）。这一视角的特点是具有三维特征，具体包括地下、网络和居住三个维度。从这个视角出发，《2000年空间探索》指出，潜在的地下层利用需考虑其他分层在变化时间周期上的差异。如果要以这种方式开展工作，就需根据人类用途及标准化价值设定边界条件。换言之，在规划地下空间时，我们需要采用分区和分层的方式来实现空间利用，并在有分区分层要求的情况下，通过相关法规来维持既定分区和分层。这些看法与我们在探讨地下可持续发展时得出的结论相一致。

受《2000年空间探索》所提出的分层法的启发，有两名研究者开始思考能否对这一最初旨在成为一种分析手段的方法进行调整，使之变成一种可用于城市规划的工具。霍梅杰（Hooimeijer）与马林（Maring）在2013年发表了题为“地下设计”的论文，他们在论文中就地下空间规划的必要性强调了三点极具说服力的理由。首先，他们提到地下在人类生存环境适应气候变化中所起到的作用。例如，在极端降水情况下捕集雨水方面，地下就发挥着至关重要的作用。此外，地下还能形成城市绿色空间的基底层，而绿色空间则具有为城市降温的作用。其次，在化石燃料能源向可再生能源的转变过程中，地下也发挥了作用。霍梅杰与马林就此专门提到了地热能应用和含水层储能系统。最后，他们指出，在地表之下建造物理结构的成本相对较高。因此，在他们看来，就更该以智慧、高效和有规划性的方式对地下空间进行利用。作为进一步的论点，他们还提到了地下空间在空间质量和城市韧性方面发挥的关键作用。当时，分层法在实践中已成为一种设计工具，这使他们得以借此建立自己的方法。他们将既有的三层模型扩展为由人类、新陈代谢、建筑物、公共空间、基础设施及地下组成的新模型。“人类”层构成了社会组成部分，而“新陈代谢”层则涵盖维持城市可居住性及其对市民的吸引力所必需的全部作用过程。对于“新陈代谢”层的重要性，哈耶尔和达森（Hajer and Dassen，2014 年）还做了进一步强调。他们认为未来城市应是“智慧城市”，在此背景下，城市新陈代谢将发挥重要作用：

> 我们必须以新的方式重新连接生物物理领域和社会领域。我们的首要任务是扩大人们对城市正常运转所需要素的认识。城市的新陈代谢过程处于隐藏状态。如果我们能揭开城市新陈代谢的面纱，我们就能清楚地看到当代城市生活的构成，进而了解到需在哪些方面进行“脱离”。

哈耶尔和达森所说的“脱离”，指的是排除万难，让社会摒弃化石燃料是财富来源这一观念。在地下规划中，需着重认识到的一点是，揭示城市新陈代谢与揭示地下新陈代谢同等重要。对城市规划者来说，这两种新陈代谢虽然隐蔽难见，但在规划未来智慧城市时它们都至关重要。

霍梅杰与马林的方法的优势，在于它能促成各领域所有者（他们所使用的称谓）之间的对话。其模型的分层能使人们在学科层面上对所有权进行划定，因为这一模型是依学科而非用途对地下进行划分的。据此，霍梅杰与马林划定了以下领域：水、土壤、土木结构及能源。在这些领域范围内，又根据深度做了进一步划分，即地下深层（超过 500m）、水层和地下浅层。该方法被命名为系统勘探环境和地下法（System Exploration Environment and Subsurface，SEES）。系统勘探环境和地下法的吸引力在于它要求各领域代表进行对话，从而确定相关机遇和挑战。

该方法需要相关参与者积极寻求协同协作，以实现对地下资源更有效的利用。正是这种参与型规划启发了布朗（Brown，2014 年）所称的“生态”解决组合方案。在概念开发过程中，系统勘探环境和地下法所运用的“画布”（图 5-12），显示了一个将分层、领域和深度相结合的矩阵图。

荷兰兹沃勒（Zwolle）市政府制定的《地下愿景》（*the Vision of the Subsurface*），论述了将地下空间纳入城市规划后才能产生的协同效应 [威斯汀和罗弗斯（Weytingh an Roovers），2007 年]。在这一政策文件的前言中，荷兰兹沃勒市政府特别提到了通过引入地下空间并将其作为新的空间维度，所取得的意想不到的积极成果。报告提到的成果如下：

二氧化碳排放量减少 17%；土壤净化成本减少 75%；为农村地区发展创造新资源；实现可持续性地下水位管理；实现防洪的同时

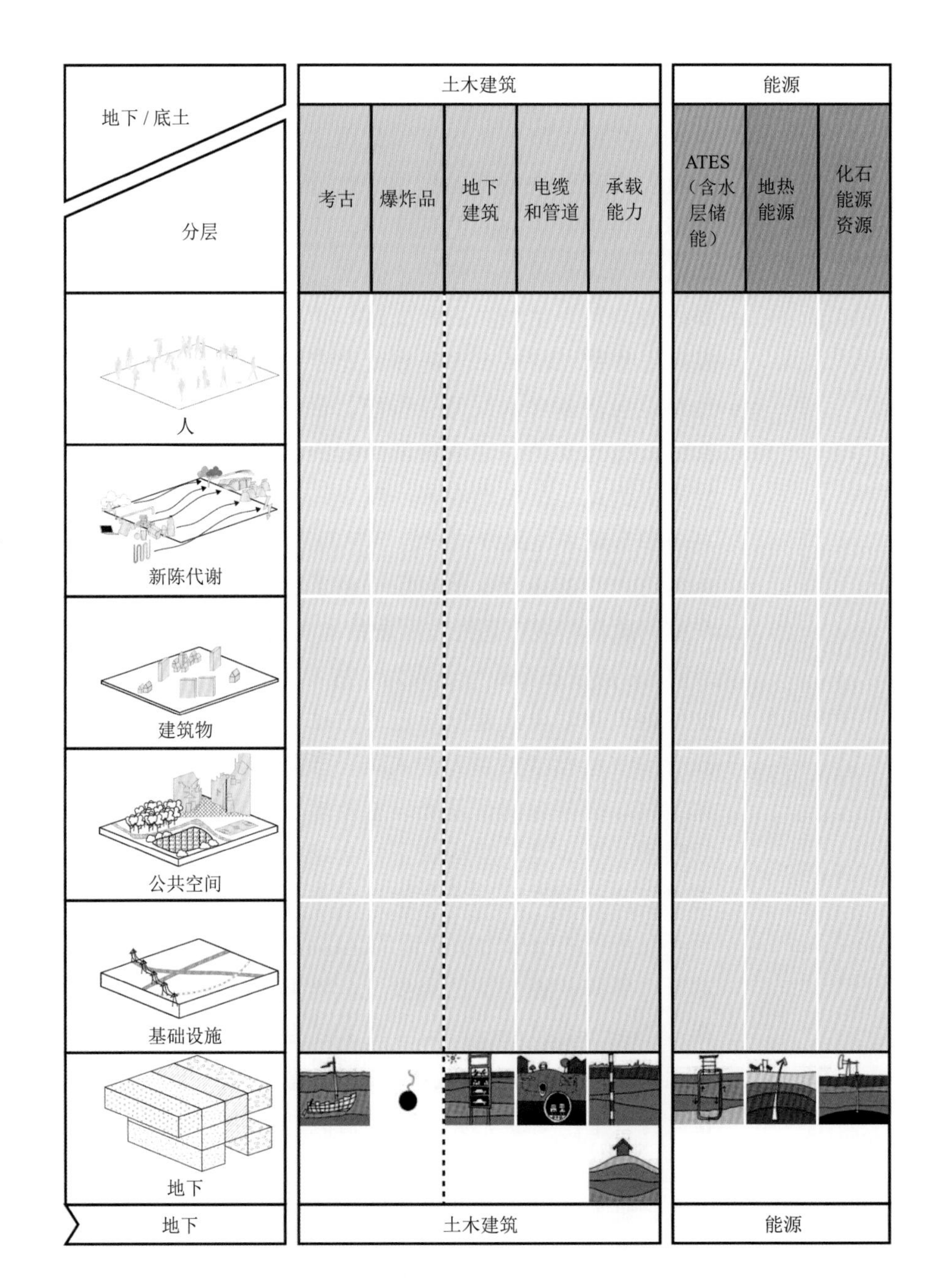

水

水过滤能力 | 储水能力 | 饮用水资源

地下

洁净土壤 | 底土寿命 / 作物产量 | 地貌质量与多样性景观生态 | 生态环境 | 砂 / 黏土 / 砾石资源 | 地下存储

地下 / 底土

分层

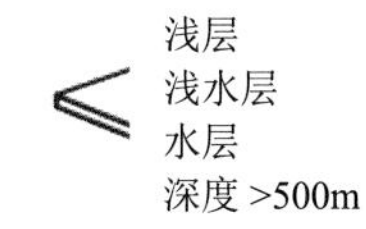

人
社会结构
（邻居类型）
社会行为
劳动生产率
人力资本

新陈代谢
能量 / 食物
水
废弃物
空气
（建筑）材料
产品

建筑物
办公室
住房
公用设施
文化

公共空间
生活环境
文化
自然
农业

基础设施
机动性
网络

地下
地下土壤
水
能源
土木建筑

水 | 地下 | 地下

图 5-12　系统勘探环境和地下法“画布”[图片来自 Linda Maring/ 荷兰代尔夫特三角洲研究中心（Deltares）]

具备抗旱能力；为后代储备清洁的地下水和饮用水；以具有吸引力的方式为工业供能、供冷和供水，在25年内每年减少1.5亿欧元的能源成本。

通过将开发项目与作为主要能源来源的天然气进行“脱离”，并转而利用含水层热能储存系统为住房供暖供冷，实现了新住房开发项目二氧化碳足迹的显著减少。而通过将受污染地下水用作传导介质，水在流经系统时即可得到净化。由此也就产生了协同效应，这不仅会使供暖供冷实现二氧化碳零排放，还会在10年内使地下水获得完全净化。

城市规划的目标是在未来建成智慧城市，即与化石燃料相“脱离”并采用参与型规划开发系统的城市。正是这种结合，首次使地下规划得以开展，同时也使地下规划成为城市规划中必要的一环。要将生物物理领域和社会领域结合起来，就必须揭示包括城市基底层（“地下”）在内的城市新陈代谢的奥秘。

5.3 城市地下规划案例

既然将地下纳入城市规划十分重要，那有没有以此为目标的优秀规划实例呢？格拉斯哥市即属于这方面的先锋城市。虽然其他城市也制作了显示地下用途和未来发展的规划图纸，但这些城市缺少一种条理分明的系统化方法，无法让城市规划者与地质学家展开通力合作。从这个意义上来说，格拉斯哥市就显得与众不同了。目前，英国地质调查局（British Geological Survey）正与城市规划部门密切合作，甚至在规划部门内部派驻了一名专家。因此，格拉斯哥就成为这方面的优秀范例——它建立了跨学科方法体制机制，这对于将地下空间融入城市规划来说是不可或缺的。

5.3.1 案例研究：英国格拉斯哥

“城市开发规划”（City Development Plan）是新制定的格拉斯哥法定地方开发规划，它以《1997年城乡规划（苏格兰）法》[*The Town and Country Planning（Scotland）Act 1997*]相关规定为基础，并借鉴综合规划方法，将地下规划也纳入其中。2017年3月29日，格拉斯哥市议会通过了该规划。对于地下空间，该规划指出[格拉斯哥市议会（Glasgow City Council），2017年a]：

市议会支持在基础设施的规划和开发上采用综合方法，这对于促进新型开发而言往往是必要的。上述基础设施也包括地下基础设施，如公用服务设施、区域供热、能源和宽带基础设施，以及交通、可持续排水系统（SUDS）和水管理基础设施。

市议会专门提出了一项战略，用以支持此类综合方法。而随后制定的《最新补充指南》（*Updated Supplementary Guidance*），则可能是应对任何由该战略带来的用地规划方面的影响所必不可少的文件。这项工作将有助于突显整个城市潜在的基础设施机遇和相关限制因素。

该规划的补充指南给出了若干标准，用于评估区域供热、供热网络和热泵的应用情况 [格拉斯哥市议会（Glasgow City Council），2017 年 b]。指南文件中还引用了苏格兰热图（图 5-13）。这一交互式地图可在线访问，它提供了一幅当地地下热源的概览图景。这种程度的数据开放性，不仅帮助规划者，也帮助其他专业人士和公众了解了用于供热的可再生替代能源 [苏格兰政府（Scottish Government），2017 年]。

图 5-13　苏格兰格拉斯哥地下热能资源分布图

5.3.2 案例研究：新加坡

在新加坡，将地下空间纳入政策和规划的推动力最初源自其总理的呼吁，而呼吁的理由则很简单明了——新加坡地上空间正在迅速耗尽。诚然，填海造地可以部分地解决用地紧缺问题，但地下空间同样可以提供一个新的开发方向 [新加坡政府（Government of Singapore），2009 年]。周和赵两人 [Zhou and Zhao，2016 年] 就此后相关政策和规划的演变历程做了有趣的概述。首先，新加坡在 2007 年成立了一个专责小组，负责为新加坡制定地下总体规划。不过，总体规划工作带来的实际挑战却大过预期。据周和赵介绍，造成这种局面的原因有几个方面，包括缺少地下空间的三维数据，缺少用于识别地下空间应用情况的机制，以及缺少垂直分区架构。而另一方面，在 2010 年，新加坡经济战略委员会（Singapore Economic Strategies Committee）给予了地下空间利用概念战略层面的重视。其最初努力所取得的成效是所有政府机构均认识到了地下空间的潜力，并开始确定就此需填补哪些知识和信息空白。2012 年，市区重建局（Urban Redevelopment Authority）的双月刊《天际线》（*Skyline*）讨论了垂直分区的必要性（图 5-14）。2015 年，新加坡政府还出台了新立法，促成了《国家土地法》（*State Lands Bill*）和《土地征收法》

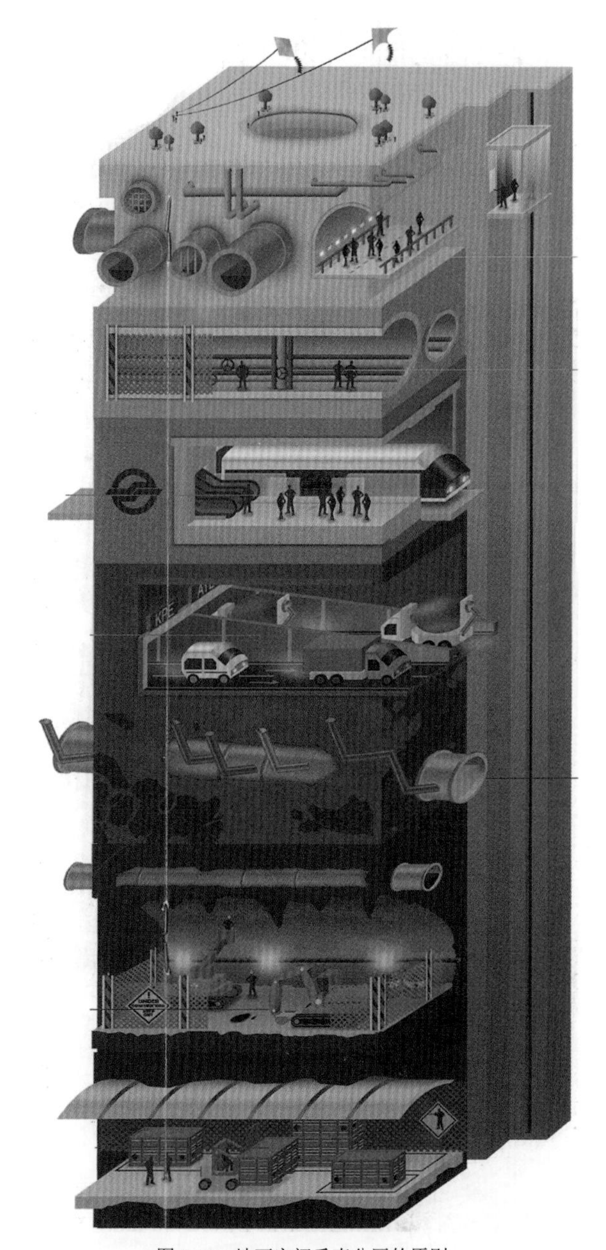

图 5-14　地下空间垂直分区的原则

[© 市区重建局（Urban Redevelopment Authority）版权所有]

（*Land Acquisition Bill*）的修正。进行修正的动机如下 [新加坡律政部，Singapore Ministry of Law，2015 年]：

> 必须做出拟定的相关修正，以促进政府对未来地下空间使用和开发进行长期规划。在土地稀缺的新加坡，更广泛地利用地下空间将使所有新加坡人受益，因为如此一来，新加坡的地表土地就可用于其他用途，如打造公园和绿地，修建住房和办公楼。

相关的立法方面的问题将在第 8 章中做进一步探讨。

周（Zhou，2017 年）接下来还介绍了一些更根本性的变化。比如，他提到一种范式转变，这已让地下空间的利用成为未来主要公用工程和基础设施工程开发的默认选项，政府机构在相关开发中如果不利用地下空间，就必须对此进行合理性论证。尽管新加坡尚未采用综合规划方法，但这个城市国家所表现出的决心是令人赞叹的。

5.3.3　案例研究：荷兰

对荷兰进行的两项研究 [荷兰地下建筑中心（COB），2003 年；荷兰土壤知识开发和知识转让基金会（SKB），2012 年] 得出了相同的结论，即该国目前使用的规划手段考虑了对第三个维度的引入，也就是将地下空间纳入城市规划。但同时两项研究还得出了一个结论，即这种做法并不普遍，其推行与否，往往取决于一座城市是想借用规划手段对特定地下资产的利用予以保护，还是予以准许。在阿纳姆市的案例中，我们已看到，该市引入了分区管理，用以规范含水层储能系统的地下水用量（见第 1.3.3 节）。而马斯特里赫特（Maastricht）市的一个试点项目则表明，即使在主动询问城市各相关部门需求时，也很难确定各部门在空间方面的诉求（SKB，2012 年）。“国家地下总体规划”（National Master Plan for the Underground）虽然确定了国家对地下空间的需求，但最终在开展各区域规划过程中，这些需求还应融入各地方具体分区规划，作为针对未来开发的法规性或保护性要求。荷兰土壤知识开发和知识转让基金会研究所得出的一项重要结论是，将地下规划纳入空间规划，需要考虑的是体积而不是面积。如要考虑体积，就需采用三维方法。鉴于二维制图是目前通行的做法，三维制图成本较高，荷兰土壤知识开发和知识转让基金会认为，要达到预期成果尚需一段时日。不过，尽管如此，马斯特里赫特市还是将地下规划纳入了其所制定的“2030 年战略开发规划”[马斯特里赫特市

（City of Maastricht），2012 年]。这一战略规划列出了对未来规划至关重要的地下空间用途，具体涉及土壤、地下水、考古、能源、电缆和管线以及玻璃纤维网络。该规划呼吁将地下空间纳入地面规划，将地下空间的内在价值作为评估未来潜在用途的出发点。

5.3.4 案例研究小结

除上述案例外，还有一些实例表明，规划进程并不总是由城市规划者推动，且还有未经城市规划者参与就已启动的规划，甚至还有像多伦多 PATH 系统那样的情况，即城市规划者中途退缩，导致地下空间发展不受约束控制（见第 4.4 节）。

在荷兰，地下建筑中心推出了一种基于地下空间机遇与障碍识别的方法 [阿德米拉尔（Admiraal），2006 年]。然而，这一方法中所运用的“地下空间潜力图”却从未得到规划者青睐。其原因可能在于，作为一种分析工具，它被提出来时，正好处于城市规划者与地下空间理念的磨合期，他们当时并没有形成明确的政策方向。芬兰赫尔辛基虽然推出了地下总体规划，并将其纳入城市法律框架中。不过，从方法论的角度看，这个过程是如何开展的，以及是否可照搬到其他地方，目前还不甚明了。这个过程似乎是由地质学家推动的，相关规划地图也因此具有保护主义基调，并不涉及“城市未来如何发展”以及“地下在其中将扮演何种角色”这一更远大愿景 [伊卡瓦尔科等（Ikävalko et al.），2016 年]。

这些案例表明，尽管城市地区地下空间的潜力越来越受到认可，但仍未出现一种通用的规划方法。其原因在于，世界各地立法体系以及相应城市规划做法各不相同。而其中最大的障碍，仍旧是对地下空间在未来城市区域中的作用缺乏认识。一旦城市认识到了地下空间的作用，如格拉斯哥和新加坡案例那样，城市就会受到刺激去发展新的方法；或像荷兰案例那样，将地下空间规划纳入现行做法中。不过，我们需汲取的最重要的一项经验是，城市规划本身即是一个独立的专业。尽管其他学科也可积极参与地下空间规划，但从根本上讲，对地下空间进行实际规划，是城市规划者才能享有的权利和特权。但在现实中，我们经常看到的却是那些每天在地下空间中工作的人发起了或推动了相关规划进程。到目前为止，城市规划者仍未受过专门训练，还无法将地下空间与地面规划整合起来。最终，这必然会导致令人不满的结果。我们也正是因此，才要强烈支持推行一种跨学科的规划方法——在此种跨学科规划中，城市规划者即便无法牵头，也应深度参与。

5.4 数据的必要性

地下空间规划与地质条件和土壤构成之间存在密不可分的联系。由此可知，如果缺少上述两方面数据，地下空间规划就会难以实施——所能做的最多只是登记一下位于地下的设施或建造这些设施的相关规划。而由于地下还是文化遗产宝库，考古学也同样能起到关键作用。一般的看法是，需对这类数据进行采集和数字化存储，然后将数据结合到三维模型中供查看使用，以此支持城市规划。

5.4.1 数据采集

英国地质调查局和格拉斯哥市议会正共同致力于让公共和私有部门的合作伙伴在“地下信息获取（ASK）”网络中展开合作。开发该网络的目的是实现地下信息的有效获取，其所使用的手段是将所有当前和未来的数据汇集到城市三维模型中。

开发“地下信息获取”网络的主要原因之一如下：“地下信息是成功实施完成新建和改建项目的关键所在。并且人们普遍认为，对地质条件了解不充分，是导致项目延期以及成本超支的一个最主要原因。”[巴伦等（Barron et al.），2015 年] 尽管这似乎与城市规划没有直接关系，但收集到的数据可帮助创建各种对城市规划者有用的模型。

不过，地质学家在开发这些模型的过程中遇到了种种困难。首先，当前并没有任何监管机制可用来要求私人方提供地质学家所需的数据。通常情况下，获取这些数据的成本极高。其次，目前还未形成提交数据的标准格式。特格特梅尔等人（Tegtmeier et al.，2014 年）认为，数据信息缺乏统一性是造成创建三维模型时出现各种问题的主要原因之一。而国家的各个地质调查机构也认识到，他们用来提供地质信息的数据单元往往过于粗糙，无法满足城市地区的具体需求。然而，如将数据单元细化到所需的详细程度，就会大大增加需存储和处理的数据量。

5.4.2 城市规划者的需求

除数据采集外，将数据以三维模型的形式呈现给城市规划者，供其在日常规划工作中使用，还需使用这些数据的规划者具备特定专业知识。然而，普遍存在的问题是，如何明确城市规划者需要哪些信息。当前的信息采集，似乎是由地质学家和土木工程师的需求主导推动的。完成采集后，这些数据就会被编制并以三维模型的形式呈现给城市规划者，而城市规划者能做的只是试图去理解所有信息。

5.4.3 深层城市项目

洛桑联邦理工学院（École Polytechnique Fédérale de Lausanne）的“深层城市项目”（Deep City Project）正在致力于将所有信息整合到一个单一的决策框架中，该框架将基于“从源头到需求”的范式处理地下空间问题。从实际效果上来看，这种方法能够吸收所有可用数据，并将其转化为地图图纸，以展现全市范围内与地表利用相关的地下空间利用机遇 [道尔（Doyle），2016 年]。该方法吸纳了一种整合地表规划与地下规划的方法。尽管目前仍处于开发阶段，但该方法已展现出了深远的未来潜力，因为它不仅利用了可资利用的数据，还考虑了城市规划者的需求。道尔的结论是：“深层城市方法不仅适用于还未建立复杂地质模型的城市，也适用于发达国家和发展中国家的城市。”

5.5 城市系统整合

哈耶尔和达森（Hajer and Dassen，2014 年）提出以新的方式重新连接生物物理领域与社会领域。这一思想的核心是揭示城市新陈代谢机制，从而界定城市生活的构成。据前面的讨论来看，这并不是一项轻松的任务。从地下空间的角度出发，我们可以看到，不同学科领域与不同的政策机制都在争取自己的利益。虽然人们正逐渐意识到地下空间在城市开发中的重要作用，但在许多方面，如果我们不审慎而为，此种意识也可能会导致“西部拓荒”式的土地占领。而这正是我们想要通过地下空间规划首先避免的现象。

城市规划能否扮演指挥家的角色，在交响乐声嘈嘈切切愈发明显的今天精心构筑和谐乐章？我们认为这仍然是有可能的，但需要一门新的学科来协助规划者去践行。随着城市新陈代谢机制的面纱被揭开，地下潜力也被一并揭示。既然如此，人们就应去了解城市的各种系统，且在可能的情况下整合各种系统。要实现上述整合，城市系统整合者就需要加入空间对话。塑造着我们城市生活的作用过程与系统多种多样，通过了解这方面内容，系统整合者就可找到合并各种系统的机遇。而在此过程中，城市系统整合者也就能协助城市规划者达到目标，规划出我们想要的城市以及我们需要的城市。

5.6 本章核心观点

在一些案例中，地上空间紧缺的压力变得十分巨大，迫使人们去寻求地表之下的第三维度。新加坡和中国香港等地已发现了这一维度，并正在积极贯彻一种政府支持推行的政策。在其他一些案例中，人们对于城市之下的地下空间所能提供的机遇还缺乏认识或相关意识还未被唤醒。而展现地下空间中蕴含的机遇，将有助于建立推动地下空间开发所需的意识。我们已经论述过，在政策制定方面，地下空间至少可为联合国2030年可持续发展目标中的7项目标做出贡献。

在此过程中，我们还展示了地下空间各种具有吸引力之处——从重新利用废弃结构在城市地下种植作物到帮助改善气候变化以及利用地下水为住房供暖供冷。这些例子不仅充分说明了地下空间用途的多样性，也说明了进行跨学科和跨政策的空间对话才能实现高效和可持续的地下空间利用。

城市规划者是协调空间对话并在城市规划过程中推进对话成果的关键。这是否需要利用大量的地下数据进行复杂的三维建模，尚有待观察。研究表明，我们也可通过其他方式，即利用和分析现有信息应对相关难题，并制作地图图纸，用以详细展现城市地表之下存在的各种机遇。

为充分了解城市生活及其需求，就需揭开城市新陈代谢的隐秘面纱，而将地下空间纳入城市系统整合工作，则有助于实现上述目标。

本章参考文献

[1] ADMIRAAL H, CORNARO A. Why underground space should be included in urban planning policy-and how this will enhance an urban underground future[J]. Tunnelling and Underground Space Technology, 2016, 55: 214-220.

[2] ADMIRAAL JBM. A bottom-up approach to the planning of underground space[C]//Proceedings of the ITA World Tunnelling Congress. Seoul, South Korea: ITA-AITES, 2006.

[3] BARRON HF, BONSOR HC, CAMPBELL SDG, et al. The ASK Network: developing a virtuous cycle of subsurface data and knowledge exchange[C]//Geotechnical Engineering for Infrastructure and Development: XVI European Conference on Soil Mechanics and Geotechnical Engineering. London, UK: Institution of Civil Engineers, 2015.

[4] BNKR Arquitectura. Stop: Keep Moving: An Oxymoronic Approach to Architecture[M]. Mexico City, Mexico: Arquine, 2011.

[5] BOBYLEV N. Urban physical infrastructure

adaptation to climate change[M]// Saulnier JB and Varella MD (eds). Global Change, Energy Issues and Regulation Policies, Integrated Science and Technology Program 2. Berlin, Germany: Springer, 2013: Ch. 4.

[6] BROWN H. Next Generation Infrastructure: Principles for Post-industrial Public Works[M]. Washington, DC, USA: Island Press, 2014.

[7] CHANG A, NG KW, SCHMID HC, et al. Feasibility study of Underground Science City, Singapore, Paper 2. Planning, architectural, engineering, fire safety and sustainability[M]// Zhou Y, Cai J and Sterling R (eds). Advances in Underground Space Development. Singapore: Research Publishing, 2013.

[8] City of Maastricht. Structuurvisie Maastricht 2030-Deel II[EB/OL]. (2012) [2017-11-14]. https://www.gemeentemaastricht.nl/fileadmin/files/GeMa/Doc/00_Algemeen/Structuurvisie_Maastricht_2030_Deel_II_29_mei_2012.pdf.

[9] COB (Centrum voor Ondergronds Bouwen). Ondergrondse Ordening, Naareen meerdimensionale benadering van bestaande praktijken[M]. Gouda, the Netherlands: COB, 2003.

[10] DOESBURG A. Car parks and playgrounds to help make Rotterdam 'climate proof' [N/OL]. The Guardian, 2012-05-11[2017-11-14]. https://www.theguardian. com/environment/2012/may/11/water-rotterdam-climate-proof.

[11] DOYLE M. Potentialities of the Urban Volume: Mapping Underground Resource Potential and Deciphering Spatial Economies and Configurations of Multi-level Urban Spaces[M]. Lausanne, Switzerland: École Polytechnique Fédérale de Lausanne, 2016.

[12] Glasgow City Council. Glasgow City Development Plan[R/OL].(2017)[2017- 11-14].https://www.glasgow.gov.uk/index.aspx?articleid=16186.

[13] Glasgow City Council. City Development Plan. SG5: Resource Management. Supplementary Guidance[R/OL].(2017)[2017-11-14]. https://www.glasgow.gov. uk/index.aspx?articleid=20790.

[14] Government of Singapore. Transcript of Prime Minister Lee Hsien Loong's speech at the NTU students' union Ministerial Forum on 15 September 2009[N/OL]. Prime Minister's Office, 2009[2017-11-14]. http://www.pmo.gov. sg/newsroom/transcript-prime-minister-lee-hsien-loong%E2%80%99s-speech-ntustudents%E2%80%99-union-ministerial-forum.

[15] HAJER M, DASSEN T. Slimme Steden: de opgave voor de 21e-eeuwse stedenbouw in beeld[M]. Rotterdam, the Netherlands: Nai010, 2014.

[16] HOOIMEIJER FL, MARING L. Ontwerpen met de ondergrond[EB/OL]. (2013)[2017-11-14]. https://repository.tudelft.nl/islandora/object/uuid:e6f9cbe9- 8cc5-4a2e-b706-d32224db2191/datastream/OBJ/download.

[17] IKÄVALKO O, SATOLA I, HOIVANEN R. Helsinki: TU1206 COST Sub-Urban WG1 Report[R/OL].(2016)[2017-11-14]. https://sub-urban. squarespace.com/s/TU1206-WG1-007-

Helsinki-City-Case-Study.pdf.
[18] KASHIK. G-Cans: Tokyo's massive underground storm drain[N/OL]. Amusing Planet, 2012[2017-11-14]. http://www.amusingplanet.com/2013/03/g-cans- tokyos-massive-underground-storm.html.
[19] MIJNWATER. STORM district energy controller[EB/OL].(2017)[2017-11-14]. http://www.mijnwater.com/mijnwater-nu/storm/.
[20] PLASKOFF HORTON R. Indoor & underground urban farms growing in size and number[N/OL]. Urban Gardens, 2015[2017-11-14]. http://www. urbangardensweb.com/2015/10/18/indoorunderground-urban-farms-growing-in-size-and-number/.
[21] PRASAD N, RANGHIERI F, SHAH F, TROHANIS Z, KESSLER E, SINHA R. Climate Resilient Cities: A Primer on Reducing Vulnerabilities to Disasters[M]. Washington, DC, USA: The World Bank, 2009.
[22] Rectory Farm. Proposal[R/OL].(2017)[2017-11-14]. http://rectory-farm.com/ proposal/.
[23] RODIONOVA Z. Inside London's first underground farm[N/OL]. The Independent, 2017[2017-11-14]. http://www.independent.co.uk/Business/indyventure/growing-underground-london-farm-food-waste-first-food-miles-a7562151.html.
[24] RPD (Rijksplanologische Dienst). Ruimtelijke Verkenningen 2000. Het belang van een goede ondergrond[R]. The Hague, the Netherlands: Ministerie van Volkshuisvesting, Ruimtelijke Ordening en Milieu, RPD, 2000.
[25] Scottish Government. Scotland heat map[EB/OL].(2017)[2017-11-14]. http:// heatmap.scotland.gov.uk.
[26] Singapore Ministry of Law. Legislative changes planning development underground space[EB/OL].(2015)[2017-11-14]. https://www.mlaw.gov.sg/content/minlaw/en/news/press-releases/legislative-changes-planning-development-underground-space.html.
[27] SKB (Stichting Kennisontwikkeling en Kennisoverdracht Bodem). De ondergrond in het bestemmingsplan. SKB-project 4141R. Eindrapport[R]. Maastricht, the Netherlands: CSO Consultancy, 2012.
[28] TEGTMEIER W, ZLATANOVA S, VAN OOSTEROM PJM, HACK HRGK. 3D_GEM: geotechnical extension towards an integrated 3D information model for infrastructural development[J]. Computer and Geosciences, 2014, 64: 126-135.
[29] The World Bank. Natural Hazards, Unnatural Disasters: The Economics of Effective Prevention[R]. Washington, DC, USA: The World Bank, 2010.
[30] UN. Sustainable development goals: 17 goals to transform our world[R/OL].(2017)[2017-11-14]. http://www.un.org/sustainabledevelopment/sustainable-development-goals/.
[31] UNISDR (UN Office for Disaster Risk Reduction). How To Make Cities More Resilient: A Handbook for Local Government Leaders[R/OL].(2012)[2017-11-14]. https://www.unisdr.org/we/inform/publications/54256.

[32] VERHOEVEN R, WILLEMS E, HARCOUËT-MENOU V, et al. Minewater 2.0 project in Heerlen the Netherlands: transformation of a geothermal mine water pilot project into a full scale hybrid sustainable energy infrastructure for heating and cooling[J]. Energy Procedia, 2014, 46: 59-67.

[33] Weytingh KR, Roovers CPAC. Visie op de ondergrond. Hoe de ondergrond kan bijdragen aan duurzame ontwikkeling[R]. Zwolle, the Netherlands: Gemeente Zwolle, Afdeling Ruimte & Strategie, 2007.

[34] World Urban Campaign. The City We Need: Towards A New Urban Paradigm[R/OL].(2016)[2017-11-14]. http://www.worldurbancampaign.org/ sites/default/files/documents/tcwn2en.pdf.

[35] ZHOU Y. Advances and challenges in underground space use in Singapore[R]. Singapore.: SRMEG Networking Night, 2017.

[36] ZHOU Y, ZHAO J. Advances and challenges in underground space use in Singapore[J]. Geotechnical Engineering, 2016, 47(3): 85-95.

ABN·AMRO
AMICI
ING BANK

第 6 章

未来城市——韧性城市

6.1 韧性概念

> 世界各地都有像新奥尔良这样的地方，需采取新的方法，才能应对“未来气候将变得不同于今日”甚至可能变得更不稳定的现实趋势。我们需在所有层面上（地方、区域和全球）都打造更强的韧性，以此来应对在我们撰写本书时业已出现的气候变化。

布隆贝格和普博（Bloomberg and Pope，2017 年）在其书中写到新奥尔良市以及于 2005 年袭击该市的飓风“卡特里娜”（Hurricane Katrina），并将此作为案例来说明城市韧性需进一步增强。

而我们也想抒发相同的心声。在撰写本书的时候，我们也注意到了自然和人为灾害给城市带来的挑战。“韧性”仅就其定义而言，并无争议，它指的是城市地区受到反常事件侵袭后，在社会和经济层面的恢复能力和极限。“韧性”概念的出现与下面这一现象有关，即我们这个星球上有越来越多的人正生活在人口密度较大的区域。相比以往，如今每时每刻都有更多的人受到当地反常事件的威胁，无论那是风暴、百年不遇的降雨，还是久久不退的热浪。

在“全球 100 个韧性城市”选拔活动中，对于韧性城市所面临和需应对的挑战，洛克菲勒基金会又做了更进一步的界定。网络攻击的威胁正日益变得切实可感，恐将严重扰乱城市生活。鉴于此，洛克菲勒基金会（2017 年）采取了一种更加全面宽泛的角度来看待韧性问题，而不是将韧性仅仅定义为对自然灾害的响应：

> 我们生活在一个变动和波动都日益显著的世界中，技术和越发强大的互联互通加速了世界变化，改变了人们的生活方式。而韧性则是个人、群体以及体制机制在压力和冲击面前生存、适应与

> 成长的能力，有时甚至指在环境所迫下进行变革的能力。打造韧性就是要使个人、群体和体制机制做好更充分准备，以抵御自然和人为的灾难事件，并使之得以更快地从冲击与压力中反弹恢复，呈现出更强大的面貌。

城市韧性也是联合国国际减灾战略署（UNISDR）所管理的各种目标的核心内容，UNISDR将参照《仙台减灾框架》（*Sendai Framework*）负责实施构建城市韧性这项任务。UNISDR与各城市和非政府组织展开合作，大力推行了名为“建设具有抗灾能力的城市：我们的城市正在做好准备”的主题运动。在最近出版的供地方政府领导人参阅的相关手册中，UNISDR将“追求具有韧性的城市开发和设计”定为了城市韧性的基本要素之一（UNISDR，2012年）。其理由如下：

> 以风险指引型城市规划为基础，寻求具有韧性的城市开发，这对缩减当前灾害风险并预防未来灾害风险而言至关重要。参与型城市规划过程以及对弱势群体的关注，不仅将降低相关风险，促进城市规划的实施，还将有助于实现城市各个社区的公平和可持续发展。

我们认为，从城市韧性这个角度来看，地下空间将扮演两方面角色，需予以关注。一方面，地下空间是一种潜在的应激源（stressor），即在地表之下活跃着各种作用过程，随时间推移，这些作用过程将对城市（或城市的某些部分）造成威胁。而更深入了解当地地质情况，将有助于识别这些作用过程，并获得抵制这些作用过程的可能性，或者至少也能在这些作用过程影响城市时，帮助城市做好应对准备。我们将在第6.2节中更具体地探讨这些问题。另一方面，地下空间又是一种资产（asset）。利用地下空间可帮助缓解城市所承受的部分压力，并在灾难事件发生后于城市韧性上发挥作用。这一方面将在后文中做更深入探讨。

城市韧性作为一种概念，带给了人们以下有益的认识：人们生活和工作在人口密集的城市地区，将容易受到越来越多难以控制的有害事件的影响，而为这些事件做好应对准备，努力消解最坏影响，则是我们能够办到的。比如，可以是以下这种简单的做法，即更新当地建造规范，在规范中反映对地表建筑有影响的各种风况变化。而应对城市热岛效应，则可能需要更深远的应对战略，此类战略将影响城市规划以及城市边界内的用地方式。

正是从这一点出发，我们有必要充分认

识之前所讨论过的城市复杂性，以及“城市地下空间属于城市复杂性构成部分”这一基本事实。尽管在某些情况下，城市复杂性可能会促使城市所面临的各种威胁的生成，但更多时候，它也可以成为城市抗灾解决方案的一部分，或救灾管理的一个要素。

布朗（Brown，2014 年）将我们引向了基础设施的后工业范式，这种范式能够帮助我们找到打造城市韧性的解决方案。

> 工业时代基础设施的遗产，是一种独立、单一用途的“资产”，具有“无报偿”或单向流动特征，而后工业解决方案则是以自然生态系统特有的多功能、闭环交换为基础，建成的基础设施系统应是多用途、相互关联的，且最好还具有协同性。

谈到创建未来城市，即对市民而言具有韧性的城市，我们需根据布朗所称的“后工业范式的第一原则”来寻找解决方案。我们应研究多用途、相互关联、协同协作的基础设施系统。而基于城市韧性的需要，考虑地表与地下开发的整合，也就是在朝着上述目标努力了。这定将为解决我们城市所面临的难题做出宝贵贡献。

6.2　具有威胁性的地下空间

随着时间的推移，地下空间可能会成为城市负担，其最广为人知且影响最大的威胁是地震。地震本属自然现象，但正如我们在第 2.2 节中所探讨过的，人类干预可能会引发人为地震，就像天然气开采案例那样。而旧矿坑道或矿井的坍塌，则会形成陷坑，进而造成地表沉降。新建地铁线路的地下工程也会造成破坏，日本福冈的某一繁忙路口就出现过这种情况。那里的陷坑对交通造成了很大扰乱，不过好在一周内路口就修复了 [卡茨（Katz），2016 年]。如果陷坑导致了建筑物的倒塌，那就是更为严重的事故了。

谈及地下空间可能成为城市负担这一问题，我们所面临的最大挑战是，往往没有可用的数据来评测地下空间是否存在威胁。地表以下的自然作用过程与地上生活有着不同的时间尺度。

棕地污染可能需要很多年的时间才能波及地下水。然而，一旦波及了地下水，水污染的可能性以及污染对饮用水水源的影响都会十分巨大。随着城市越来越依赖于地下空间提供的生态系统服务，保护这些服务所需的相关意识也应日益深化提高。

正如我们所主张的那样，将地下空间纳入城市规划，可解决城市规划的部分问题。不过，也恰恰是过去那些从未予以记录的人为干预引起了人们的担忧。关于城市地下人类活动的历史资料必须认真对待，进行彻底的调查研究，以确定这些活动是否在将来会对城市造成威胁。

韧性城市应能从所面对的各种压力中反弹恢复过来。如要预防这些压力的发生或为之做好应对准备，就需广泛全面地了解城市地质、人为干预以及现存地下结构情况。只有先将这些信息绘制成图，并整理成一种城市地下空间模型，才能对潜在威胁展开分析。

对于城市为何需要考虑其地下空间，并在城市规划中运用地下空间知识，城市韧性是另一个论证角度。荷兰的地下人类活动曾意外诱发过极具破坏性的地震，由此观之，人类干预从长远来看可能会产生不可预见的影响。不过，从能源目的出发关注地下空间利用，这也需考虑。在承认地下空间于地热应用及含水层热能储存计划等方面的巨大潜力的同时，我们要坚信我们现在所认为的绿色能源不会在未来导致隐性棕地的产生。正如前文所指出的，由于地下空间需在开发与保护之间取得平衡，这种平衡在某些情况下对城市韧性而言就将是至关重要的了。

6.3　城市区域面临的挑战

城市韧性的定义在某种程度上取决于下定义者所遵循的学派类别。在6.1节中，我们看到，洛克菲勒基金会在对待韧性城市上采用了最宽泛的观点。就“韧性”而言，这一观点区分了慢性压力（Chronic Stresses）和急性冲击（Acute Shocks）。根据该观点，慢性压力是指“削弱城市肌理的那类缓慢运行的灾害”，而急性冲击则是指“威胁城市的突发性剧烈事件”（全球100个韧性城市，2017年）。

布隆贝格和普博（Bloomberg and Pope，2017年）指出了城市所面临的以下威胁：暴雨、高温、疾病和干旱。而警钟已然敲响：到目前为止可能被认为是反常事件的事件，正在变为新常态。现在，我们需将风力作用也添加进上述清单，因为风是另一种能在城市区域造成破坏的灾害因素。

2011年，《新闻周刊》报道称，“全球气候变化已然来临”[贝格勒夫（Begley）2011年]。这篇报道给人留下了深刻印象，因为它试图使读者相信，反常天气事件实际上是气候变化导致的一种新兴模式的构成部分。“即使是那些否认全球气候变化真实存在的人们，也很难否定去年的证据。仅在美国，就有近 1000 场龙卷风肆虐中心地区，共造成 500 余人死亡，损失达 90 亿美元。”

图 6-1 显示了 1980—2011 年全球范围内与气候相关的灾害数量。我们可以观察到，灾害数量明显逐年增长。慕尼黑再保险公司（Munich RE，2017 年）也证实了这一增长。据该公司报告称，截至 2017 年 6 月底，其数据库已记录了“350 起造成损失的自然灾难，虽然数量少于上一年（390 起），但仍超过了十年的平均数（310 起）”。同一份报告还强调了天气模式变化的不可预测性。由此，在 2017 年，美国的冰雹和雷暴就造成了巨大损失：“2017 年上半年，美国自然灾难统计数据几乎被一系列冰雹和龙卷风灾害事件所霸占。共计发生了六次严重的大规模雷暴，每次都造成了数十亿美元的损失。”

以上种种说明，自然灾害的发生频率越来越高，对社会的影响也越来越大。它们有可能会导致严重的人员伤亡，扰乱城市生活，并造成重大损失。

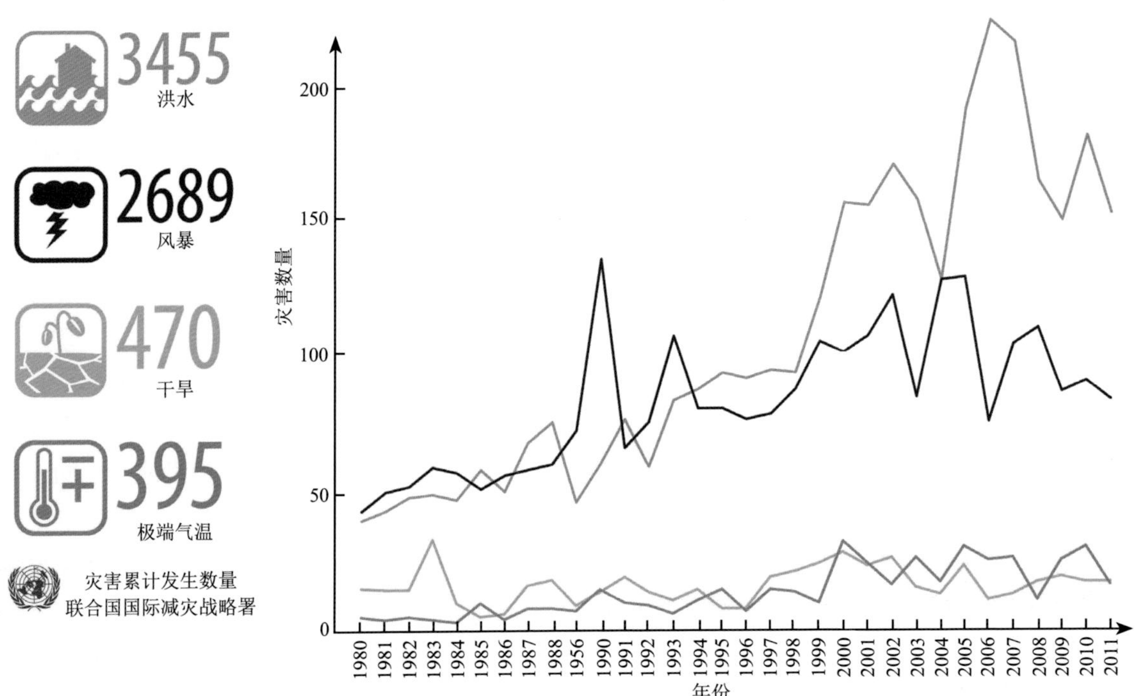

图 6-1　与气候相关的灾害数量统计图（1980—2011 年）（©2018 年联合国，经联合国许可转载）

让我们来仔细看看这些自然灾害。降雨是目前影响较大的一种自然灾害，我们所说的并不仅是降“雨”，而是意义广泛的降“水”，其中包括冰雹。近几十年来建设的城市有一共同点，即大量铺设硬化路面。不论铺路材料采用的是混凝土、沥青，还是铺路石，路面表层都经过了硬化处理，因为路面需服务于城市生活的主要需求：机动性。如果没有街道和停车场，城市生活就会停止运转。随着我们的日常生活变得越来越繁忙，我们能够用于园艺劳动等杂事的时间也就变少了，而对花园进行路面铺设则是追求效率这一趋势的一种表现。不过，并没有人意识到，这样做会减少雨水的自然渗透，从而造成相当大的影响。首先，硬化路面会引导雨水流进下水道系统，使我们的水处理厂不堪重负。其次，缺乏自然渗透可能会导致地下水位降低和土壤干硬。正如大多数灾害一样，我们可以看到，这既会带来短期直接影响，也会带来长期影响。而我们最常忽略的正是后者，因为长期影响往往是一个缓慢的作用过程，在切实的损害开始显现之前，人们都对之习以为常。从这个意义上说，初始影响可被看作一种急性冲击，将导致长期慢性压力。随着降水的增加，更具体地说，随着每次灾害事件强度的增加，下水道漫溢和城市区域受淹，就会成为现实。

干旱是与降水增多截然相反的一种灾害，“缺水”同样在威胁着我们的城市。干旱所造成的后果包括饮用水匮乏、农作物歉收、野火以及旱后降雨引起的暴洪。干旱的出现与高温有关，随着全球气温攀升，干旱问题也影响到了我们的城市。城市地区大量存在的硬化地面和混凝土，意味着我们的城市会把热量吸收并留存下来。吸收和留存热量，不仅将导致城市地区的平均温度高于周围农村地区，还将使城市地区一直处在温度较高的一端，也就是说，其降温速度要慢于农村地区。这种效应被称作“城市热岛效应”，而这种效应将直接导致在长久不退的高温热浪期内出现健康问题以及死亡事件。

风暴无论是作为单一灾害事件还是与其他灾害事件相结合，均能引起严重后果。而正是各种灾害事件的结合，才加大了城市所面临的挑战。在风暴之后而来的干旱，将会引发沙尘暴，而旱后雨水倾泻，又会导致暴洪。

这一切都表明，我们需重新思考如何塑造我们的城市。我们已逐渐认识到，即便是相对简单的解决方案，也可在应对上述种种挑战时发挥相当大的作用，而且会产生更深远的影响。比如，更新建筑规范，对不断变化的天气模式予以考虑。那些从未受形势所迫去应对降雨问题且没有制定城市水管理计划的城市，突然间也将不得不去面对这种现状，即每年都需在短时间内处理大量的水。

接下来，我们将探讨各种解决方案，并重点关注地下空间如何助力迎击未来城市必须面对的那些重大挑战。我们认为，地下空间的利用可在缓解急性冲击和慢性压力对城市系统造成的压迫方面发挥重要作用。

6.4 利用地下空间迎击挑战

1923 年，东京受到大地震侵袭，造成严重的生命损失和城市破坏。据《每日科学与力学》杂志（*Everyday Science and Mechanics*，1931 年）报道：

> 那么，日本最优秀的工程人才就应理所当然地致力于解决建造抗震结构的问题。下面这一有趣的现象给了他们启发：隧道和地下结构遭受的地震震动，要小于地面大型建筑物所遭受的，因为地面震动不受遏制。

这项研究提出的建议是，建造一座巨型的“地下摩天楼”（图 6-2），这种建筑在某些方面与“摩地大楼”（见第 5.2 节）以及能引入日光的纽约低线公园（Lowline）（见第 7.2 节）非常相似。

尽管“地下摩天楼”与“摩地大楼”一样，都还只是停留在概念层面，但地下空间结构受地震影响程度远小于地面结构这一核

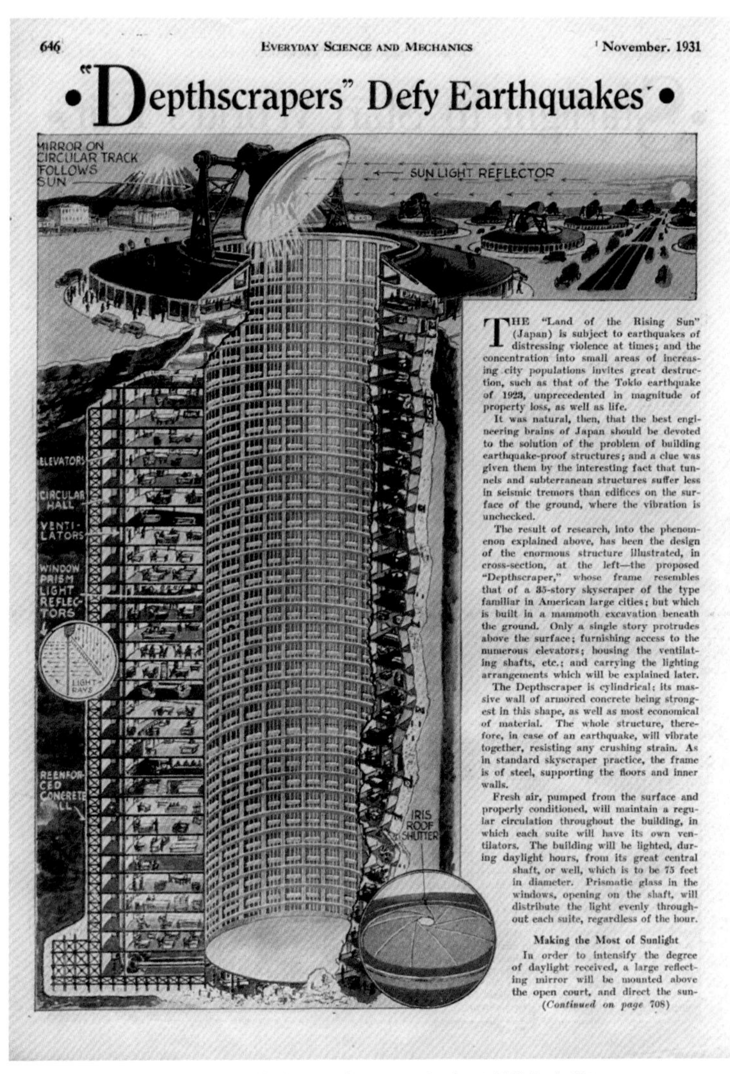

646　EVERYDAY SCIENCE AND MECHANICS　November, 1931

"Depthscrapers" Defy Earthquakes

THE "Land of the Rising Sun" (Japan) is subject to earthquakes of distressing violence at times; and the concentration into small areas of increasing city populations invites great destruction, such as that of the Tokio earthquake of 1923, unprecedented in magnitude of property loss, as well as life.

It was natural, then, that the best engineering brains of Japan should be devoted to the solution of the problem of building earthquake-proof structures; and a clue was given them by the interesting fact that tunnels and subterranean structures suffer less in seismic tremors than edifices on the surface of the ground, where the vibration is unchecked.

The result of research, into the phenomenon explained above, has been the design of the enormous structure illustrated, in cross-section, at the left—the proposed "Depthscraper," whose frame resembles that of a 35-story skyscraper of the type familiar in American large cities; but which is built in a mammoth excavation beneath the ground. Only a single story protrudes above the surface; furnishing access to the numerous elevators; housing the ventilating shafts, etc.; and carrying the lighting arrangements which will be explained later.

The Depthscraper is cylindrical; its massive wall of armored concrete being strongest in this shape, as well as most economical of material. The whole structure, therefore, in case of an earthquake, will vibrate together, resisting any crushing strain. As in standard skyscraper practice, the frame is of steel, supporting the floors and inner walls.

Fresh air, pumped from the surface and properly conditioned, will maintain a regular circulation throughout the building, in which each suite will have its own ventilators. The building will be lighted, during daylight hours, from its great central shaft, or well, which is to be 75 feet in diameter. Prismatic glass in the windows, opening on the shaft, will distribute the light evenly throughout each suite, regardless of the hour.

Making the Most of Sunlight

In order to intensify the degree of daylight received, a large reflecting mirror will be mounted above the open court, and direct the sun-

(*Continued on page 708*)

图 6-2　“地下摩天楼”[摘自 1931 年 11 月刊《每日科学与力学》（*Everyday Science and Mechanics*）的一页]

心结论仍然有效。美国国家科学研究委员会（US National Research Council，2013年）关于1989年旧金山湾区洛马普里塔地震（Loma Prieta earthquake）的结论，进一步支持了上述观点：

> 面对地震、龙卷风、雷电、浓雾或沙尘等自然灾害事件，地下交通系统能在事件发生期间维持运营，或在事件发生之后迅速恢复运营。根据一篇关于数项记录地震破坏的研究成果的评述，大直径地下隧道在历史上遭受的破坏，的确小于地面结构所遭受的破坏。

具体到湾区快速交通系统（Bay Area Rapid Transport System，BART），报告指出，"1989年洛马普里塔地震发生后，该系统保障了各个社区的经济继续运转，从而提高了该城市地区的抗灾韧性"。

与旧金山-奥克兰海湾大桥（San Francisco-Oakland Bay Bridge）在地震发生后关闭维修长达一个月相比，湾区快速交通系统在地震发生后半天内就恢复了服务功能（US National Research Council，2013年）。

这些案例不仅向我们表明了地下结构在地震中具有一定的韧性，也指引我们看到了地下交通基础设施用于震后救灾的可能性。

在地面基础设施经常因地震带来的碎片残骸而严重受损、无法使用的情况下，地下交通基础设施就成为通往受灾地区的生命线。湾区快速交通系统的案例清楚地表明，公共交通如能在灾害事件发生后迅速投入运营，对地区经济而言具有重要意义。

2012年飓风"桑迪"（Hurricane Sandy）在袭击纽约市期间，淹没了该市大片区域，包括地铁系统。这似乎意味着，此类系统应对水灾的韧性还不够强。然而，很多人并未意识到的是，造成纽约地铁系统被淹的涌水，并不是通过街面通风口或街面连接道涌入的。根据迪亚兹（Diaz，2012年）的说法，当时纽约市地铁平均每天要"依靠700台易损的水泵"勉强维持系统不被淹没。而在这些水泵被飓风"桑迪"摧毁后，系统终因地下水的涌入而被淹没——来自地面的洪水只是增快了淹没速度。

泰国曼谷经常遭遇降雨和洪水。因此，曼谷地铁系统（MRT）自然就会在设计时考虑此类灾害因素。曼谷地铁系统入口均被抬升到了街道高程之上，以此来防止洪水进入系统，这与日本当地标准做法非常相似。事实证明，这是防止此类系统被淹的有效措施。

而东京和吉隆坡等特大城市则必须寻求新方法，才能应对降雨造成的水灾。吉隆坡的 SMART 隧道（见第 5.1.7 节）和东京的巨型洞室（见第 5.1.8 节）就以不同的方式有效处理了暴涨的洪水。吉隆坡 SMART 隧道充当了一条地下河，让洪水得以流出并绕开城市，而东京的地下洞室则被用作过渡的储水设施，待洪水退去后就会被抽空。这种储水方式让人想起了荷兰鹿特丹的地下停车场兼储水池设施（见第 5.1.8 节）。

此外，还有一种更深层次的策略，可用于城市水管理，即增加城市的“蓝色”和“绿色”区域——池塘和湖泊能充当集水设施，绿地则能促进自然渗透。而供娱乐活动使用的下沉式广场也能被用作临时的溢流设施。这些例子显示了城市地区对开放空间的需求，从中也可看到通过将地表用途转移至地下就能创造出这些开放空间。马德里河案例创造新绿化公共空间的方式，就印证了这一点（见第 2.4 节）。

城市的气候会对城市生活造成破坏。根据怀特（Whyte，1988 年）的说法，气候本身是一种背景因素，借此我们可以理解建造地下广场的原因，如蒙特利尔和明尼阿波利斯的地下广场（见第 7.2 节）。目前的研究表明，随着平均气温上升和极端高温情况日益常见，城市热岛效应正渐渐开始影响到我们的城市生活。美国国家环境保护署（US Environmental Protection Agency-EPA）曾表示：“城市的空气温度，特别是在日落之后，可能比邻近欠发达地区的空气温度要高 22℉（12℃）（US EPA，2017 年）。”这种高温会引发各种影响，如城市对供冷用能源的需求上扬以及雾霾增多。城市热岛效应“会影响人类健康，导致全身不适、呼吸困难、中暑性痉挛和虚脱、非致命性中暑以及与高温相关的死亡”（US EPA，2017 年）。总的来说，热对人类健康的影响相当巨大，正如美国国家环境保护署（2017 年）所发现的：

> 温度过高或温度急剧上升，是极其危险的，可造成死亡率高于平均值。据美国疾病控制与预防中心估计，从 1979 年到 2003 年，美国有 8000 多人因暴露于过热高温中而早死。这个数字超过了飓风、闪电、龙卷风、洪水和地震造成的早死人数的总和。

风的流动可减轻城市热岛效应。不过，拉贾戈帕兰等人（Rajagopalan et al.，2014 年）的研究指出了城市肌理布局对这种效果可能产生的负面影响。以马来西亚穆阿拉市（Muara）为例，他们发现，“穆阿拉市的混乱无序的发展导致了‘城市峡谷’通风的减少。

高大的建筑与狭窄的街道相结合，将热量困在其中，并减少了空气流动，从而导致了高温现象。”

针对城市热岛效应，主要有两种缓解策略：第一种策略是修建更多公园、种植树木或用绿色植物覆盖建筑物屋顶，使城市得到绿化。第二种策略是仔细考虑如何才能让来自晚间大海或高山等地的清风不间断地流入城市，从而帮助城市降温。

这两种策略都需预留地面空间——在此类地面空间上不得建造其他用途的建筑。而地下空间利用就能弥补所占用的地上空间，或也可被当作上述策略的一部分，专门为策略实施腾出地上空间。毋庸赘言，如果在极度炎热的城市效仿蒙特利尔建设地下城市，将对维持城市宜居性有极大的帮助。

干旱会造成农作物损失和饮用水短缺，从而严重影响人类生活。饮用水短缺是目前全球普遍存在的一个问题，有人估计，有多达 10 亿的人基本上享用不到清洁饮用水 [水项目（The Water Project），2017 年]。

2015 年，《卫报》报道了全球缺水问题，并着重强调了圣保罗市面临的问题 [麦凯（McKie），2015 年]：

> 巴西圣保罗市拥有 2000 万人口，曾一度被称为“雨城”。但上周该市干旱异常严重，居民为获取地下水，只好开始在地下室层和停车场层钻井取水。市政府官员上周预警道，可能很快就会实施定量供应。他们补充说，市民可能每周只有两天能用上水。

报道援引加拿大前总理、国际行动理事会（InterAction Council）联合主席让•克雷蒂安（Jean Chrétien）的话说：“缺水问题在未来的政治影响可能是毁灭性的。我们过去的用水方式，根本就无法维持人类未来生存。”

在第 5.1.3 节中，我们已讨论了地下空间对于饮用水的重要性。要想获取地下水，将其作为新的饮用水供应源，就必须采取彻底革新的战略。只有在水文循环不受侵扰损害的情况下，这种新的供应才是可持续的。雨水的自然渗透和地下空间的过滤能力可带来饮用水，而这就给城市规划者增添了额外压力：他们需要考虑这一点，然后仔细研究城市之下可能存在的含水层，为未来的饮用水供应做好战略储备。

这就引出了一个问题，即饮用水是否会在未来变得太过稀缺，竟至成为一种商品——

就像我们现在从地下开采原油并将其运往世界各地的炼油厂一样。事实上，塔利（Tully，2000 年）已预见到了这一点，他写道：“21 世纪的水，定会像 20 世纪的石油一样，是决定国家富裕与否的珍贵商品”。

由于气候模式的变化，干旱问题正在引起全球关切。当今世界本就难以为所有人提供饮用水，在此条件下，干旱就使获取饮用水这一挑战变得更为严峻。其实，我们地球上的淡水总量是绰绰有余的。但问题是，有 99% 的淡水以地下水的形式被困在了地表之下，不易获取 [麦凯（McKie），2015 年]。

未来城市需考虑到这一点，不必再继续将地表水库作为饮用水的主要供应源。从长远来看，在地表之下寻找水源，很可能会成为一个行之有效的方案。

飓风和旋风发生次数目前呈增长趋势，正在变成一种新常态，而不再是异常事件。2017 年的飓风厄玛（Hurricane Irma）和飓风玛丽亚（Hurricane Maria）在加勒比海和佛罗里达州南部造成了一连串的破坏，相关新闻报道证实了这类自然灾害的影响 [阿哈迈德（Ahmed），2017 年]：

一名妇女带着一只小行李箱，行李箱里的东西足够她和她的孩子开始新的生活。蹚过满是倾覆船只的混乱港口，穿过交通堵塞的行车道——车道两旁排布着被扯离了地基的建筑和房屋，再挤过机场里绝望的人群，这一路虽然艰辛，但她终于快要离开那座破碎的岛屿了，全副武装的士兵正在她身旁维持着秩序，她满怀希望能逃出这片废墟。但当疏散的人群终于准备登机时，航空公司却宣布不能随身携带行李箱。这名女公务员崩溃了。她尖叫着喊道：“我再也受不了了。”然后，她瘫倒在停机坪上，用双手捶打着地面。她的家被毁了，她的孩子被迫到别处去寻找最基本的生活所需，她的国家正在面对重建的艰巨任务，用更加直接的话来说，也就是正面临着国家如何存活下去的问题。一名士兵赶来安慰这名妇女，此时她的女儿又哭了起来，正在与空乘争夺母亲的行李。可能在她的心里，在这个失去了寄托的世界里，被人抢走行李是最后的屈辱。

大自然释放力量所造成的破坏和给人类带来的苦难深刻地提醒我们，要将防灾韧性视作与灾害防备和灾后恢复同等重要的考虑因素。就我们而言，关键问题是地下空间能否帮助城市、城镇和社区提高抵御这些破坏力的韧性。

在第3章中，我们讨论了中国的窑洞，即一种沉入地下的房屋。当地人之所以开始挖掘建造这种住宅，是因为他们所在的高原地区饱受风力作用影响，已变得不宜居住。为了达到防风的目的，人们建造了地下住宅（earth-covered houses），因为地下住宅可以避开主要风向上的来风。地下住宅比一般的地面住宅有优势，而且具有极佳的可持续性。就防风而言，这种结构最大的优势，就是能避开飓风。我们可由此想到，在地下空间利用方面相对发达的城市，地下交通系统和地下商场毫无疑问可让城市避免受到包括飓风在内的各种气象灾害的影响。

我们认为，这是地下空间利用中需在未来几年加强研究的一个领域。正如怀特（Whyte，1988年）无法确定地下广场概念是否前景优越一样，我们也无法准确预测地下空间是否将成为未来供人们居住生活的黄金地产。不过，与此同时，我们仍需清楚地认识到当前的现实处境，我们生活在新旧时代更替变化的转型期，而非仅仅一个充满变革的时代。我们需要找到新的范式，用以创建具有韧性的城市，这类城市将为市民提供安全与庇护，且能够在受到灾害侵袭后反弹复苏——这也许就要求我们不应只是向地下空间投去关注的目光，还应做出更多的工作。联合国国际减灾战略署（UNISDR）有一份尚待公布的名为《化言语为行动》[1]（*Words into Action*）的报告，该报告是推进《仙台减灾框架》实施的指南 [纳朗·苏瑞等（Narang Suri et al.），2018年]。报告称：

> 尽管如此，城市开发和基础设施项目仍可通过以下方式打造抗灾韧性：设计大规模的地下空间（如停车场、隧道等），使其发挥各种减少灾难风险（DRR）的功能（如作为临时储水池、避难所等），同时也为密集的城市建筑群提供高效通行的通道，以及供水、供能和废物清除服务。

这个例子说明，对减少灾难风险和开展城市规划的思考，不应仅着眼于开发，还应将地下空间利用融合进来，包括为风暴等灾害提供避难所。

人类最原始的两个基本居住概念为洞穴和帐篷，这是历史事实。但纵观历史，人类一直都是在地表上搭建“帐篷”，并从古延续至今。然而，城市面临的慢性压力和急性冲击，将在今后迫使我们着手建造更多的

[1] 目前已公布。

“洞穴”。最终，地表的“帐篷”可能再也无法承受自然施加的各种力量，而“洞穴”则将为人类的生存提供具有抗灾韧性的居住环境。

6.5 本章核心观点

根据布隆贝格和普博（Bloomberg and Pope，2017 年）的说法，“我们需在所有层面上都打造更强的韧性”，从而让我们的城市步入未来。他们看到，气候变化是催生韧性需求的主要驱动因素。而由洛克菲勒基金会支持开展的“全球 100 个韧性城市”选拔活动，则从更宽泛的角度看待城市韧性，将慢性压力和急性冲击认定为促使城市打造韧性的驱动因素。

地下空间和城市韧性之间存在耐人寻味的关联。一方面，地下空间本身就可产生急性冲击或慢性压力。另一方面，如果从减灾角度来看，地下空间的确是一项重要“资产”。

在作用于城市环境的各类急性冲击中，地震是一个很好的例子。同时，人类过去在地表以下的活动，无论是采矿还是废弃物堆存，随着时间的推移，都将会变成慢性压力。因为如不加以控制，它们就可能造成有害影响，如引起陷坑或地下水污染。而后者则很容易导致饮用水供应源在接下来的数年内遭受污染。我们的结论是，城市必须认识到地下空间在城市韧性方面能起到的作用。同时，也需要优质数据和数据制图，使城市规划者获得深刻的认知，以便采取行动。

与布隆贝格和普博的观点一致，我们也认为气候变化是城市所面临的主要威胁。降水、高温、干旱和风暴正在从反常事件变为新的常态。城市必须采取措施应对这些影响。城市热岛效应和强降雨后可能发生的洪涝灾害，是最令人担忧的威胁，因为它们虽然目前只是慢性压力，但正在慢慢显露出其潜在的破坏力。两者都是由城市肌理本身造成的，或者说，主要是由硬化地面和城市建筑使用吸热材料造成的。

地下空间的利用可帮助城市应对上述的部分挑战。首先，肯定需要腾出地面空间，用于创造新的蓝色和绿色区域。这些区域将有助于减少城市热岛效应，为雨水的中间储存创建额外容量。而对多种用途进行整合，则能取得最好效果，如排放雨水的隧道也被用于道路交通，或地下停车场本身也可作为储水池。在我们看来，多用途整合是通往解决之道的有效途径。我们需告别单一用途土地利用时代，并展望新的时代。在这个新时代里，多用途能够最大限度地利用地上和地下的可用空间。

城市韧性是创造未来城市的关键，而了解和利用地下空间，又是实现城市韧性目标的关键。

本章参考文献

[1] 100 Resilient Cities. What is urban resilience?[R/OL].(2017) [2017-11-14]. http://www. 100 resilientcities. org/resources/#section-1.

[2] AHMED A. Hurricane Irma: a week on from the deadly storm and St Martin residents are struggling to survive[N/OL]. The Independent, 2017[2017-11-14]. http://www.independent.co.uk/news/world/americas/hurricaneirma-latest-st-martin-caribbean-residentsstruggle-to-survive-a-week-on-a7949921.html.

[3] BEGLEY S. The reality of global climate change is upon us[N/OL]. Newsweek, 2011[2017-11-14]. http://www.newsweek.com/reality-globalclimate-change- upon-us-67757.

[4] BLOOMBERG M, POPE C. Climate of Hope[M]. New York, NY, USA: St Martin's Press, 2017.

[5] BROWN H. Next Generation Infrastructure: Principles for Post-industrial Public Works[M]. Washington, DC, USA: Island Press, 2014.

[6] DIAZ J. Hurricane Sandy could really flood the New York subway system[N/OL]. Gizmodo, 2012[2017-11-14]. https://www.gizmodo.com.au/2012/10/hurricane-sandy-could-reallyflood-the-new-york-subway-system/.

[7] Everyday Science and Mechanics. 'Depthscrapers' defy earthquakes[J]. Everyday Science and Mechanics, 1931, Nov.: 646, 708.

[8] KATZ A. That 'unprecedented' sinkhole in Japan? It's already fixed[N/OL]. Time, 2016[2017-11-14]. http://time.com/4571934/japan-massivesinkhole-fixed/.

[9] MCKIE R. Why fresh water shortages will cause the next great global crisis[N/OL]. The Guardian, 2015[2017-11-14]. https://www.theguardian.com/environment/2015/mar/08/howwater-shortages-lead-food-crises-conflicts.

[10] Munich RE. Natural catastrophe review for the first half of 2017: a series of powerful thunderstorms in the USA causes large losses[R/OL].(2017)[2017-11-14]. https://www.munichre.com/en/media-relations/publications/press-releases/2017/2017-07-18-press-release/index.html.

[11] NARANG SURI S, BRENNAN S, JOHNSON C, et al. Developing the Sendai Framework Words into Action: Implementation Guide on Land Use and Urban Planning[R]. Geneva, Switzerland: UN Office for Disaster Risk Reduction, 2018.

[12] RAJAGOPALAN P, LIM KC, JAMEI E. Urban heat island and wind flow characteristics of a tropical city[J]. Solar Energy, 2014, (Supplement C) 107: 159-170.

[13] Rockefeller Foundation. Resilience[R/OL].(2017)

[2017-11-14]. https://www.rockefellerfoundation.org/our-work/topics/resilience/.

[14] The Water Project. Water scarcity & the importance of water[EB/OL].(2017) [2017-11-14]. https://thewaterproject.org/water-scarcity/.

[15] TULLY S. Water, water everywhere[N/OL]. Fortune, 2000-05-15[2017-11-14]. http://archive.fortune.com/magazines/fortune/fortune_archive/2000/05/15/279789/index.htm.

[16] UNISDR. How To Make Cities More Resilient: A Handbook for Local Government Leaders[R/OL].(2012)[2017-11-14]. https://www.unisdr.org/we/inform/publications/54256.

[17] US Environmental Protection Agency. Heat island impacts: compromised human health and comfort[EB/OL].(2017)[2017-11-14]. https://www.epa.gov/heat- islands/heat-island-impacts#health.

[18] US National Research Council. Underground Engineering For Sustainable Urban Development [M]. Washington, DC, USA: National Academies Press, 2013.

[19] WHYTE WH. City: Rediscovering the Center[M]. Philadelphia, PA, USA: University of Pennsylvania Press, 1988.

第 7 章

以人为本的建筑——高价值的地下空间

7.1 令人喜爱的空间

在谈到地下空间时，城市学家威廉·怀特（William Whyte，1988 年）极其严厉地批评道：

> 对街道的争夺愈演愈烈。规划者和建筑师不仅在街道两边修起了空墙和车库，还将旧建筑街区夷为平地，改建成了停车场，并且为了修造大型建筑而更改街道规划。现在，他们正在迈向下一步：他们把街道的各种主要功能，都安排在了除街道层以外的几乎其他任何地方。街道的主要功能被转移到了地下广场和地下购物中心，转移到了天桥和高层廊道。最后，他们可能还会把行人也都一并赶出街道。

用怀特自己的说法，他所担心的是街道的“沉闷化”。他和简·雅各布斯（Jane Jacobs）都认为街道“是城市生命之河，是我们聚集的地方，是通往中心的路径。街道是最主要的场所 [怀特（Whyte），1988 年]。”怀特认为，任何把行人从街道上赶走的行为，都无异于给城市街道判了“死刑”，被弃用的街道将坠入沉闷。久而久之，城市也会变得沉闷。

就地下空间而言，空间的形态在很大程度上由当地地质条件决定。瑞典、芬兰、中国香港等地，以及新加坡的大部分区域，都是坚实的岩石地质，因此可修建规模巨大的人造洞穴。但在荷兰等地相对松软的土壤层中开展隧道掘进时，所用隧道掘进机尺寸越大，工程造价也就越高。这个简单直白的因素，促使工程师开始研究隧道项目所需的“空间包络线”，而这通常由穿过隧道系统的列车车厢大小决定。隧道的尺寸及其圆形断面形状，似乎历来决定了站台和车站廊道的大小和形状，这可从世界各地的地铁系统中看出。而工程设计和建设效率，以及乘客往返地面和车站的效率，也决定了地下车站的形

状和布局 [阿德米拉尔（Admiraal）和科纳罗（Cornaro），2017 年]。

正如怀特所指出的：

> 在功能上最为接近街道的替代品，是地下广场。最开始，地下广场是作为地下铁路系统的附属设施出现的。设计地下广场的目的是满足极短时间内大量人群的通行需求。今天的地下广场依然是这种用途，除了伦敦地铁率先引进的自动扶梯外，其物理特征没有太大变化。

在怀特看来，地下广场替代街道，是很自然的发展过程。就满足行人通行需求而言，地下广场是高效的街道替代品。它的“触角”能延伸到附近开发的建筑中（从各方面的意义来讲，它都是名副其实的“交通走廊”）。同时，它开始“呈现出沿轴线布置商店这一特点，而轴线的一端还与下沉式购物广场相连”[怀特（Whyte），1988 年]。这些下沉式购物广场就是今天在世界各地的城市中都十分常见的一种“地下室”开发项目。此后，这一自然发展过程还在继续，“广场本身就成为目的地，虽然广场也许会与铁路和地铁站相连，但广场具备自足完整的环境，有一系列的商店和服务设施、餐厅和会议场地 [怀特（Whyte），1988 年]。”

怀特注意到，往往需要在一个特定的背景条件下，才会实现上述发展。比如，在明尼阿波利斯和蒙特利尔等城市，恶劣的天气是其背景条件，也是推动它们开发地下空间的主要原因。而其他城市通常并不具备这种驱动因素，但也都在效仿进行类似的地下空间开发，其直接结果是，随着城市生活转入位于地下的消费主义“大厦”中，街道就变得空空如也了。

除此之外，怀特还抛出了其他问题。他问道：“替代品能有多好呢？”“如果规划者必须在其所规划的地下乌托邦中度过一段时间，那么他们就可能会有别样的看法了。比如，地下空间通常会令行人迷失方向。”而他提到的建筑师对于对称性的偏爱，则是这些广场所具有的另一个问题，此外还有如何控制地下空间内气候环境的问题。他还认为，地下广场缺少高端零售商店，毕竟这类商店似乎不喜欢“苟延残喘”于地表之下的“地下室”里。但地下空间也并不完全是前景黯淡、了无希望的。其实，怀特对蒙特利尔的玛丽城广场（Place Ville Marie）就很是喜爱。他特别提到了“通过小庭院将日光引入地下综合体，然后再将日光打到综合体上方的宽阔广场上”这一做法。

我们认为，关键是要认识到，开发地下

空间本身并不仅仅是一种为达目的而采取的手段。我们主张新创建的空间应为城市增色，而不是让城市变得分散。地下空间需要成为城市肌理的一部分，而不是像怀特所描写的典型地下空间那样，是“碎块的集合体”，甚至是“一种笼罩式的建筑网络，里面每栋建筑都相互连接”。我们原则上同意怀特的观点，即地下空间的开发应成为城市肌理的一部分，并与之相辅相成，哪怕会在地下形成新的城市“组织”。我们也同意他的意见，即地下空间不应令行人迷失方向。地下空间需要阳光，空间内的气候控制也必不可少。实际上，地下空间需成为令人喜爱的空间，让人们都喜欢使用它。地下空间应为个人带来新的体验，为城市生活带来乐趣。即便地下空间需具备功能性目的，但这种目的不应冲淡人们在迷人的空间中所获得的纯粹乐趣。在这层意义上，地下空间的设计就应更多地向公共空间的要求看齐，也就是说，要设计出供人们享受生活和相聚相会的空间。这样的空间将散发活力，为城市生活增添色彩，使城市“活”起来。虽然地下空间也许算不上贯穿城市的“生活之河”，但它们应该成为能为这条大河注入生机的主要支流。

不过，所有这些都应注意一点，即我们在规划地下空间的时候，需要保持地上与地下生活的平衡。正如怀特所说：“天桥和地下广场带来的最大问题，不是它们难以发挥作用，恰恰是它们的作用发挥得太好了。”因此，我们对地下空间的规划设计，应力求使地下空间成为以人为本的空间，成为令人喜爱的空间，从而增加城市的宜居性和包容性。

荷兰鹿特丹的贝尔斯通道下沉式购物步行街（Beurstraverse Sunken Shopping Street）就是这方面一个很好的案例。如图 7-1 所示，它的设计融合了两种自然而然就会让人联想到地面的要素，即树与水。我们在第 4.3 节中已指出，贝尔斯通道的布置规划是按地面街道的理念设计的，因此它的开放性不受商店营业时间或地铁运营时间的影响。看看图中的孩子们，他们显然都很喜爱这种突然冒出又突然消失的水景。水景把这条下沉式购物步行街变成了一处纯粹的休闲娱乐之地，一个你想要身临其中的地方。你可能会应孩子们想看水景的请求而绕道来这条步行街逛逛，这就像快餐连锁店或北欧家具店的游乐场那样，为的就是吸引孩子，在孩子玩耍的同时，让陪同的家长买买东西。在这个案例中，我们需要看到的一点是，通过加入一些直观的景饰，就能将一条普普通通的功能性通道变成公共空间，为城市肌理增色。怀特认为，种植树木是增加空间宜居性的最佳方式之一。研究表明，绿化的缺失通常会对城市健康产生不良影响。

李等人（Lee et al.，2017 年）已注意到“地下空间难以与自然产生联系”这个问题：“在地下结构的设计中融入绿化，就可弥补地下空间在与自然接触方面的缺失。这样的措施能同时改善地下社区的‘身心’健康。”

a）

b）

图 7-1　鹿特丹贝尔斯通道 [图片 a）来自 G. Lanting，经 CC BY-SA 4.0 许可转载；图片 b）来自 Tom de Rooij]

树木是增加地下空间宜居性的一个重要因素，这还可从一种悠久的传统做法中看出，即人们往往会在窑洞的院子里种上一棵树（见第 3.1 节，图 3-1）。

纽约市的大都会运输署（Metropolitan Transportation Authority）有一个名为“艺术促进交通”（Arts for Transit）的扩展项目。怀特（Whyte，1988 年）将其视作“城市之墙”（City Walls）项目的衍生项目。“城市之墙”项目是在多里斯·弗里德曼（Doris Freedman）的热情推动下诞生的，由此还促成了之后的“百分比艺术”（Percent for Art)项目。怀特就“艺术促进交通”和“纽约之下的音乐”（Music Under New York）等项目的设立，如何支持了“要让纽约地铁变得更好”这一提法做出了评论：“虽然地铁实际上正在变得越来越好，但这还不够，必须要让人们也觉得地铁在变好才行。”在我们看来，这种观念可能是启动这些项目的主要原因，但这些项目对地下空间的作用要远大于此。地表之下的艺术不仅是为了吸引人们，也是为了摒弃维多利亚时代产生的单一功能廊道理念。让艺术家参与提升地下空间宜居性，本身也就利用了地下空间固有的一项特征：地下空间拥有能够充当创意艺术画布的空白墙壁（图 7-2）。在墙上进行创作的传统可追溯到早期洞穴壁画，处于早期文明的人类发现，他们可通过在地下避难之地的墙上留下图像来表达自己的所思所想。“空白画布”特征是地下空间与地下建筑之间最大的区别，因为在地下建筑中为了取得与地面的通透性，需要使用玻璃，所以也就几乎没有空间来悬挂绘画或其他装饰物了。

李等人（Lee et al.，2017 年）谈论了使用地下空间时出现的“把控感的缺失”（lack of control）。地下空间缺少使空间具有可识别性且一目了然的标志特征，这就不仅为寻路造成了阻碍，而且还导致人们普遍感到对自己的旅程没有把控。哪怕只是从这个原因出发，我们也应在地下空间创造出与众不同的特征，提供明显的提示标志，并增加地下空间的趣味性，而不是像我们在第 4.4 节中所指出的那样，对沿线所有车站均采用整齐划一的设计。

斯德哥尔摩公共交通公司（Storstockholms Lokaltrafik，2017 年）进一步证实了艺术在这方面发挥的积极作用：

图 7-2　Sarah Sze 为纽约第二大道地铁线东 96 街车站设计的景观蓝图（图片来自 João Romão）

艺术让车站在感观上变得更漂亮，也更安全了。艺术使进入地下空间的旅途不再只是两地间的交通往返。而且，艺术的重要性还体现在它能赋予每个车站独有的身份特征，从而让人们在交通网络中更容易定位寻路。我们还相信，艺术将有助于减少犯罪伤害和对公物的破坏。

斯德哥尔摩地铁是一个世界级的案例，可证明艺术如何从“外观和感觉”入手，彻底改变一套现代高效的交通系统（图 7-3）。自 19 世纪以来，瑞典社会上一直在争论如何让艺术公开化，让更多的人接触到艺术，而不是把艺术关在舒适的沙龙里，供少数幸运儿享用。由此，莫斯科地铁被瑞典人奉为圭臬，虽然他们认为莫斯科地铁的艺术和设计有些“过于宏伟”了。在 20 世纪 50 年代，瑞典艺术家维拉•尼尔森（Vera Nilsson）和西利•德克特（Siri Derkert）发起了一场运动，推动了斯德哥尔摩市议会通过决议，让艺术走进地铁 [斯德哥尔摩公共交通公司（Storstockholms

图 7-3　地铁中央站，瑞典斯德哥尔摩（图片来自 Steph McGlenchy，经 CC BY 2.0 许可转载）

Lokaltrafik），2017 年]。

1957 年，地铁中央站（T-Centralen）成为第一个拥抱艺术的车站，而为此举行的艺术竞赛则是在前一年启动的。竞赛之前，有许多关于艺术家、建筑师和工程师如何展开合作的讨论。但到了要将讨论中的设想付诸实践时，时间已所剩无几了。尽管 12 位获胜艺术家的作品在车站中得到了展示，但这些作品并未融入地铁设计之中，所呈现出来的效果与许多参与其事者所预想的相差甚远。

但今天，斯德哥尔摩公共交通公司则可以自豪地说，他们打造了世界最长的地下博物馆。他们为城市创造了庞大的文化遗产，也为我们提供了宝贵的洞见，即“将艺术融入设计”是创造独特地下空间的首要条件。

既然斯德哥尔摩以莫斯科为榜样，我们也就需要提供更多的背景资料，来看一看莫斯科地铁的宏伟设计是受了什么因素的启发。凯特灵（Kettering，2000 年）指出，莫斯科地铁是以社会主义的方式，一反西方沉闷、乏味和整齐划一的地铁系统设计。1935 年 5 月 15 日，莫斯科地铁第一条线路开通，Metrostroi 地铁公司负责人拉扎尔 • 卡冈诺维奇（Lazar Kaganovich）发表演讲，阐明了他的观点：

他向欢呼的人群宣称，资本主义国家的地铁是为了创造最高的利润，因此地铁站的内部是单调的、肮脏的、昏暗的，总的来说就是个“地窖”。他认为，这种阴暗的气氛，绝不可能让伦敦或纽约的工人在结束漫长一天的工作后得到休息，反而会让这些可怜的无产者更加疲惫不堪。相反，在社会主义国家里，由于更多考虑工人的利益，政府自然会选择建造更多华丽的、因而也更昂贵的建筑。这样不仅能保证民众的便利，而且还能保证“宫殿式”的建筑创造出欢乐和幸福的感觉，也就是俄语里的“zhizneradostnost”。

正是卡冈诺维奇下令要让莫斯科地铁的每个车站都拥有独特外观。凯特灵指出，除了希望压过西方设计之外，莫斯科地铁的设计还有一个实际目的：“要让即使是不识字的乘客，也能透过地铁车厢的车窗立即辨认出车站。而如果想为旅客带来一种‘正在穿过一系列宏伟且装饰富丽的画廊’的感觉，车站之间的差异性就显得至关重要了。”

除此以外，这些宏伟的设计也达到了宣传目的，直接用宏伟的外观营造出了一种氛围，抵消了身处地下的负面感受。“如果在莫斯科的地下能创造出那种宏伟的感觉，那么地铁内部就将成为另一个彰显苏联人实力的场地：苏联人能克服和改变任何自然力量，无论是黑暗、潮湿、寒冷还是冰冻的大地 [凯特灵（Kettering），2000 年]。”

这也表明，从一开始，苏联人就花了很大的力气确保车站内的照明能营造出一种日光的感觉。实现这一目的所采用的方法是建造天花板极高的大厅并在地上铺设大理石地板：“此外，苏联的规划者还进行了数学计算，以确保大理石折射的光线亮度符合预期 [凯特灵（Kettering），2000 年]。”除了专注于照明外，莫斯科地铁还安装了通风系统，能在每小时内对车站空气进行 8 ～ 9 次换气清洁。

当时，共青团（Komsomol）（现称为Komsomolskaya）站被认为是地铁设计者的巅峰之作（图 7-4）。该站被授予了斯大林奖，“车站的内部装饰是按‘胜利大厅’构设的，为的是纪念俄罗斯和苏联以前抗击侵略者所取得的各种胜利”[凯特灵（Kettering），2000 年]。

图 7-4　莫斯科地铁共青团站（图片来自 Tim Adams，经 CC BY 2.0 许可转载）

尽管现在回想起来，我们可能会对建造这些苏联地铁站背后的理由感到惊讶。但有一点是显而易见的，即就算是在20世纪上半叶，规划师、建筑师和工程师也能合作创造出对使用者具有吸引力的地下空间设计。这为我们提供了宝贵的历史经验。

但话说回来，决定地下空间内部设计最终面貌的，有时是更加实际的理由。海牙市中心大市场购物街（Grote Marktstraat）的下方，建成了一座地下综合体。综合体由荷兰建筑师本·范伯克尔（Ben van Berkel）设计，名为“The Souterrain”。综合体包含了一条电车隧道、一个地下停车场以及数条连接附近商店地下室的廊道。在施工过程中，由于建筑基坑被水淹没，项目遭遇工期延期，面临时间和成本的双重“超支”。为降低成本，设计师决定不使用预制混凝土板去覆盖土质墙体。在最终设计中，裸露的土质墙体带来的缺憾被铺设在站台上的木制地板巧妙地弥补了。设计在整体上营造出了一种洞穴的氛围，为这一地下空间创造了一种独具特色的环境（图7-5）。

图7-5　荷兰海牙 The Souterrain 地下综合体

借用怀特（Whyte，1988年）的话来说，即是无论出于什么原因建造地下空间，都没有必要让地下空间显得沉闷和乏味。我们的挑战是如何才能创建出令人喜爱的空间，使其受到空间使用者的欣赏，并为空间使用者营造“快乐和幸福的感觉”。

7.2 舒适空间

在上一节中，我们讨论了城市对那种令人喜爱的空间的需求，以及地下空间怎样才能帮助城市满足这一需求。我们认为，主动建设令人喜爱的空间是一种正面积极的方法，不应总是想着要人们去克服对地下空间的负面联想。

李等人（Lee et al.，2017 年）指出了在地下空间利用方面需处理的一些问题，以及解决这些问题的方式（表 7-1）。

潜在问题和可能的解决方案　表 7-1

问　　题	解 决 方 案
隔绝感	■ 增加过渡连接 ■ 引入自然光 ■ 中间空间
把控感缺失	■ 强化地标 ■ 绿化
负面联想	■ 强调隐私和安全 ■ 增加高端用途
安全感	■ 增加监控 ■ 改进可见性

卡莫迪和斯特林（Carmody and Sterling，1993 年）则制订了地下建筑布局和空间配置的基本设计目标。

- 创造易于理解的内部布局，强化导向性及紧急出口布置。
- 通过空间布置，在建筑内营造鲜明的区域形象，弥补室外形象的缺失。
- 做好布局和空间配置规划，尽力创造一个具有冲击力的多样化室内环境，以弥补无窗环境的缺憾。同时，要从占用设施的人以及通过设施的人的角度出发，来创造一个能带来感官刺激的环境。
- 尽可能提供室内与室外环境之间的视觉联系。
- 通过空间布置和建筑动线，尽可能打造延伸的室内景观，以提升设施的空间宽敞度。
- 精心设计每一处空间，通过操纵空间大小和形状来提升空间宽敞度。
- 空间布置应尽量保护隐私。

这些作者的观点是，人们天生倾向于拒绝使用地下空间，只有当地下空间具有足够吸引力的时候，或者克服了原初的限制后，人们才会一用。但怀特（Whyte，1988 年）却持相反观点：“人们将会适应地下空间。

这就像沙拉吧里的人造蓝纹奶酪调料那样，一旦你习惯了这种调料，就不会对真的奶酪感兴趣了。”他最担心的是，人们会习惯沉闷但高效的空间。我们认为，只要在“利用地下空间”这一选择是必须的，或是最有说服力的情况下，怀特的担心就是对的。因为如果除了选择地下交通之外，再没有其他真正可行的选择，那么选择就会受限制，人们只好去接受和习惯。在这方面，怀特的说法是有道理的。正如人们可能会对进入地下产生抑制心理，也是有道理的。

人们害怕很多东西，尤其是未知的东西。普费弗和萨兰西克（Pfeffer and Salancik，1978年）曾描述过人类有倾向于减少不确定感的基本本能。他们用资源依赖理论表明，无论任何情况下，只要人或组织变得相互依赖，这种相互依赖就源于不确定感。不确定感会使双方都产生减少不确定性的意愿。其中一种方法是提供充足的信息。而不确定感如果始终存在，就终会演变成恐惧，引起情绪反应。以坐飞机为例，有许多人喜欢坐飞机，有部分人又害怕坐飞机，而还有一类人，则是在坐飞机的过程中遇到异常情况时会偶有片刻担忧。为此，航空公司会从驾驶舱或通过客舱工作人员进行公共广播，解释正在发生的事情。此外，一块简单的能显示世界地图上这趟航班航线信息及其他信息的屏幕，也能让旅客感到安心。正是信息的缺乏才引起了焦虑，而提供航班信息则有助于减少不确定感，即便旅客对航班本身没有实际控制权。这种感知上的缺乏把控，才是真正的心理抑制因素 [李（Lee）等，2017年]。

就地下空间而言，我们需要区分它可以采取的各种形式。并不是所有的地下空间都是完全被土层覆盖的，像是在为《印第安纳琼斯》电影挑选最佳场景时，只有死硬派的洞穴学者才会钟爱使用的黑漆漆的洞穴那样。也没有必要把地下空间设计得毫无吸引力，让人一进入地下空间就不由自主地想掉头离开。

我们在前面的章节中已经看到了很多漂亮美观的地下空间实例，这些地下空间通过精心设计，变得非常吸引人，能够为使用者提供独特的“用户体验”。从很多方面来看，地下空间给建筑师和艺术家带来了一个挑战，即如何与大地合作，塑造并构筑地下建筑。在这一点上，多米尼克·佩罗（Dominque Perrault）从同行中脱颖而出。在一次采访中，当被问及地下有什么让他着迷的地方时，他答道 [施泰纳100年（100 Years Steiner），2017年]：

简单地说，想要增加建筑密度，你

不仅可以向上走，还可以向下走。向下修建的时候，传统的建筑将会消失，从而为绿地和公共空间留出了空间。利用森林中的山谷或空地，可以让建筑再次回到舞台的中心，就像我们在2008年完工的首尔女子大学那样。如此一来，日光就会到达地下。而地下建筑在能源方面则能带来好处。地下空间可以使空间内的事物在夏天保持凉爽，在冬天保持温暖。这就使得首尔女子大学的能源成本降低了60%。

如图7-6所示，首尔女子大学的设计思路，不仅是要建造容纳这座大学的地下建筑，更是要在其周围和其内部打造宏伟的公共空间。正是这种“虚空”概念成为整个设计的基调，给整个设计带来逻辑，将周围建筑凝聚了起来。正如佩罗（Perrault，2016年）所阐释的：“虚空之所以具有吸引力，不仅在于裂口两边项目各类元素分布美观，而且还在于它产生了一个新的公共空间，一个能让整座大学重回中心位置的焦点，就像磁铁一样让周围既有建筑在其两极排列。”

这个设计是经过深思熟虑的，最终呈现的效果不会让任何人产生身处地下的感觉。而该项目本身就是一座外形漂亮的建筑，且让人感到舒适，因为建筑内日照采光充足，消除了身处地下的感觉。在这一点上，它可以和阿纳姆地下学校的设计相提并论。在后一案例中，人们甚至发现照射进学校的日光太多了，有时不得不对光照度进行调控。这两个案例都表明，如将地下空间和地下建筑设计成以人为本的舒适空间，许多可能会阻碍人们使用地下空间的问题就能迎刃而解了。

日光是营造舒适空间所需的重要设计手段之一。但自然光并不是每时每刻都有的，因为可能存在设计阻碍光线进入的情况，也可能存在空间外面本就很暗的情况。在任一种情况下，都需解决照明问题，这包括自然光照明和人工照明。

凯特灵（Kettering，2000年）在她关于莫斯科地铁的文章中指出：

纵观莫斯科地铁的历史，照明领域是设计师们展示其顶尖聪明才智的舞台。尽管有些地铁站依赖于超大吊灯，但大多数地铁站都采用了巧妙的解决方案，在创造室内强照明环境的同时，还能使光线形成漫射。例如，在获得1944年斯大林奖的三号线发电厂站（Elektrozavodskaia）中，数以百计的灯具被安置在狭小的凹壁空间内，从而形成了均匀的漫射，将阴影缩到最小，仿

图 7-6　韩国首尔女子大学（©André Morin/ 多米尼克 • 佩罗建筑事务所 /Adagp 版权所有）

佛是在正午时分……在二号线的迪纳摩站（Dynamo 或 Dinamo）……一些照明设备被布置在了薄薄的彩色大理石板后，而这些大理石板又是用来贴在内墙和柱面上的。当光线透过大理石投射出来，就会变成浓烈的漫射金光，洒落到那些瓷质圆形饰物（Elena Ianson-Manizer 创作的纪念性作品，描绘了诸多运动员形象）的釉面上……为了保持这种魔幻般的氛围，每天地铁停运后，一大群工人要从凌晨 1 点忙到凌晨 5 点，辛苦地擦拭大理石和青铜，清洁地板，为灯具和覆盖通风井的筛网除尘，更换灯泡，甚至在必要时更换大理石面板。

如图 7-7 所示，建筑师特意将“摩地大楼”设计成倒金字塔，就是为了最大限度地让日光进入建筑内。设计师们自己的说法如下（BNKR Arquitectura 建筑师事务所，2011 年）：

除了项目本身在结构上的挑战之外，非常重要的一点是，我们要设计一些系统，让人们接受地下生活。这之中，就包括解决底部楼层自然光需求的系统。我们需要在这些楼层建立一套光纤照明系统，确保即便在最深处也能有自然光照射。我们希望通过创造一个舒适的地下环境，可以让持怀疑态度的人相信我们的方案是可行的。

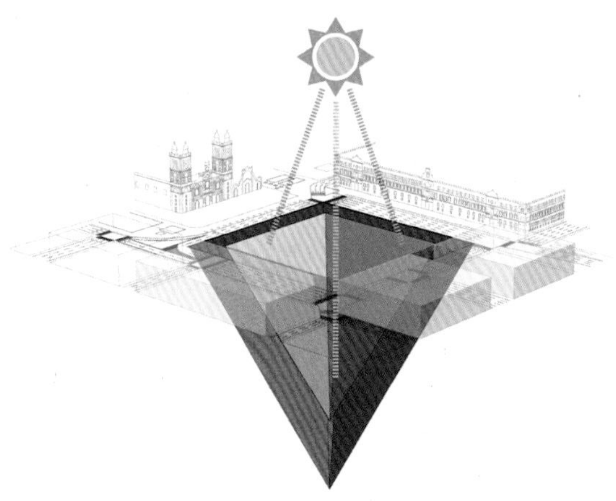

图 7-7　摩地大楼的概念是最大限度确保日光进入（图片来自 BNKR Arquitectura 建筑师事务所）

使用光纤是一个有趣的建议。而旨在将日光引入纽约某一旧地下电车车辆段的方案，则采取了另一种方式来实现同样的目的。低线公园项目（Lowline Project）的目标是将电车终点站变成地下公园，为下东区提供急需的绿化公共空间。日光是实现这一目标的关键，因为日光才能刺激地表下植物的生长。前美国国家航天局工程师詹姆斯·拉姆齐（James Ramsey）是该项目的创始人之一，他制定了一个基于卫星技术的解决方案，将日光引入了完全封闭的空间。2015 年 2 月至 2017 年 2 月，低线公园实验室演示了相关概念验证过程，通过构建的一个模拟模型证明和研究了此项方案的可行性（低线公园，2017 年）（图 7-8）：

图 7-8　利用光纤将日光引入地下，确保植物生长的最大日照量（图片来自 Zerae123，经 CC BY-SA 4.0 许可转载）

联合创始人詹姆斯·拉姆齐和他在 Raad Studio 的团队与韩国技术公司 Sunportal 一起设计并安装了相关光学设备。这些设备每天每时每刻都会在整个天空中追踪太阳的行动轨迹，并优化所能捕捉到的自然阳光量。然后，再通过一系列保护管将阳光分配到“仓库”，这也就将全光谱光引进了一个中央分配点。最后，工程师爱德·雅各布斯（Ed Jacobs）设计并建造的太阳能棚就能将阳光分散到整个空间，同时还能对阳光进行调节和调控，从而为维持下方植物的蓬勃生长提供至关重要的光照。

以上所用技术的有趣之处在于，通过特殊设计和光纤运用，均能达到同样目的。这说明日光可以穿透它在自然条件下所无法进入的空间。如果应用于地下空间设计，相关技术最终将取得突破性成果。

人工照明在地下也能起到它在地上所起到的作用。在没有日光的情况下，就需要使用人工照明来营造适宜的环境氛围，不论环境主题是交通、购物、娱乐、工作还是生活。现代 LED 技术可满足这一需求，甚至还可在地下建筑所特有的空白画布上投射图像，显示地面影像，从而既使地下与地面建立感官上的联系，又在地下导航方面起到帮助作用。荷兰阿姆斯特丹市大型地下空间综合体 AMFORA 项目的方案中就采用了这种设计（见第 4.4 节）。

对于地下空间和地下建筑而言，气候控制也至关重要，这将有助于营造舒适的环境。从佩罗的话里我们可以看到，地球有一固有特质，即存在于浅层地下的恒定温度，天然就具备使地下空间内部温度保持恒定的能力。这意味着，为地下设施供暖供冷所需的能量相对较少。另外，由于没有自然通风，需要借助主动的人工通风来使地下空间内的空气得到更新循环。不过，据前文案例来看，借助直通地面的竖井所产生的自然通风也能实现这一目的，而竖井还能兼作日光的导入口。

通过设计来创造一个自然的通风流，将降低对机械通风的依赖。下一节我们还将看到，通风在火灾中的烟雾控制方面也能发挥重要作用。

在一项关于气候控制的研究中，布勒斯格拉夫等人（Blesgraaf et al.，1999 年）得出了以下结论：外界气候条件对地下建筑物影响微乎其微。真正能影响地下空间内部气候的，是当地地质环境。实际建造在地下水位以下的建筑，与建造在黏土等透水性较弱的土壤层中的建筑，两者之间是有区别的。对于第一种情况，布勒斯格拉夫等人发现，湿度可能是需要处理的首要因素。对于第二种情况，我们从伦敦地铁的案例中看到，随着时间的推移，地下系统内部产生的热量会散失到土壤中，从而改变土壤的特性（见第 5.2 节）。

有趣的是，布勒斯格拉夫等人提到，在研究气候控制时，需考虑地下建筑的空间设计。图 7-9 显示了气候方面的要求如何影响地下建筑内部的用途分布。

此外，布勒斯格拉夫等人还指出了地源热泵的使用问题。他们观察到，虽然这可能是一种为地下建筑供暖供冷的优良方式，但需注意确保建筑周围的土壤始终属于需要供暖供冷的能量体的一部分。建筑物的外皮越薄，这种要求就越适用。将这种形式的供暖供冷与地上建筑结合使用，是很好的组合方式。在一年中的大部分时间里，与地上建筑相比，地下建筑可能更需要供冷。冷却水能从地下建筑中抽取热量，之后就能给地上建筑供暖，而供暖完成后又能再返回到地下用于供冷。

万・德・沃尔登（Van der Voorden，1999

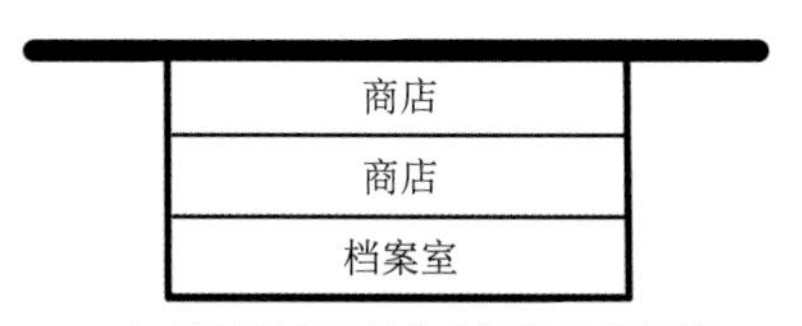

a）需要恒定气候的空间位于最低层

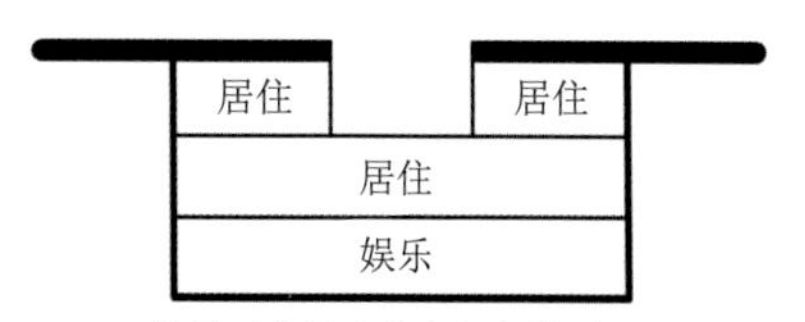

b）热量要求最高的空间紧挨地面之下

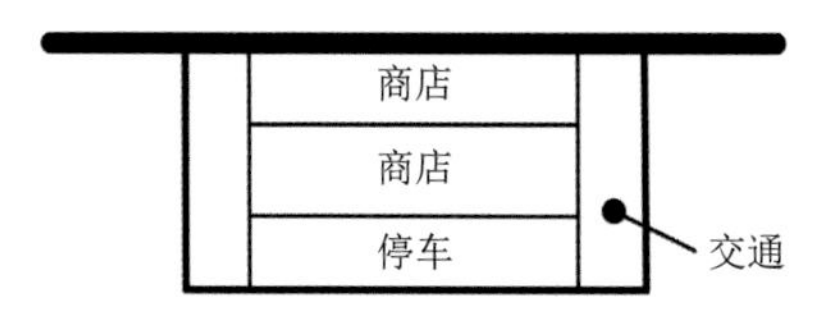

c）气候要求较低的空间作为缓冲

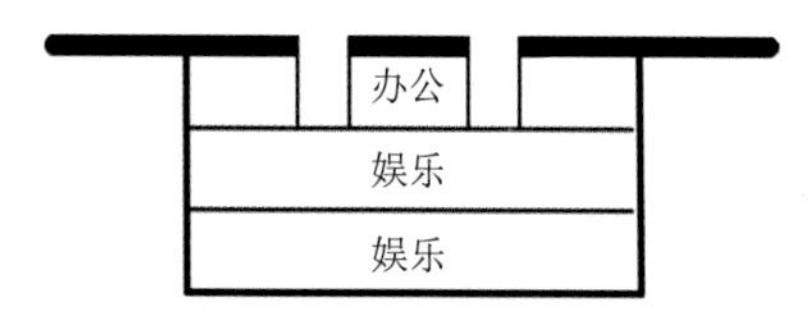

d）有直接照明要求的空间紧挨地面之下

图 7-9　气候要求与建筑布局的关系

年）指出，从建筑工程物理学的角度来看，上述几个方面应结合起来进行综合考虑。当谈及日光导入时，我们需考虑到，这同样与热量直接相关。正如我们之前在阿纳姆地下学校的案例中所看到的那样，玻璃天花板的中庭方案虽能让阳光得以进入地下建筑，但这一方案也会带来建筑受热升温的直接影响。在研究气候控制时需考虑到这一点。而如果要让日光尽可能深地照射进地下建筑，就需要一些具有一定透明度的连接空间。但这种对通透性的需求却可能造成声学方面的难题，即噪声从一个空间过滤到另一个空间的问题。地下建筑的声学问题是需专门考虑的，因为与地上建筑相比，外界的噪声不太可能穿透地下，因此地下建筑就可能会显得太过安静。除了光与声学的复合式问题外，还需考虑通风与声学的复合式问题。让外部空气进入地下建筑的同时，外部的环境噪声也会随之进入地下建筑。而机械通风设备本身也是一种噪声源。这两方面都需要考虑到，特别是要结合地下建筑固有的安静特性进行综合考虑。同时，也需考虑湿度与通风以及湿度与热量的复合式问题。正如万•德•沃尔登所指出的，就地下建筑而言，无论是通风还是供暖过程，都会产生湿度。因此，与地上建筑相较，地下建筑更需关注湿度问题。

创造舒适的地下空间其实与创造舒适的地上空间没有太大区别。无论是地下空间还是地下建筑，均需特别注意地下气候控制。由于地下建筑物部分或全部被土壤封闭，还需注意总的能量体，而不仅仅是建筑本身的墙和地板。在岩体内部建造的空间，又是另一种情况，因为这样的空间没有墙体——岩体本身就是墙体。但即便是这种情况，上述的主要观点仍然适用，特别是在湿度控制方面。

7.3 安全和可靠的空间

我们在本节开始时就明确指出，地下空间和建筑的安全和可靠程度，并不小于地上的空间和建筑。然而，地下空间和建筑又有一些具体的特点需额外注意。其中一个特点是，虽然地下建筑的紧急出口与任何建筑一样也需通往地面，但在地下建筑中，紧急出口的路线与烟雾传播的方向是一致的。而在高层建筑中则相反，烟雾向上传播，人员向下疏散，这样一来人员就能远离烟雾。为了从更全面的角度去审视“打造安全和可靠的空间”这一题目，我们将探讨物理安全、公共安全、外部安全以及安保问题。

我们将物理安全措施定义为：在正常运转之外的意外情况下，为确保人们能够安全地离开地下空间而采取的所有措施。我们需探讨的事件有两类，即火灾和过度拥挤。

处理火灾是一个重要的考虑因素，因为地下建筑中的烟雾传播需要有效控制，以保证在不接触烟雾的情况下人们能到达紧急出口。这种烟雾控制与地上建筑的烟雾控制一样，需要进行防火分区，并使用防烟幕、机械通风和无烟应急逃生通道。主要策略是防止烟雾从一个隔间窜到另一个隔间，同时要利用超压通风保持应急逃生通道不受烟雾侵袭。烟雾控制需考虑设施本身存在的自然空气流动，因为这样的空气流动会将烟雾带向地面。而如果没有空气流动，烟雾则会沿着天花板传播，直至冷却、扩散，充满整个隔间。

在地下停车场，通常采用的是另一种策略，即使用喷淋装置或水雾系统（固定消防系统），以确保火势不再扩大或蔓延，并同时控制烟雾。这些系统能为民用建筑提供火灾防护，许多国家强制要求地下停车场安装这些类型的系统。

还需要考虑的是，应急和救援服务如何进入地下设施。事实上，不仅仅是消防员需要应急通道，医疗急救小组也需要使用这些路线来接近伤员，并将伤员用担架抬出。如果建筑物是深埋在地表以下的，那么水的供应也是必须考虑的问题，虽然地下建筑供水与高层建筑供水在概念层面并无差别。

地下购物广场在任何时候都会有大量的人群聚集其中。在某些情况下，人群控制会成为一个难题，特别是在需要进行疏散的时候。不过，地下建筑与地面设施在人群控制方面同样并无不同，只是疏散时“上行”比“下行”更费力。

无论是正常运转的情况还是紧急情况，导向系统都是一项重要因素。在地下空间和建筑中寻路与人们在地上的移动不同。由于没有具体地标，且无法透过窗户观察外面情况从而确定自己的位置，在地下寻路更为困难。

在第4.4节中，我们探讨了标识牌在导向方面的重要性。贝朗格（Bélanger，2007年）已指出，商业标识牌（通常会分散人们的注意力）和导向系统方案设计的标识（目的是引导人流穿过设施）之间需取得平衡。正如负责阿姆斯特丹史基浦机场导向系统概念与设计的保罗·米杰克森纳尔（Paul Mijksenaar）所言：“导向系统就是要为人们提供便利。导向系统要在提供方向、信息和路线导航等方面取得恰当平衡，让使用者找到自己要找的路。”

在他看来，导向系统方案的优劣取决于

五个“C”，即“全面性（comprehensiveness）、清晰性（clarity）、一致性（consistency）、显眼性（conspicuous）和易记性（catchy）”（米杰克森纳尔，2017 年 a）。史基浦机场的方案基于在航站楼内往返于登机口的乘客人流，以及乘客可能会使用的卫生间、购物商店或用餐地等中间停歇点。这一概念主要运用了一套简单明了的色彩方案（图 7-10）。“在史基浦机场，不同的颜色对应不同类型的信息。例如，黄色标识用于提供航班进港和离港信息，蓝色标识用于指示购物和餐厅 / 咖啡厅设施，烟灰色对应等候区，绿色则对应逃生路线（米杰克森纳尔，2017 年 b）。”

在研究地下空间安全问题时，还需考虑一类地下空间的特殊使用者——行动不便的人也会使用地下设施，特别是那些与交通基础设施相结合的地下设施。如遇紧急疏散，必须注意应有安保人员在场，协助行动不便的人撤往紧急出口。

有意思的一点是，史基浦机场的导向方案可与法国巴黎大堂购物中心所使用的导向方案相媲美（图 7-11）。

为创造更安全的公园和开放空间，多伦多公园、林业和娱乐部（Toronto Parks and Recreation）制定了一份指南——《公共空间项目指南》（*Project for Public Spaces*，2009 年）。该指南指出：

> 公园设计能够直接影响人们对安全性的认知以及使用空间的意愿。在公园使用者看来，与高风险环境相关联的物理特征包括：
>
> - 照明不良；
> - 布局混乱；

图 7-10　史基浦机场导向系统的色彩方案采用极富特色的 Frutiger 字体（©Mijksenaar-mijksenaar.com）

图 7-11　法国巴黎新近修缮的巴黎大堂（Forum des Halles）购物中心的导向标识牌

- 实体环境和听觉环境有隔绝感；
- 能见度低；
- 无处寻获帮助；
- 存在隐蔽区域；
- 维护不善；
- 存在蓄意破坏公物现象；
- 有“不良分子”出没。

我们发现，影响公园安全感的因素，也同样适用于地下空间，无论是地下商场还是地下车站。除已讨论过的这些问题外，“存在隐蔽区域”“无处寻获帮助”以及“有‘不良分子’出没”都是还需我们予以解决的问题（见第7.2节，表7-1）。通常情况下，地下空间包含有柱子或支柱。设计时，需要保证这些柱子不会形成隐蔽区域。海牙的拉克哈文（Laakhaven）地下停车场就是这方面的一个优秀案例（图7-12）。该地下停车场并未采用传统的直柱，而是让柱子倾斜，从而使人无法藏匿。

另一种方法则是限制柱子的使用，营造明亮通透的氛围，瑞士苏黎世的Sechseläutenplatz地下停车场就即采用了这种做法（图7-13）。

而地下火车站台的“隐蔽区域”也同样让人望而生畏。为确保旅客间最大限度的目光接触，鹿特丹Blaak火车站在分隔月台的墙上凿出了大洞，从而减少了旅客的幽闭感（图7-14）。

“无处寻获帮助”是另一个需考虑的问题。应急点需易于进入，以便能够与设施运营商或安全控制室取得联系。荷兰巴伦德雷赫特（Barendrecht）附近的第二海涅诺德隧

图7-12　荷兰海牙的拉克哈文地下停车场（图片来自Joeri van Beek/Atelier Pro建筑事务所）

图7-13　瑞士苏黎世的Sechseläutenplatz地下停车场（©Michael Erik Haug版权所有）

图 7-14　荷兰鹿特丹 Blaak 火车站

道（Second Heinenoord Tunnel）设有供骑自行车者和行人使用的专门隧道。该隧道有时使用量较高，有时里面则可能仅有一两个骑自行车的人。鉴于隧道使用频率不高，持续的闭路电视监控便毫无意义。于是，相关方决定使用智能闭路电视系统。该系统能在侦测到物体停止移动时触发警报。也就是说，如果有行人在隧道内静止不动或骑自行车的人摔倒了，无法到达应急点，闭路电视侦测到后就会触发警报。然后，运营方即可使用公共广播系统与隧道使用者取得联系。这项方案的出现令当地社区十分满意，因为公共安全问题已被妥善解决，隧道在使用过程中也变得安全可靠。

在公共空间出现不良分子，会让其他使用者感到恐惧。在讨论多伦多 PATH 系统时（见第 4.4 节），我们看到，私营商有权决定哪些人可以进入系统，以及是否使用安保人员。这种“权力”被视作一种需予以解决的动态特性方面的问题。不过，如果地下空间要成为城市肌理的一部分，地下空间之中就需要包含公共空间。而根据公共空间的定义，这些空间是对所有人都开放的。

怀特（Whyte，1988 年）就这方面谈得格外清楚，他在书中用了整整一章的篇幅来探讨不良分子问题：“不良分子本身并不构成太大的问题。构成问题的是，为打击不良分子所采取的那些做法。”在他看来，建立在不信任基础上的防御性设计，最终获得的效果大多是“怕什么来什么”——这种设计反倒吸引了不良分子，而对其他人则没有吸引力。他的结论是：“除了少数例外，大多数中心商业区的广场和小公园，在人们使用的时候可说是最安全的地方。”

怀特对公共空间的看法是，如果公共空间具有吸引力，就会吸引人们去使用。而有越多的人经常光顾，不良分子使用公共空间的机会就越少，因为不良分子喜欢人少僻静的地方。

若想在公共空间和地下空间获得安全感，就需要让空间内有人存在。我们把空间打造得越开放，完全异于那类分隔使用者的限制型空间，则空间吸引不良分子的可能性就越小。

到目前为止，我们已探讨了与地下空间或建筑有关的内部安全问题。这些安全问题都需从人们使用设施的角度来入手解决。而外部安全则是指地下设施遭遇紧急事件时，对周围环境可能产生的影响。

以高压气体输送管道为例，我们可以很明显看到，如果这些管道从社区附近穿越，就可能产生风险。为此，通常会有专门的法规要求进行风险分析，以证明这些管道在爆炸或泄漏方面不具有高风险性。反过来，在这些管道附近安装新设施，如风力机或风电场，则需对新设施进行相关评估，需降低涡轮机叶片断裂的可能性，以及断裂的叶片撞击管道导致泄漏或爆炸的可能性。

如果地下铁路线或车站允许危险品运输，也可能构成外部安全风险。而地铁线路被洪水淹没同样可能对其他区域造成影响，因为地铁系统此时就变成了一条大型的下水道，洪水将沿着线路从各个车站向外喷涌。

如果地下发生火灾，烟雾往往会从地下逸出并对地表造成副作用，轻则干扰交通，重则可能需对附近建筑物的人员进行疏散。如果发生危险品泄漏事件，情况也是如此。

外部安全方面在很大程度上是城市规划中的一环，因为这些安全因素需在规划各区域的具体用途时就予以考虑。这对地上和地下的规划来说都是适用的。特别是在思考分层规划的过程中，处理各地层具体用途的同时，还需要考虑外部安全问题，以避免潜在的级联效应（一个设施中的紧急事件也会引起其他设施出现紧急事件）。

而在外部安全方面，最极端的情况是地下结构的倒塌导致地上建筑的倒塌。因此，必须对结构部件施以被动和主动的火灾防护措施，从而防止此种情况发生。

现在，地下空间的安保问题正被越来越频繁地提起。地下交通系统一直是恐怖分子的袭击目标，从东京地铁的沙林毒气袭击事件（1995 年）到伦敦地铁爆炸事件（2005 年），以及最近的布鲁塞尔地铁事件（2016 年），无不是如此。各种问题中，最主要的一个是，我们是否需要采取考虑这些事件发生的额外措施？

从工程的角度来看，“安全”和“安保”是风险驱动的处理过程。两者的不同之处在于，应急管理方面，“安全”处理的是事件善后问题，而“安保”则更多是先发制人，因为安保基于信息分析，需对是否存在切实风险进行确认。大多数西方国家的恐怖主义风险级别很高，这本身即意味着人们需提高警惕。在火车站和机场，出现无人照看的散落行李，就足以让设施关闭封锁。至于专门针对地下设施的各种具体威胁，当局也需采取与风险成正比的应对措施，并且运营人员还需根据具体威胁启动相应的运营流程。安保响应的特点是信息驱动，目的是防止风险事件的发生。而一旦袭击事件发生，“安全”措施就应到位，防止事件进一步升级，应急救援流程也应启动。

从使用者的角度来看，闭路电视摄像机、应急点和安保人员等肉眼可见的安保措施，是足以让人产生安全感的。而额外的安保措施，如在入口处进行安检或让军警守卫，并不会提高安全感，反而会让使用者提心吊胆，觉得可能有风险事件发生。这类措施只有在经过长时间使用后，就像机场所做的那样，才会被人们接受，成为一种必要但具有干扰性的措施。从这个意义上来说，人们确实会适应各种环境，即使这些环境远非完美。

在我们看来，安保工作并不需要采取额外措施，如采用超出我们已提及范围的额外设备或设计。不过，安保工作确实需要地下空间的所有者和运营者与有关部门建立联系，通过制定具体的制度流程，为可能发生的事件做好准备。

运用这种方法的一个案例是荷兰的反恐警报系统。荷兰国家安全和反恐协调会（NCTV）负责管理和维护这一系统，该系统以多方合作为基础，包括安保和情报界、国家警察以及关键基础设施的业主和运营方之间的合作（NCTV，2017 年）。荷兰国家安全和反恐协调会将评估和确定国家通用威胁等级，并为各领域和对象分别进行具体定级。

将运用不同威胁等级的信息驱动型方法，与针对当局和运营方具体合作的制度流程相结合，即可确保能有效采取先发制人的措施（只有在升级到最高威胁等级时，这类措施才会使正常服务中断）。

从这个意义上说，地下空间和建筑是国家总体安保制度体系中涉及的一部分，是否被单独重点对待，并不取决于这些设施是否位于地下，而是取决于它们的具体用途或在国民经济中发挥的作用。在我们看来，这是一种合理的做法，即在有需要时才提供相应程度的安保，而不是把地下设施单独列出来，认为它们特别容易受到恐怖袭击，因此需要采取额外措施。

7.4 本章核心观点

我们在本章开篇讨论了威廉·怀特对地下空间的反对意见。他之所以对此大加批评，部分是因为随着地下广场的增多，地面街道数量日益减少。他担心地面街道的“沉闷化”发展会继续驱使人们使用地下购物广场，而地下购物广场本身并不具吸引力，且没有被当作公共空间来规划打造。

在创造地下空间时，我们主张创造令人喜爱的空间，从而为城市肌理增色，而不是减色。城市生活不应“转移”至地下，而应“延伸”至地下，借此为城市的生活之河——街道——创造有生机的支流。地下空间与地上空间并非竞争关系，地下空间是地上空间的补充，在某些方面甚至是地上空间不可或缺的一部分。

为了实现上述目标，地下空间需具有吸引力，以吸引人们去使用。而要做到这一点，就需在气候控制和照明等方面采取特定方法措施。此外，地下空间还必须是安全可靠的空间。在许多方面，适用于地上设施的安全法规同样适用于地下设施。鉴于地下的特殊情况，某些方面还予以更多关注，如火灾处理、紧急出口和应急通道。

我们看到，地下空间使用者的感受也很重要。把控感的缺失（被认为是使用地下设施的抑制因素）源自不确定性，而向使用者提供信息则可有效地减少这种缺失。在这方面，导向系统就变得极为重要，因为它为人们提供了关于他们身处何处以及如何到达目的地的信息。

安保通常被视为关键性问题。但我们认为，地下空间和建筑不需特殊对待，应当将其纳入适用于所有空间、建筑和基础设施的国家总体安保制度体系中考量。

遵循这种方式来开发地下空间和建筑，将为人们提供有价值的空间，而这样的空间将会成为城市肌理的重要组成部分，使城市肌理得到进一步强化。

本章参考文献

[1] ADMIRAAL H, CORNARO A. The impact of urban planning on the design and operation of stations and interchange hubs[G]//Studiengesellschaft für unterirdische Verkehrsanlagen. Forschung und Praxis, vol. 49. U-Verkehr und Unterirdisches Bauen. Cologne, Germany: Studiengesellschaft für unterirdische Verkehrsanlagen, 2017.

[2] BÉLANGER P. Underground landscape: The urbanism and infrastructure of Toronto’s downtown

pedestrian network[J]. Tunnelling and Underground Space Technology, 2007, 22: 272-292.
[3] BLESGRAAF P, SMIENK E, SPANGENBERG W, et al. Techniek van ondergrondse ruimten verkenning en oplossingsrichtingen[R]. Gouda, the Netherlands: Centrum Ondergronds Bouwen, 1999.
[4] BNKR Arquitectura. Stop: Keep Moving-An Oxymoronic Approach to Architecture[M]. Mexico City, Mexico: Arquine, 2011.
[5] CARMODY J, STERLING R. Underground Space Design[M]. New York, NY, USA: Van Nostrand Reinhold, 1993.
[6] KETTERING KL. An introduction to the design of the Moscow Metro in the Stalin period: 'the happiness of life underground' [J]. Studies in the Decorative Arts, 2000, 7(2): 2-20.
[7] LEE EH, CHRISTOPOULOS GI, KWOK KW, et al. A psychosocial approach to understanding underground spaces[J]. Frontiers in Psychology, 2017, 8: 452.
[8] Lowline[EB/OL]. (2017)[2017-11-14]. http://thelowline.org/lab/.
[9] MIJKSENAAR P. Less signs but better flows: how does wayfinding design improve the travel experience?[EB/OL]. (2017-06-15)[2017-11-14]. http://www.flowsmag.com/en/2017/06/15/less-signs-but-better-flows/.
[10] MIJKSENAAR P. A promise of happiness [EB/OL].(2017)[2017-11-14]. http://www.mijksenaar.com/project/amsterdam-airport-schiphol-2/.
[11] Netherlands National Coordinator for Security and Counterterrorism. The terrorist threat assessment: Netherlands versus the counterterrorism alert system[R/OL].(2017)[2017-11-14]. https://english.nctv.nl/organisation/ counterterrorism/TerroristThreatAssessmentNetherlands/TheTerrorist-Threat-Assessment-Netherlandsversus-the-Counterterrorism-Alert-system/index.aspx.
[12] PERRAULT D. Groundscapes: Other Topographies[M]. Orléans, France: HYX, 2016.
[13] PFEFFER J, SALANCIK GR. The External Control of Organizations: A Resource Dependence Perspective[M]. New York, NY, USA: Harper and Row, 1978.
[14] SL. Art walks[EB/OL]. (2017)[2017-11-14]. http://sl.se/en/eng-info/contact/art- walks/.
[15] 100 Years Steiner. Dominique Perrault[EB/OL]. (2017)[2017-11-14]. http://100yearssteiner.ch/partnersand-pioneers/dominique-perrault.
[16] Toronto Parks and Recreation. Planning, Designing and Maintaining Safer Parks[R/OL]. (2009)[2017-11-14]. https://www.pps.org/reference/what-role-can-design-play-increating-safer-parks/.
[17] VAN DER VOORDEN M. Bouwfysische knelpunten bij de realisatie van ondergrondse ruimten[R]. Gouda, the Netherlands: Centrum Ondergronds Bouwen, 1999.
[18] WHYTE WH. City: Rediscovering the Center[M]. Philadelphia, PA, USA: University of Pennsylvania Press, 1988.

第 8 章

地下空间利用相关治理与法律挑战

8.1 监管与洞察

关于地下空间利用方面优缺点的常规探讨，往往遵循同样的模式，且由三个不同问题组成。第一个问题是，我们为何非要利用地下空间？第二个问题是，利用地下空间可行吗？第三个问题，则经常作为反对这项“疯狂”方案的最后一道防线提出：土地所有权问题该如何解决？问出这个问题的人，通常会满脸笑意，仿佛在说：“你有本事就试试吧，看你怎么解决！”这些问题除了说明并不是每个人都热衷于使用地下空间，以及人们似乎对地下空间利用所涉及的问题有先入为主的看法外，还准确无误地抛出了治理和法律方面的挑战。在本章中，我们将对这些问题进行更深入的探讨。我们首先将看一看地下空间的监管问题，然后再讨论对土地所有权、责任、建筑规范和环境的法规管控。最后一节则将探讨地下空间利用的管理问题。

荷兰政府(2016年)已实施了一项名为“地下与地下空间”（Subsurface and Underground Spcae）的大型计划，这是他们对地下所发生的情况承担监管责任的一种努力。

地面以下正变得越来越拥挤。因此，当局需就“何处允许何种活动”做出选择。同时，当局可能还需就如何保护地下水做出决策，亦即当有新的“活动”出现在这些地方时，当局该如何去处理污染问题。如未考虑周全，这些决策是无法做出的。

该计划由三大主体部分组成。第一大主体部分是制定《地下空间规划愿景》（荷兰语：*Structuurvisie Ondergrond*，“STRONG”），这一战略的目的是促使国家层面就地下空间利用达成一致。第二大主体部分，则重在通过地方当局解决区域和地方一级的地下空间利用问题。在实践中，这似乎是一个合乎逻辑的步骤，因为地上的实际规划过程也遵循与规划当局责任范围相适应的规模尺度。但当涉及地下问题时，这种模式就失效了，因为出现了第三维度。在一轮又一轮广泛的公众咨询中，这一问题变得十分突出。由此，得出的结论是，《地下空间规划愿景》需将重点放在那些被认为涉及国家利益的地下利用相关领域和方面。而在区域和地方一级则需制定进一步的战略，在战略中要考虑到各级政府的具体职责，以及与其他各级政府的互动。在实践中，《地下空间规划愿景》主要关注的是地下深层、地下饮用水和（可再生）能源。第三大主体部分认可了以下主张，即需获取更多信息和数据来全面了解地下。为此，荷兰制定了一个新的研究计划，该计划与“基线地下空间数据登记库”（荷兰语：*Basisregistratie Ondergrond*，BRO）密切相关，后者是荷兰政府建立的总共 12 个数据登记库之一。这些数据登记库的目的是为未来决策提供开源数据。因此，这可看作是荷兰在实施源自欧盟空间信息基础设施（INSPIRE）计划的相关规定，而这一计划则旨在为欧盟的环境政策以及可能对环境产生影响的其他政策或活动建立空间数据“基础设施”。基线地下空间数据登记库将收集并吸纳所有与地下有关的数据，但这也仅限于地下深层的地质学、水文学和采矿活动方面的数据。而有关地下停车场、地下室、隧道或电缆和管道的数据，则将归入其他 11 个基线数据登记库的一个或多个之中。这样做的原因是鉴于地下空间已由议会的各种法案管辖，要制定新的立法，把地下空间作为一个独立体来对待就太过复杂了。

政府对地下的监管，不仅是为了规范地下空间利用，也是为了保护对地上生命而言至关重要的地下生态系统服务。荷兰案例表明，为此需采取一种综合全面的方法。而通过获取信息和数据以更好地了解地下，这本身就是一个持续的动态过程，因此需使之成为监管机制的一部分。荷兰的案例还表明，完全可以制定出一套能够纳入现有监管框架的方法。然而，这就需要各级政府和政策部门之间展开更多合作和协调对接，因为那套典型的与责任范围挂钩的规模层级划分法，在地下是行不通的。

8.2 土地所有权

《荷兰物流走廊》（*Dutch Logistics Corridors*）报告首次将管道运输算作一种运输方式 [荷兰基础设施与环境部（Netherlands Ministry of Infrastructure and Environment），2017 年]。之所以这样做，首先是基于管道在运输危险品方面为社会带来的巨大效益。这些效益包括，提供了任何其他运输方式都无法比拟的超强运输能力。其次，以这种形式运输危险品，本身就比其他方式更安全。因此，管道既有助于国民经济的发展，又能为社会带来更高安全水平。

纵观历史，这些类型的运输管道一直都建在地下，布置在专门建造的管廊中，采用规划的或协调出来的线形。在鹿特丹港与比利时安特卫普港之间有一条专用管廊，长80km，每年能在两港之间输送2.3亿t的石油、天然气、化学品和水。而如果靠卡车来运输同等体量的货物，则每日需有16000辆卡车往返于两个港口之间。一般来说，管道有一个最大的优点，即运输服务的连续性。由此，相隔许多公里的工业综合体才得以相互连接，仿佛形成了一个私人网络体。

该管廊为各管道所有者提供了铺设管道和运营管道所需的空间。当时，荷兰议会法案赋予了政府权力，使政府能够征收土地用以建设该管廊。而管廊的管理和维护则由专门设立的独立法律实体（基金会）来保障。由此，这条管廊就牢牢地“立”在了国家空间政策以及地方分区规划中。

此案例展现了一种获得地下空间开发所需土地的方式，即土地征收。在更深入地探讨这个问题之前，我们需先看看一般情况下地下所有权是如何管控的。地下所有权的管控法规依据可追溯到罗马法以及“土地上的附着物构成土地的一部分”原则（principle ‘superficies solo cedit’）。这一原则意味着，任何人如果拥有一块土地的所有权，同时也就拥有该土地上增加的任何东西。

到了中世纪，出现了第二条普遍遵循的法律原则，即“谁拥有土地，谁就拥有其上达天堂、下至地狱的所有”（‘cuius est solum, eius est usque ad coelum et ad inferos’）。正是这一原则，使物权法中所蕴含的普遍观念发生了变化，形成了土地所有权可向上和向下无限延伸的观念。

上述种种原则今天仍然适用，这即意味着，想要通过公法或民法开发地下空间，就必须建立不同于一般规则的例外规则。在前面的案例中，荷兰政府代表公共利益，行使了征收土地的法定权力，将土地所有权收归己有。这种强制征收必须落在法律条文上，并需满足一定条件。《欧洲人权公约（ECHR）》第8条规定，任何剥夺财产所有者权利的行为都必须符合法律规定，并应在民主社会中被认为是必要且适宜的。

《欧洲人权公约》始终要求土地的原持有人应获得财产损失补偿。英国通常以混合法案的形式为某一项目制定专门法规，其中就包括为项目征收土地的权力。以伦敦地铁伊丽莎白线［“横贯铁路”项目（Crossrail Project）］为例，《2008年横贯铁路法》（*Crossrail Act 2008*，英国政府，2008年）规定：

> 在《2008年横贯铁路法》通过后，内阁大臣可征收该法中提到的任何土地。尽管对土地征收有五年限制，但内阁大臣可将这一权力再延长5年。此外，《2008年横贯铁路法》通过后，私人通行权也将废除，但这些权利的损失必须得到补偿。

过去，托马斯（Thomas，1979年）、巴克尔（Barker，1991年）以及我们两人（Admiraal和Cornaro，2016年）都曾讨论过与地下空间利用相关的土地所有权原则。其中的一个结论是，多年来可以观察到一个趋势，即所有权范围的向上发展受到了限制。不仅是航空权，还有公寓大楼的建设，都在限制和约束地块共有所有权的向上发展。而同样的限制和约束，在向地下延伸时却并没有形成类似的趋势，仅是出现了一点苗头，即随着人们对地下的认识和了解的增加，人们开始意识到可能需要采用一种新的法律途径。

一般来说，征收权是一种限于公共机构的权力。荷兰的《采矿建设法》（*Mining Construction Act*）则是一个有趣的例外。该法针对的是从地下开采矿物和能源的问题。它不仅规定这些矿物和能源属于国家财产，从而在事实上限制了土地所有者的所有权，而且还规定只要以开采为目的的任何工程，均有资格使用强制征收权。该法同时给上述权力划定了界限，仅适用于至少在地下100m以下的矿产、石油和天然气开采，以及地下500m以下的地热开采。

管道运输得以实现的第二种方式是通过私人谈判就通行权达成一致协议。这通常是私人单位所采取的方式，即拥有土地的一方，在特定条件下并获得特定补偿后，允许使用该土地下方的地下空间。在英美法系中，这种方式可归在多种法律权限下，其中最主要的是普通法上的地役权和衡平法上的地役权。而在民法法系中，则通常归在地役权下。就管道而言，需双方签订私人合同，对管道铺设、管道入口、管道上方空间使用限制以及土地所有者应获补偿等问题进行规定。这些权利均要依法制定和登记。具体内容可根据不同国家的不同法律传统（普通法或民法）而有所变化。值得注意的是，这些协议都是民事性质的，可能还需满足公法在符合规划法规、外部安全法规和建筑法规方面的额外要求。

尽管就实现沿线管道铺设，特别是对较

长线路管道铺设而言，这确实是一种合法且实用的方式，但为此需达成的协议数量却可能极多。如果涉及跨境项目，复杂性会更大，因为这将涉及不同的司法管辖区。此外，通行权往往是由私人单位获得，如果不经过重新谈判，就不能转让给第三方。而这就使所有权的转让或管道的改用，变得非常困难。

另一种可能有效限制地下土地所有权的模式，是欧洲核子研究组织大型强子对撞机（LHC）项目所采用的那种。瑞士的做法基于一个共同立场，即土地所有权限于土地经济用途用地深度之内。这种观点在《瑞士民法典》（*Swiss Civil Code*）第664条中形成了法律条文，这在欧洲是独一无二的，因为它不仅限制了土地所有权，还将土地所有权所限用地深度之下的空间视为公共领域的一部分，其用途要由组成瑞士联邦的各州来界定或管控。此外，还需由土地所有者来证明其对某一地层拥有既有权益，从而使该地层继续归属其所有权涵盖范围内[博尔曼斯（Boermans）和登•哈弗（Ten Have），2000年]。但在实践中，这是一种略显矛盾的立场，容易受到质疑。出于这个原因，瑞士政府正在研究修改这一模式，以免在未来的程序中引发矛盾。这是政府为实现地下货物运输，如地下物流系统（Cargo Sous Terrain）项目所做出的部分努力。因为地下物流系统项目中，由于项目以私人投资为基础，投资者就希望能够得到保证，确保该项目不会被拖延，也不会被项目下穿土地的所有者用来索取高得离谱的赔偿金。

杜米塞维克（Durmisevic，1999年）曾评论道，地下空间的管控方式也影响了其使用方式。杜米塞维克比较了加拿大多伦多和日本的地下空间使用情况（图8-1）。蒙特利尔市市政府先是征收了用于地面开发的土地，然后促成了地下城的建设。这与日本按照公有制相关限制进行地下基础设施开发形成了鲜明对比。日本以前的物权法有很强的限制性，即便是强制征收也不可行，因为高额的土地价值意味着高额的补偿。这就不可避免地促使日本颁布新的立法，将土地所有权的深度限制在地下室以下40m或基桩以下10m之内。而在地产范围之下的空间则被视作可用于满足公共利益的空间（Admiraal和Cornaro，2016年）。周和赵（Zhou and

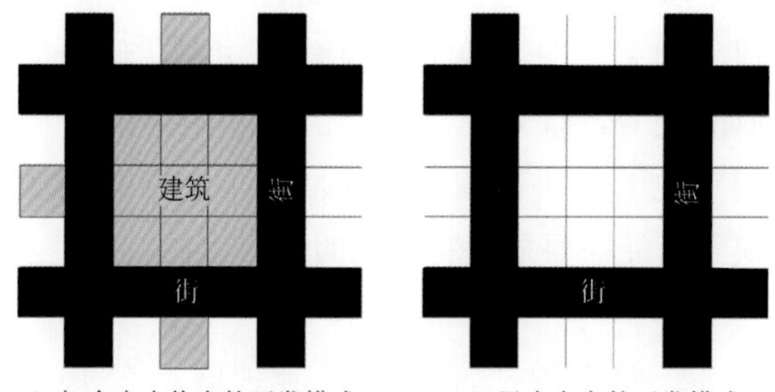

a）加拿大多伦多的开发模式　　b）日本东京的开发模式

图8-1　多伦多和东京各地下空间开发模式

Zhao，2016 年）介绍过新加坡立法的变化，这种变化使新加坡地下空间开发成为可能：

> 2015 年 2 月，新加坡议会通过了两项旨在解决地下空间所有权和征收问题的重要立法，即《2015 年国家土地（修正）法》和《2015 年土地征收（修正）法》。《2015 年国家土地（修正）法》就地下空间的所有权做了如下界定，即“仅限于对土地使用和享有而言所合理需要的那部分地下空间”。该法进一步将“合理所需”地下空间范围界定为：①该土地国家所有权规定的相关深度以内的地下空间；②如未规定深度，则为新加坡高程基准面以下负 30m 以内的地下空间。

在规定所有权的界限方面，我们可以看到，新加坡的做法与瑞士的做法是相近的。有意思的一点是，《2015 年土地征收（修正）法》的修正内容也允许强制征收“特定地层的地下空间”[周（Zhou）和赵（Zhao），2016 年]。

若要对地下空间利用有新的认识，就需对现有政策和立法进行审视评估。正如桑德伯格（Sandberg，2003 年）所总结的：

> 地下空间开发与地上空间开发一样，需制定一个大的规划战略，提前锁定地下空间利用区域，并在数年内建好相应的基础设施……只要消除三维分区自然会面临的产权障碍，规划限制和规划监督，对于塑造三维单元之间的关系将具有决定性意义。长远规划对空间利用的重要性亦将增加。

解决土地所有权问题，在大多数法律体系内都是可行的，但需进行大量谈判或公共征收。无论以何种方式实现对地下空间的利用，都需某种形式的协议和补偿。

8.3 地役权和通行权补偿

在第 8.2 节中，我们谈到了在法律层面如何通过地役权和通行权，来就使用他人地产下方地下空间达成一致。我们也看到，无论是通过私人协议还是公共征收，空间的实际使用都需对土地所有者进行补偿。

卡莫迪和斯特林（Carmody and Sterling，1993 年）认为，地下空间开发与土地价值定价或地役权成本有关。尽管将土地价值定价与地役权成本并举乍看起来很合理，但实际上地役权补偿所产生的成本往往高得惊人。

以洛杉矶地铁为例，利（Lea，1994 年）

对地役权成本的估算方式提出了具有启发性的深刻见解。他认为，如无地面连通地下的需求，使用土地所有者地产下方的地下空间对土地所有者在经济方面只有微乎其微的影响甚至毫无影响。但如果考虑到项目对未来潜在发展的影响，那么情况就会发生变化 [利（Lea），1994 年]。

未来潜在发展所涉及的问题可大致分为以下四类：

- 隧道项目上方的施工建设今后在法律上或实践上是否可行？
- 隧道项目及其地役权是否会限制未来发展的潜在密度或规模？
- 隧道项目的存在是否会导致今后发展相关施工建设成本大幅增加？
- 对地下停车场的限制是否会对建设成本或建筑吸引力及运营产生负面影响？

由于地下交通系统的地役权通常是永久性的，上述这些考虑因素就会迅速增加地役权成本。第 5.2 节的赫尔辛基案例表明，项目所在地的地质环境也有重要影响。如果是岩石地质，那么未来的地面开发将不受任何地下开发的影响。但如果是软土地质，未来的地面开发就可能要受地下使用情况的严重制约。特别是当我们触及私人所有权和公共交通需求时，可能会产生大量地役权费用，以补偿土地所有者日后因地下开发带来的限制而遭受的收入损失。

20 世纪上半叶，伦敦地铁在其延线开发过程中就遭遇了这个问题：“随着 1913 年至 20 世纪 40 年代的地铁延长线工程的开展，地铁线路开始下穿个人土地。与之前在伦敦城和南伦敦所遇情况相同，这需要购买地役权，交付新线路所需成本就可能因此被推高 [达罗克（Darroch），2014 年]。”

这意味着，除需使用解决地役权和通行权方面的法律工具外，还需要使用评估地役权成本的工具。

8.4 侵权行为原则

在讨论侵权行为问题之前，我们需指出一个事实，即世界各地的法律体系各不相同。这种差异就像地球各地地质差异一样丰富，需在不同地方采取不同解决方案。正如不存在世界通用的隧道设计一样，世界通用的法律体系也是不存在的。一般来说，我们可以将法律体系分为英美普通法系和欧洲民法法系或成文法体系。后者源于拿破仑时代的《法国民法典》。两种体系的主要区别在于，民法法系是成文法，而普通法系则更多是基于根据法律原则对案件的解释。在英美法院，引用案例和裁决来论证一个法律点，这本身就可产生一个新裁决，以解释清楚诉诸法院的案件。民法法系虽然也允许解释，但解释的依据始终是法律或法律的部分条文，换句话说，解释的是法律而非案例。

根据乌夫（Uff，2013 年）的观点："侵权行为可以定义为独立于合同之外的民事不法行为，或通常是指违反对他人应负有的法律义务。"

在普通法系国家，侵权行为涉及很多类别，其侵权行为的判定完全是基于对之前诉诸法院的案件的解释。而在民法法系国家，侵权行为的原则是成文的，但其基于的理念是相同的，即必须保护人们不因他人行为而遭受民事不法行为。《荷兰民法典》第 6:162 条对侵权行为进行了规定，即对他人实施侵权行为的一方，有义务赔偿对方因民事不法行为而遭受的损失 [荷兰政府（Government of Netherlands），2017 年]。

侵权行为原则与地下空间利用是有关联的，但这层关系却经常被忽视。情况与之类似的是，20 世纪 60 年代末，作为一种解决住房问题的新途径，在美国兴起的公寓大楼——需要在一栋建筑中区分不同楼层的房屋所有者的所有权。罗翰（Rohan，1967 年）写道：

> 联邦政府、哥伦比亚特区和 49 个州已颁布授权法案，旨在为公寓大楼的形式提供法律基础，并将其纳入现有法律体系。然而，这样的做法太过宽泛，难保完美无缺；随着各种公寓大楼使用经验的积累，草案肯定会出现缺陷。最近，作者注意到了这样一个缺陷，即没有明确单套公寓所有者（及其家庭）在侵权责任和保险方面的定位。作为公寓项目及其设施的共有人，其承担的风险性质和程度如何？有哪些保险可用来中和这种毫无法律保护所带来的风险？是否应以个人或社区为单位购买保险，或者是否可能做到两者兼而有之？反过来说，如果公寓中有人因疏忽而受到伤害，是否允许他起诉整群人（或单套公寓所有者）？这样的判决会不会在主责险的保障范围内？

这些问题与地下空间的分层所有权或使用权是相关的，就像与一栋建筑物内的分层所有权相关那样。在鹿特丹市中心就可以找到这样的例子。威廉斯铁路隧道（Willems Rail Tunnel）是一条贯穿鹿特丹市中心的四线宽轨铁路隧道，其所服务的铁路线是荷兰主要的南北向铁路线。1987 年 4 月 28 日，在高架铁路通车整整 110 年后，这项部分为沉管隧道和部分为明挖隧道的建设工程开始施工。荷兰的铁路建设在很大程度上是由皇室发起的，国王威廉一世（King William I）亲自推动了铁路系统的快速发展。1993 年，高架铁路线开始拆除，而以国王威廉一世命名的那条最初的双线隧道也随之开工（图 8-2），并在 3 年后（1996 年）竣工。当时，为使马斯河（The Maas River）之下的沉管隧道与明挖隧道部分连接起来，还在河岸修了一个建筑基坑。这一方案要求，在隧道完工后对该地区进行重建。因此，隧道工程得到了额外加固，以便在隧道完工后，可在隧道洞顶之上进行施工。工程建设期间，那些建于 19 世纪且位于隧道中线范围内或附近的历史保护建筑，只好被一砖一瓦地拆除了。唯有建于 1898 年并被誉为欧洲第一座摩天大楼的著名的鹿特丹白宫（White House），连同其他 7 座航运商建筑被保留了下来。而其他的建筑后来在 20 世纪 90 年代得到了重建，不过，有一栋建于 1917 年的大型建筑——保险大厦——却没有重建。这就在地面留下了一个大洞，等待新的开发。最后在 2009 年，相关开发项目获得了批准 [范 • 哈斯特雷莱特（Van Haastrecht），2009 年]。而此前 1996—2009 年的部分官司则与侵权行为有关。与前文提及的关于公寓大楼所有权的问题不同，这涉及的是该由哪一方负责施工期间产生的损害赔偿，以及铁路运营因施工或未来隧道上方地面利用而中断，所造成的进一步损害赔偿。ProRail 作为铁路网络运营商，一开始就很畏首畏尾。一方面，要求其他方提交大量报告，

a）

b）

图 8-2　穿越鹿特丹的高架铁路［分图 a）］和威廉斯铁路隧道（Willems Rail Tunnel）顶部的重建情况［分图 b）］［图片来自 https://beeldbank.rws.nl、荷兰国家水利局（Rijkswaterstaat）和 Aeroview］

并以安全为由，希望其他方做出保证，确保施工和地面利用不会导致运营服务中断。另一方面，ProRail 又想确保隧道造成的任何软土位移都不会引起隧道洞顶上方建筑物的损坏，从而产生侵权行为索赔。

这个案例清楚地说明，除了处理土地所有权和使用地役权或通行权等手段外，任何因地下空间复合型和分层型利用而产生的役权，都需从侵权行为和潜在责任的角度来判断。对于原土地所有者来说也是如此，即便在一切事宜以合同方式解决后，仍需对第三方让其他方使用其土地的行为负责。不过，可以通过确保合同中有适当的赔偿条款来防止这种情况。

侵权行为原则适用于地下空间利用，就像其适用于其他任何情形一样。随着城市地下空间利用的增长，看一看侵权行为法及其阐释会如何发展，将是很有趣的。

8.5 建筑规范

南澳大利亚州的库伯佩地（Coober Pedy）镇是地球上最热的地方之一，那里夏季的气温常常超过 40℃。这个小镇之所以闻名于世，有两个原因：首先，它被誉为世界蛋白石之都——自 1915 年以来，这种宝石就在该镇得到开采；其次，该镇拥有非常多的地下洞穴——这些洞穴是人们的居所，人们在地下居住就能享受到每年远低于室外温度的恒温。此外，小镇上还有几家酒店，其中一家是沙漠洞穴酒店（Desert Cave Hotel，图 8-3），其广告宣称，它是库伯佩地唯一的国际级地下酒店。游客可选择在地上或地下入住 [沙漠洞穴酒店，2017 年]。

> 游客可以住在地下，如果喜欢，也有地上的房间可供选择。睡在地下是一种独特的体验。房间安静、凉爽、幽暗、通风，空间宽敞，层高较高。大多数游客都说，在地下睡觉带给了他们生平睡得最好的一晚。

对我们来说，库伯佩地值得注意之处在于，长期以来，那里的建筑规范一直都对地下居所有具体要求。库伯佩地地区议会发布的《库伯佩地地下建筑施工指南》（*Guidelines for the Construction of Underground Buildings in Coober Pedy*），有效衔接了《澳大利亚建筑规范》（BCA）。换句话说，这就使《澳大利亚建筑规范》适用于库伯佩地的地下居所，从而也就适用于地下建筑。但在一些特定领域，当地指南在《澳大利亚建筑规范》没有涵盖到的情况下提供了进一步的指导意见。一

图 8-3　澳大利亚库伯佩地的沙漠洞穴酒店（图片来自 Steve Collis，经 CC BY 2.0 许可转载）

个典型的例子是第 1.4 条，该条规定了分隔地下房间的墙体必须具备的最小宽度（图 8-4）。

库伯佩地给出了一个很好的示范，展现了如何运用建筑规范来约束管控地下建筑。我们曾提到过帕帕耶奥尔尤（Papageorgiou）的一个看法，即希腊的建筑规范有效地限制了地下空间所有权——因为考虑到希腊地下埋藏有许多考古文物，希腊不允许在一定深度以下进行开发（Admiraal 和 Cornaro，2016 年）。而《荷兰建筑条例》第 2:127 条则强调了一种不同的角度，即从消防安全角度出发做出规定 [荷兰政府（Government of the Netherlands），2012 年]：“正在建造的建筑，如果包含高于基准面 70m 或低于基准面 8m 的使用区域楼层，其设计方式应确保该建筑在发生火灾时仍然安全。”

实际上，这意味着，尽管针对上述情况没有出台具体指导意见，但相关项目必须向有关当局报备并说明高层建筑或地下建筑与其他建筑一样安全。其所遵循的原则是，建筑规范应涵盖最普泛的情况，但也并不妨碍未来发展。

《堪萨斯城建筑与修复规范》（*Kansas City Building and Rehabilitation Code*）中有一条是专门针对地下空间的。该规范由国际建筑规范委员会（International Building Code Council）编制的《国际建筑规范》（*International Building Code*）与美国国家消防协会（National Fire Protection Association，NFPA）的相关标准（NFPA，2016年）组成。此外，也运用了地方修正案，如在地下空间方面。

通观这些地方修正案，它们显然是基于当地地下工业综合体SubTropilis制定的（见第5.1.5节）。这从《堪萨斯城建筑与修复规范》第18-231条给出的占用要求可以看出，相关要求如下："如要将地下空间开发成社区住宅、生产制造厂房、办公楼、仓储库、储藏设施和其他类用途设施，Group US占用的地下空间就应是一个采用房柱式采矿法形成的位于坚实石灰岩水平层的地下结构。"

卡杰尔苏斯（Kjelshus，1984年）介绍说，根据现在名为SubTropilis的项目的初步成功经验，当地成立了一个专责小组，专门负责修改堪萨斯城的建筑规范和分区条例，以进

1.4　地下居所支撑内墙两侧开口的组合跨度，按比例不得超过墙体厚度的6倍。

解释性信息

地下房间的组合宽度与隔墙的宽度之比不得超过6：1。例如，将两个宽度为3.6m的房间分隔开的墙体的宽度，应按7.2m/6=1.2m计算（当与此要求相冲突时，以第1.3条为准）。参见下图

房间之间墙体的最小宽度

v 和 w	$\frac{v+w}{6}=\frac{3.6}{6}=0.6$	要求1.5m，参考第1.3条	x 和 y	$\frac{x+y}{6}=\frac{8.4}{6}=1.4$	要求1.5m
w 和 x	$\frac{w+x}{6}=\frac{7.2}{6}=1.2$	要求1.5m	y 和 z	$\frac{y+z}{6}=\frac{7.8}{6}=1.3$	要求1.5m

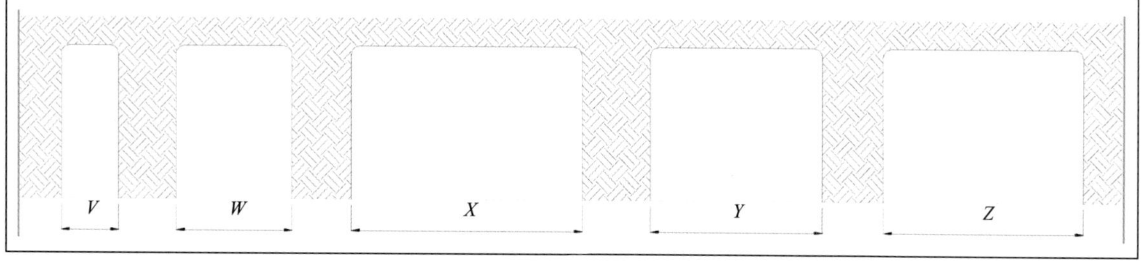

图8-4　《库伯佩地地下建筑施工指南》的第1.4条

一步刺激地下空间利用。

《国际建筑规范》中针对地下建筑的第405条，给出了更多的一般性要求。可以说，堪萨斯城的案例延续了我们在库伯佩地案例中看到的做法，并且还刺激当地将地方既定规范进一步调整为通用规范。

在地下建筑的消防安全方面，上述两部规范均参考了NFPA 520标准。美国国家消防协会（2016年）对NFPA 520的范围描述如下：

> 《地下空间标准》（NFPA 520）涵盖了地下空间所独具的消防和生命安全考量因素，包括疏散设施相关问题，如方向、过长的行进距离、通风不良、通信困难以及地下火灾的非传统特性。该标准允许在新的和现有的地下空间内进行以下用途的开发占用：公共集会、商业、教育、拘留和教养、卫生保健、寄宿和护理、住宅、工业、商业和仓储等。
>
> 相关要求包含以下各方面最新标准：
>
> - 建筑特征；
> - 疏散设施；
> - 火灾报警、探测和灭火系统；
> - 应急准备；
> - 消防部门的规定。

通常而言，我们可以说，建筑规范是否制定了地下空间充分指导意见，完全取决于当地对地下空间的利用情况。在尚未进行地下开发或无法预见今后会有地下开发的地区，地方或国家建筑规范就不会包括任何关于地下空间需满足的具体要求。从这个意义上讲，《国际建筑规范》是一个例外，因为它主动给出了具体要求。在生命和消防安全方面，美国国家消防协会的标准也给出了具体指导意见。在还未出台针对地下建筑或设施的国家级指南规范的情况下，《国际建筑规范》与美国国家消防协会标准的有效结合，为地下空间开发提供了全面指导意见。

而利用针对地上建筑制定的现有指南，将其应用于地下建筑，是一种经常可以见到的习惯做法。但我们强烈建议不要采取这种策略，因为正如库伯佩地案例所表明的那样，对待地下建筑需运用特定的方式方法。与其采用不是专为此制定的现有指南，不如参考本章所引用的指南。

8.6 环境控制

任何对地下空间的人为干预，在某种程

度上也是将会对环境造成影响的干预。正如我们在前文中所看到的那样，部分或全部建造在地下的建筑物或基础设施，其未来的发展开发需与自然和谐并行。可持续发展需要我们认识到地下所提供的“服务”。在地下建设实体设施，不仅是在为各种用途创造空间，施工建设行为本身就意味着，这同时是在从地球体内抽取材料。这是一种人为干预行为，在占用资源的同时，也可能会干扰生态系统服务。

很多国家会对这些干预过程实施一定程度的约束和管控。随着人们环境意识的增强，防止不必要的环境破坏的措施也越来越多。许多西欧城市的棕地是过去工业时代的遗留物，留给人们的是被污染的土壤和地下水。这些地段的再开发是一项艰巨挑战，每当涉及修复成本时，政府和私人开发商都会互相推诿。

环境法规通常要求对特定类别项目进行环境影响评价。大型基础设施项目就属于这一类，而输送危险品的管道项目也同属其中。但典型的办公大楼，即使有着大型“地下室”，通常也不被归入此类。这一漏项就带来了一个问题：就地下空间而言，某一项目的延伸深度，是否应成为需对项目进行环境评估的决定因素？

在荷兰，位于根特-泰尔讷普运河（The Ghent-Terneuzen）沿线的泰尔讷普市（Terneuzen）酝酿了一项方案，旨在为连接根特港（Port of Ghent）和西斯海尔德河口（Western Scheldt Estuary）的管廊保留空间。这条管廊沿西斯海尔德河口的工业群落布置，走向与运河平行，并一直延伸至根特。而空间保留方案将使其在中期更容易铺设今后所需的管道，这些管道是荷兰与比利时（佛兰德斯）工业群落共生体的一部分。市议会要求对此进行环境影响评估，作为批准当地管廊空间方案的前提。这一环境影响评估的基础侧重在项目可持续性影响上。有趣的是，评估中使用了可持续性影响评估矩阵，该矩阵聚焦的是“时间”“地点”和“事件”。

时间方面（何时），着眼于现在、未来和中期影响。三者中的最后一个类别（中期影响）源自这样一种看法，即现在和未来均易于界定，但较模糊的中期影响同样也需受到关注。一次就建成的管廊与历时 10 多年不断翻新扩建而成的管廊有很大不同：前者只需要挖掘一条沟槽，后者则需在数年内反复挖掘沟槽。农业是该管廊项目下方土地的主要用途，尽管清除表土曾被视为是可逆向修复的，但如果在 10 年内进行 5 次以上的表土清除，就将使土地变得贫瘠，不再适于耕种。

地点（何地）方面，研究的是对“当地”（in situ）和“外地”（ex situ）的影响。这种做法，可以区分直接影响到该地区的利益，以及那些更广远的国家层面的利益。

第三个方面（何事），则分出了“人”“地球”和“利润”这三项影响可持续性的决定因素 [朱枚勒特等（Jumelet et al.），2012 年]。

这一案例说明了，当我们呼吁对城市规划采取涵盖了地下空间的整体方法时，我们在环境控制方面也需这样做。在这里所举的例子中，“地球”被进一步细分为地下、水、景观、自然、矿产资源和化石燃料利用以及二氧化碳排放。这样就能对项目影响进行总体评价，并对效益进行权衡，以支持决策过程。

尽管这些评估对做出战略决策很重要，但还需在水量水质、矿产资源开采、采能或储能、利用地下储存二氧化碳等方面进行约束管控。毋庸赘言，在建设诸如全长 57km、下穿阿尔卑斯山的圣哥达山底隧道这样的项目时（我们已在第 5.2 节中看到，该项目挖出了 2870 万 t 的碎石），需一定程度上对碎石处置进行管控，最好通过回收利用使之成为循环经济的一部分，正如该项目案例实际上所做的那样。

8.7　地下空间管理

正如我们在第 3.3 节中所介绍的，韦伯斯特（Webster，1914 年）指出，如未对他所说的地下街道进行规划，就可能会冒出很多问题。而即便我们在规划中融入了对地下空间利用的愿景和战略，也需在某种程度上对地下空间进行管理。这种管理不仅要求我们对地下空间自然环境有深入了解，还要求我们对地下空间存在的物理结构有一定了解。

在探讨如何实现这一目标之前，我们需先从规模大小的角度来看看地下空间。我们可用天空与地下空间进行对比。当我们仰望天空，我们可以看到头顶上的飞机飞入机场或刚从机场起飞。在天气晴朗的时候，我们还可以观察到高空飞行的喷气式飞机的凝结尾迹。而在夜晚凝望外太空的星星时，我们可以见到卫星沿其轨迹绕地球运行。但这样随意的观察，是无法注意到天空的规划及其复杂的规定的，而这些规定不仅通过分隔空中交通确保了安全，而且在飞机接近地面降落至机场时，还能起到避噪作用。

对空域进行规划，是将天空划分为各个飞行信息区，包括低空区域和高空区域。低空区域又进一步细分为航路扇区，以及机场起降交通终端控制地带和控制区。区域中还设有无线电信标和报告点。而危险区域则禁止飞入，因为危险区域地表可能有其他物体，或相关区域是专供训练使用的（图 8-5）。

我们可以从空域规划中学到的一项经验是，空域管理可行与否的决定性因素是“高度”。其次，我们还了解到，随着离地面越来越近，空域会变得越来越拥挤，这就意味着对空域的管制将越来越多——不仅是因为使用量的增多，还因为地表和天空之间存在相互依存关系。高楼林立的城市本身就在影响着飞行航线。而机场被雷达覆盖，设有仪表着陆系统，也要求周围不得存在建筑物。当我们向天空上升，进入高空区域时，交通密度就会降低，我们将看到新型自由空域，航班可以在入口点和出口点之间选择航线[欧洲空中航行安全组织（Eurocontrol），2003 年]。

如果我们借鉴空域管控来对地下空间进行管控，我们就可以看到空域管控中飞行高度层（level）的概念如何转化为我们所说的地层（layer）。而空域扇区划分（sectorisation）概念则与地下空间分区（zoning）概念是一样的。我们也可为特定用途专门划出地下空间区域，或禁止在某些区域进行活动。而从地下越是接近地表，地下空间的利用就会越密集，这就需采用有别于深层地下空间所采用

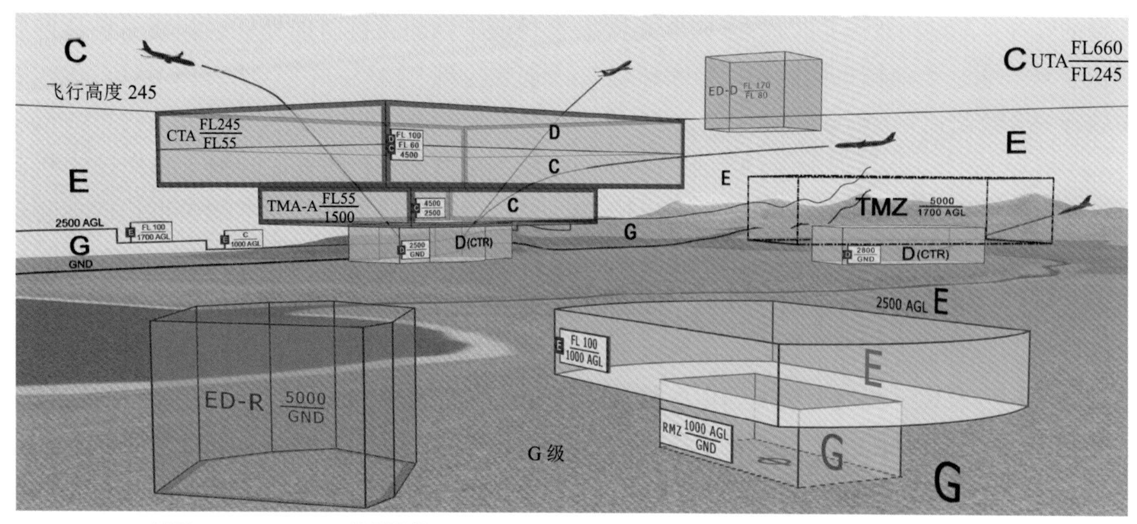

GND：地面　　CTR：控制地带　　TRA：临时保留空域　　等级：空域等级 A-G

CTA：控制区　　TMA：终点控制区　　UTA：高空控制区

图 8-5　德国空域立体可视化示意图

的各种不同规范和管控措施。

鹿特丹市使用了一种城市规划模型，该模型分出了以下几种地层，即地面高架层、地面层、地下浅层（0 ～ 15m）、土建层（15 ～ 50m）、水层（50 ～ 500m）和地下深层（>500m）。有意思的是，该模型将市政规划的影响范围限定在土建层。区域性规划需考虑的是水层，而地下深层则需国家层面的规划。鹿特丹市此举结合了荷兰国内既有地层管理分层，并试图将地下立体式规划概念融入常规的二维规划实践 [万 • 坎彭沃德等（Van Campenhout et al.），2016 年]。

我们从空域的组织方式中可以看到，对天空的管控是能够跨越国界的。在某些地区，多国空域会由一个跨国机构监控，如欧洲空中航行安全组织。

对地下空间的管理需要要求我们跳出传统思维模式，或许我们可以借鉴空域（甚至是外层空间）的结构和管控模式找到一套适合地下空间规划的方法。分层、分区和近地表等概念，以及地下与地上空间利用的相互依存关系，都是实现这一目标很好的入手点。

而这之中的一项挑战仍是数据的采集。近年来，天空在变得更加安全的同时，随着各航班之间垂直分隔距离的缩短，天空的使用也变得更加频密，而这只有在定位技术取得进步的情况下才能实现。现代飞机都配备了独立导航系统，系统可以精准确定飞机位置，并将定位信息传送给地面站。此外，飞机还配备了防撞系统，通过系统可与附近其他飞机对话，确定防撞运行动作，从而避免发生空中事故。与之相似的是，我们今天可以获得的地下空间信息比以往任何时候都多。地质学家正在提高研究水平，完善相关模型。建筑信息模型（BIM）的出现，则提供了一种数据容器，里面可以装载无限量的建筑工程信息。个中挑战在于如何从大量充满干扰的数据中分辨出真实有用的数据，并找到使数据得以交换的格式。而将这些数据可视化，让地下空间管控者能理解这些数据仍是目前面临的最大挑战。

在空域管理方面，地球上每个国家都有自己的国家民航局。这些国家机构都是联合国机构——国际民用航空组织（International Civil Aviation Authority）成员。为控制和规范外层空间，联合国还有一个名为“联合国外层空间事务厅（Office for Outer Space Affairs）”的机构（Admiraal 和 Cornaro，2013 年）。然而，在地下空间方面，尽管一个国家的行为可能严重影响其他国家，却并没有建立相关治理机制、管控机制和国际监管机制。我们认为，将地下空间相关的各类问题交由地方政府来解决，也许是短期内的一种解决方案。而更加密集的地下空间利用所带来的影响，则需要在全国乃至国际范围内进行探讨争论。国家级的地下空间管控机构是有必要设立的，即便只是为了确保数据采集和信息交换能强制执行。而对于人类在地表以下进行人为干预所能许可的程度，以及各国可获取领土权的地下空间深度的限制，则需通过国际协议来进行约定。同时，这种做法还能确保在深埋地下空间进行的活动不会危及跨越国际边界的地表生命。

8.8 本章核心观点

我们在本章开头指出，政府对地下空间的监管，不仅需规范地下空间利用，还需保护对地表生命至关重要的生态系统服务。我们在第2章中写到的“平衡做法”，只有在这一点得到认可并为法规规范所涵盖的情况下才能够实现。

对地下的土地所有权进行管控，使下至地球中心的所有权概念，受到与上至外层空间的所有权概念相同的限制约束，对于实现这种平衡而言是至关重要的。但这并不意味着土地所有权就终止于地表，也不意味着我们不应对任何占用损失或财产损失进行管控和补偿。

在开发地下空间时，侵权行为原则可能会成为一种限制因素。如果有关土地所有权的现有规定为私人占用或公共征用土地提供了可能性，那么侵权行为原则就会是一个更难应对的概念。在地下空间无规划开发的情况下，它可能会阻碍新项目的进行。这个原则是否适用，取决于地质类型、土地所有权和项目开发方的法律地位，正如赫尔辛基案例所说明的那样。

相关的建筑规范种类不一，从地下建设的全球性方针到相当具体的详细要求皆有。建筑规范的详细程度取决于地下空间的实际用途。库伯佩地和堪萨斯城的例子告诉我们，广泛使用地下空间也能推动这方面法规的建设。《国际建筑规范》提出了一种全面综合的方法，在未出台任何地方性的地下空间建筑法规的情况下，这是一个很好的起点。

地下空间的建设需进行环境控制：不仅要评估对环境的影响（这是保护和开发地下空间的平衡做法的一部分），而且要对地下工程的弃碴进行管理，使其不对环境产生负面影响。如果将这些弃碴作为建筑材料进行回收利用，而不是仅仅作为废弃物进行倾倒，似乎是一个比较合理的选择，也符合循环经济的理念。

对地下的治理也需积极主动型管理，以确保规划的落实和保障。管理需在保护与开发之间采取通常的平衡做法。还需从立体的角度、而非平面的角度来考虑。这样一来，深度就成了决定性因素。为找到管理地下的方法，我们放眼天空，探讨了空域的组织和结构。我们认为这个类比是合适有效的，因为将空域与地下空间放在一起比较，可以看到一些非常明显的相似之处。就地下空间规划和管理而言，与其延用在地表所使用的“以平面区域为重点”的规划和管理模式，不如采用空域和外层空间所使用的更加立体且超出国家利益范围的方法。这种方法同样能为地下空间的规划和管理指明一条前进的道路。

本章参考文献

[1] ADMIRAAL H, CORNARO A. From outer space to underground space-helping cities become more resilient[R/OL]. (2013)[2017-11-14]. http://www.unoosa.org/oosa/en/ourwork/un-space/ois/10th.html.

[2] ADMIRAAL H, CORNARO, A. Why underground space should be included in urban planning policy-and how this will enhance an urban underground future[J]. Tunnelling and Underground Space Technology, 2016, 55: 214-220.

[3] BARKER M. Legal and administrative issues in underground space use: a preliminary survey of ITA member nations[J]. Tunnelling and Underground Space Technology, 1991, 6(2): 191-209.

[4] BOERMANS R, TEN HAVE T. Privaatrechtelijke aspecten van ondergronds ruimtegebruik[R]. Gouda, the Netherlands: Centrum Ondergronds Bouwen, 2000.

[5] CARMODY J, STERLING R. Underground Space Design[M]. New York, NY, USA: Van Nostrand Reinhold,1993.

[6] DARROCH N. A brief introduction to London’s underground railways and land use[J]. Journal of Transport and Land Use, 2014, 7(1): 105-116.

[7] Desert Cave Hotel[EB/OL]. (2017)[2017-11-14]. http://www.desertcave. com.au.

[8] DURMISEVIC S. The future of the underground space[J]. Cities, 1999, 16(4): 233-245.

[9] Eurocontrol. Eurocontrol Manual for Air Space Planning, vol. 2. Eurocontrol[R/OL]. (2003)[2017-11-14]. https://www.icao.int/safety/pbn/Documentation/EUROCONTROL/Eurocontrol%20Manual%20for%20Airspace%20Planning.pdf .

[10] Government of the Netherlands. Bouwbesluit 2012[R/OL]. (2012)[2017-11-14]. http://wetten.overheid.nl/BWBR0030461/2017-07-01.

[11] Government of the Netherlands. Ontwerp Structuurvisie Ondergrond[R/OL]. (2016-11-11)[2017-11-14]. https://www.rijksoverheid.nl/documenten/rapporten/2016/11/11/ontwerpstructuurvisie-ondergrond.

[12] Government of the Netherlands. Burgerlijk Wetboek Boek 6[R/OL]. (2019-09-01)[2017-11-14]. http://wetten.overheid.nl/BWBR0005289/2017-09-01.

[13] Her Majesty's Government. Cross Rail Act 2008[R/OL]. (2008)[2017-11-14]. https://www.legislation.gov.uk/ukpga/2008/18/contents.

[14] Jumelet H, Elings C，Van Ginkel M (2012) Milieueffectrapportage: Multi Utility Providing. Zeeland Seaports, Terneuzen, the Netherlands. (In Dutch.)

[15] KJELSHUS B. Encouraging underground space development: modifications to Kansas City's building code and zoning ordinance[J]. Underground Space, 1984, 8(5-6): 320-330.

[16] LEA R. Subway tunnel easements in metropolitan areas[J/OL]. Appraisal Journal, 1994, 62(2): 310 [2017-11-14]. https://www.thefreelibrary.com/ents+in+ metropolitan+areas.-a015409723.

[17] Netherlands Ministry of Infrastructure and Environment. MRT onderzoek goederenvervoercordors Oost en Zuidoost. The Dutch Logistic Corridors[R/OL]. (2017-07-07)[2017-11-14]. https://www.rijksoverheid.nl/documenten/rapporten/ 2017/07/07/mrt-onderzoekgoederenvervoercordors-oost-en-zuidoost.

[18] NFPA. NFPA 520: Standard on Subterranean Spaces[R/OL]. (2016)[2017-11-14]. http://catalog.nfpa.org/NFPA-520-Standard-on-Subterranean-Spaces-P1329.aspx?icid=D729.

[19] ROHAN PJ. Perfecting the condominium as a housing tool: innovations in tort liability and insurance[J]. Law and Contemporary Problems, 1967, 32: 305.

[20] SANDBERG H. Three-dimensional partition and registration of subsurface land space[J]. Israel Law Review, 2003, 37(1): 119-167.

[21] THOMAS WA. Ownership of subterranean space[J]. Tunnels and Underground Space Technology, 1979, 3(4): 155-163.

[22] UFF J. Construction Law, 11th edn[M]. London, UK: Sweet and Maxwell, 2013.

[23] VAN CAMPENHOUT I, DE VETTE K, SCHOKKER J, et al. Rotterdam: TU1206 COST Sub-Urban WG1 Report[R/OL]. (2016)[2017-11-14]. https://static1.squarespace.com/static/ 542bc753c4b0a87901dd6258/t/577a622146c3c4b3877d442d/1467638323226/TU1206-WG1-013+Rotterdam+City+Case+Study_red+size.pdf.

[24] VAN HAASTRECHT R. ProRail staat bouwen op spoortunnel toe[R/OL]. (2009)[2017-11-14].https://www.trouw.nl/home/prorail-staat-bouwenop-spoortunnel-toe~a73e9fbe/.

[25] WEBSTER GS. Subterranean street planning[J]. Annals of the American Academy of Political and Social Science, 1914, 51: 200-207.

[26] ZHOU Y, ZHAO J. Advances and challenges in underground space use in Singapore[J]. Geotechnical Engineering Journal, 2016, 47(3): 85-95.

Chateaubriand
48
€ 5,95
100 gram
€ 5,95
Milieu Service Nederland

Délifrance

第 9 章

投资地下空间重在价值获取

9.1 成本难题

咨询顾问经常会把一则名叫“温水煮青蛙”的经典故事挂在嘴边。尽管这则故事已被生物学家证伪，但仍然很好地说明了人类似乎天生就无法或不愿对渐渐冒出来的，但最终有可能会产生不良后果的威胁，做出反应或予以注意。“温水煮青蛙”的故事是这样的：如果你把一只青蛙放进一锅热水中，它会立即跳出来，因为高温会使它意识到有生命危险。但如果你把青蛙放进一锅冷水中，然后再逐渐加热，那么青蛙就会乖乖坐在里面，还没来得及跳出去，就被煮熟了。施耐德等人（Schneider et al.，2013 年）在气候变化方面也观察到了类似现象，他们引用了安东尼·吉登斯（Anthony Giddens）提出的悖论：

> 全球变暖所带来的危险在日常生活中并不是摸得着、看得见或切实可感的，所以无论它们看起来多么可怕，许多人仍会袖手旁观，不就此做出任何具体应对。然而，待到全球变暖问题变得显而易见、火烧眉毛的时候，才反应过来开始认真采取行动，按理说就为时已晚了。

戴蒙德（Diamond，2005 年）第一个提出了针对此现象的术语，即“渐变常态”（Creeping Normalcy）。“渐变常态”不仅在气候变化方面是一大挑战，并且还能导致反对利用地下空间的决策。我们认为，有时政治家的短视，其实是“渐变常态”现象造成的。就我们的城市和可用空间而言，“堆垛悖论”（Sorites Paradox）似乎是适用的。我们用一堆沙子打个比方。现在想象一下，如果每次仅从沙堆里取走一粒沙子，要到什么时候，这堆沙才不能被称为“一堆”沙子呢？如果要求政治家在地上解决方案和地下解决方案这两种方案中做出选择，而前者比后者的初始投资更少，初始干扰更小，那么只要有可能，政治家通常的反应就会是选择前者。城市空间的枯竭，以及由此产生的影响城市宜居性的所有因素，都是“渐变常态”带来的。“一座城市何时才不能被称为城市？”，这个问题的答案即是“当所有的空间都耗尽的时候”。然而，我们不应以这种思路来看待城市和城市所需项目，也不应以这种思路来评估、资助这些项目。实际上，渐变常态正在成为城市地下空间利用停滞不前的第二个原因。一旦地上空间真的耗尽，或变得非常稀少，正如新加坡那样，地价就会随之暴涨。而只有到了这个时候，我们才会愿意远离摩天大楼，转而去考虑——比方说——“摩地大楼”。

在气候变化问题上，格林（Green，2015 年）发现，“无所作为”导致的成本远远超过了“有所作为”导致的成本。眼下，人类并未表现出任何紧迫感，即便随着气候逐渐变暖，由此出现了对人类和这个星球未来末日式的想象，这也未能让我们跳出“我们仍然安全无虞”的假想。我们现在所认为的舒适温暖，可以说有可能正在欺骗我们，诱使我们感到幸福安逸，然而这种幸福安逸却正是建立在“渐变常态”基础上的。我们现在就需行动起来，在利用城市地下空间方面，我们不能等到非利用不可之时才行动，而要趁为时不晚赶紧行动。

9.2 创造社会价值

希尔金（Heertje，2000 年）讨论过一个在欧洲广为流传的普遍误解：经济学只关乎金钱。他指出，除了其他方面，经济学还研究稀缺性问题。当我们探讨如何论证地下空间项目投资合理性时，经常使用的工具是成本效益分析。成本效益分析实质上是一种经济模型，可用于比较一个或多个项目的成本和效益，而用来进行比较的常用指标当然是金钱。希尔金引用了一位同事对他说过的话：人类引入的最大抽象概念，就是金钱。不过，我们必须明白，我们用来论证某个项目支持性决策合理与否的经济模型，不同于最终用来确定开发此类项目所需预算金额的财务模型。而目前两者都是以金钱作为主要抽象概念，这就无助于将它们之间的区别分辨清楚。

对不同项目进行比选的最基本方法，是考察项目建设所需的初始投资成本。在进行桥梁和隧道项目比选时，往往倾向于推崇成本更低的桥梁。但这种比选是有局限性的，因为这不仅是在按财务成本进行比较，而且局限于初始投资，即资本支出。为进行更公正的比选，就有必要考察一个项目的全寿命周期成本以及总拥有成本，后者即资本支出和运营支出的总和。然而，即便进行这种比选，我们也发现，地下解决方案往往无法进入规划过程的下一阶段。正如英国议会科技办公室（UK Parliamentary Office of Science and Technology-POST，1997 年）所指出的：“隧道方案的支持者认为当前现状并不令人满意，因为在很大程度上，目前的评估方法并未考虑追求地面方案所造成的在环境、健康和生活质量方面的成本。”

科特萨瑞利等人（Kotsareli et al.，2013 年）得出的结论与上述说法大致相同：

“地下或地上备选方案之间的决策过程，有时倾向于推崇传统的地上解决方案，并以‘初始成本过高’为由否定地下项目。不过，正如本文所证明的那样，决策过程还应考虑远期社会和环境改善以及相关经济发展等方面效益。对于地下快速交通系统来说，就更是如此。地铁是在当今城市地区背景下建设的大型基础设施项目，其预期寿命周期较长，对城市开发的影响也极大。”

尽管评估方案考察的是直接和间接成本，但仍未考虑直接和间接效益。这些效益通常会转化为社会效益。在荷兰政府给出的成本效益分析（Cost-Benefit Analysis-CBA）指南中 [罗姆金（Romijn）和雷内斯（Renes），2015 年]，成本效益分析有如下特点：

成本效益分析的实质是，通过比较不同项目或政策备选方案对整个社会的福利效应来进行方案权衡，即比较国家层面的经济和社会成本效益。因此，成本效益分析要解决的问题是“社会整体福利将如何变化？”此外，还有一重要问题则是“成本和效益如何分配？”成本效益分析在决策中的作用，是使关于政策的讨论尽可能客观。

而要使政策决策尽可能做到客观的关键在于，同时考察经济和社会成本效益。布朗（Brown，2014 年）引用表 9-1 中的指标来论证基础设施生态方面的合理性。将所有指标汇总，就能给出项目总效益和成本节约情况。这些指标发人深省，让我们看到了可供考量的各种效应。

基础设施生态合理性指标　　表 9-1

■ 通过多用途土地利用（“一地多用”）优化场地	■ 减少施工中断
■ 规模经济	■ 社区效益
■ 消除维护和运营冗余	■ 创造就业岗位和新税收来源
■ 能源和 / 或资源的协同级联	■ 增强韧性
■ 减少环境影响 / 资源保护量	

值得注意的是，就布朗的方法而言，成本社会效益可通过“一地多用”获得，正如我们在纽约克罗顿水过滤厂的例子中看到的那样（见第 2.4 节）。而在消除维护和运营中的冗余方面，多用途管廊的利用则是一个很好的例子，相关讨论见后文。

在获得社会效益方面，最明显的例子，莫过于将贯穿市区的高架基础设施改换位置，置于地下的公路或铁路隧道中。新城市主义大会（Congress for New Urbanism-CNU，2017 年）就这一点做了清楚的说明：“20 世纪是美国的高速公路建设时代，美国不断向外扩张高速公路，将我们的城市大片大片切割开来。高速公路的建设往往摧毁或孤立了原本充满活力、具有多样性且运转良好的社区，对社区和经济造成了毁灭性破坏。”

近年来，城市规划者一直在寻找新的方法，以期振兴那些遭到高架公路和铁路破坏的地区，而规划者通常考虑的方法，是运用地下解决方案来替代这些高架设施。以下是一个很好的案例：“外围高架项目”（Elevado da Perimetral）曾耸立在巴西里约热内卢市滨水区，而这个地区本就破败不堪，到处都是旧仓库。该市通过修建两条公路隧道，即“里约建成 450 周年纪念隧道（Rio 450 Tunnel）”和“马塞洛·阿伦卡尔市长隧道（Prefeito Marcello Alencar Tunnel）”，充分弥补了因拆除“外围高架”而损失的交通容量。这样一来，市中心和城市滨水区就被重新连接，如今滨水区还建设了由建筑师圣地亚哥·卡拉特拉瓦（Santiago Calatrava）设计的明日博物馆（Museum of Tomorrow）。该项目本身就是奇妙港（Porto Maravilha）旧港区改造项目的一部分。相关改造项目还包括建设一条林荫道（创造新的公共空间）、一条轻轨和种植大量树木（图 9-1）。新城市主义大会的口号“从公路到林荫道”显然非常适合用于这个庞大的城市改建项目。

在第 8.4 节中，我们看到荷兰鹿特丹的高架铁路是如何被铁路隧道取代的。如此做法，为市中心再开发创造新空间提供了可能。新开发项目之一是市场大厅（Markthal）项目。与明日博物馆项目类似，如果高架铁路仍然存在，这个项目就无法实施。市场大厅现在包括一座有顶的永久市场、数个位于外层的美食广场，以及位于地下的一个超市和三层停车场。该设计巧妙地利用了如今能从大厅内部看到的城市景观，将其用作了背景，而这一景观是在将铁路高架桥拆除后才形成的（图 9-2）。

自 20 世纪 50 年代以来，阿拉斯加路高架桥（Alaskan Way Viaduct）一直耸立在华

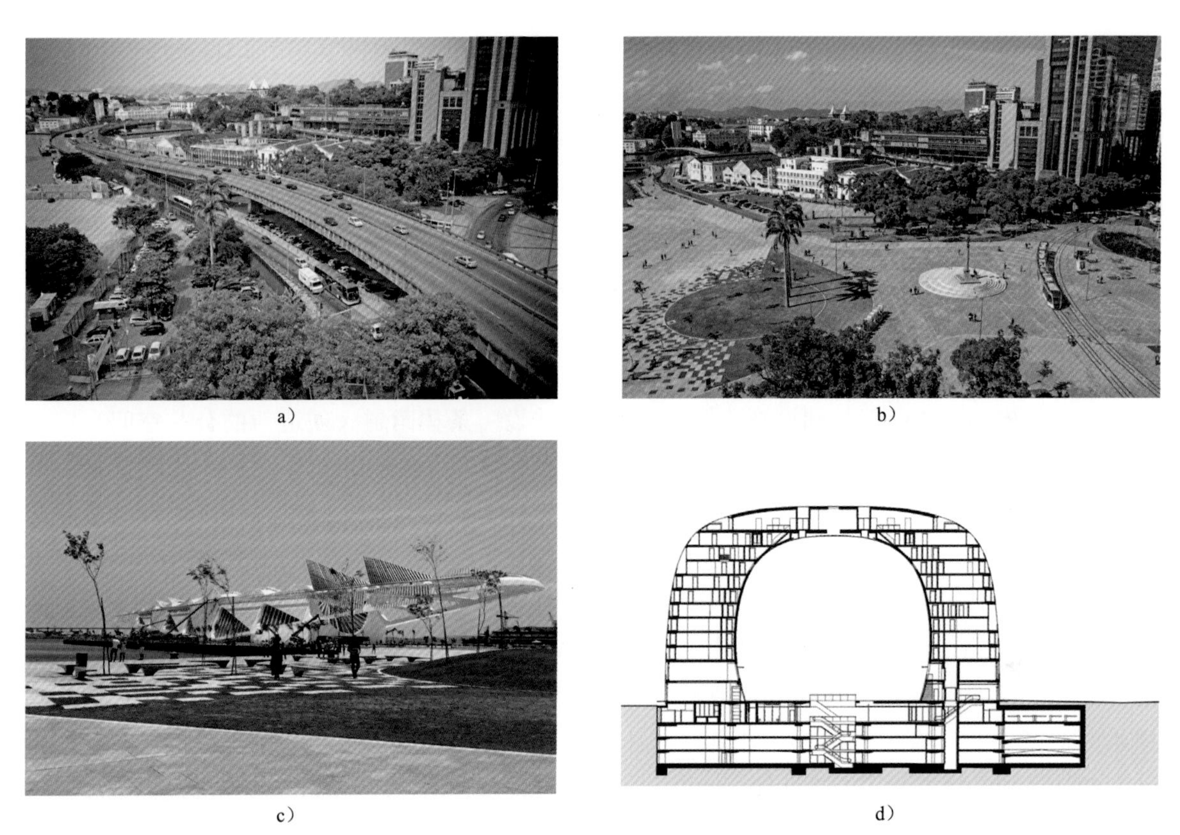

图 9-1　里约热内卢市滨水区的改造 [图片 a）和图片 b）©Porto Maravilha - RJ，图片 c）来自 Mario Roberto Duran Ortiz，经 CC BY-SA 4.0 许可转载]

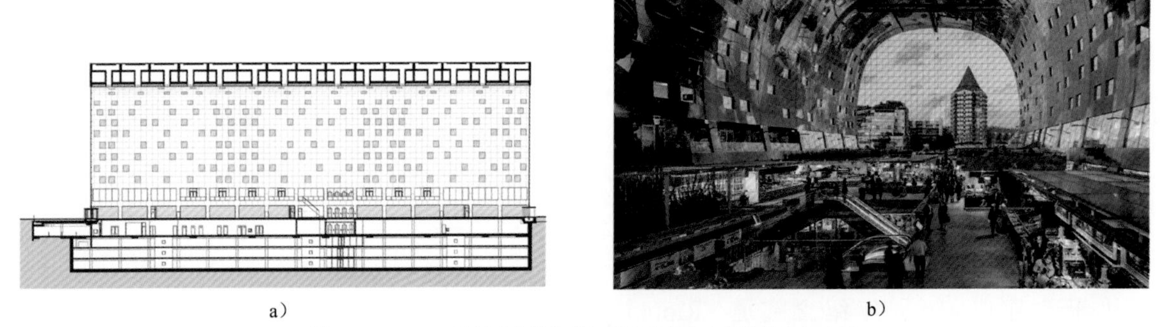

图 9-2　MVRDV 建筑事务所给荷兰鹿特丹市中心设计的市场大厅

[插图 a）©MVRDV 版权所有，图片 b）来自鹿特丹 Scagliola 和 Brakkee]

盛顿州西雅图的城市滨水区。这座高架桥承载着穿过城市的 99 号华盛顿州州道（State Route 99），它本身已成为城市景观重要组成部分，且能让桥上的司机饱览埃利奥特湾（Elliott Bay）的美景。遗憾的是，对其他人来说，这座高架桥就是个碍眼之物了——不仅遮蔽了埃利奥特湾的美景，还切断了城市与滨水区的联系。正如西雅图的城市工程师在高架桥完工时所说的那样："它并不好看"[华盛顿州交通部（Washington State Department of Transportation），2017 年]。然而，高架桥的确发挥着预期作用，提供了极大的交通流量。

伦纳（Renner，2018 年）曾指出城市滨水区的价值：

> 沿河绿化带是最有潜力成功变为休闲区的所在。随着规划实施而被激活的一片片绿化带，能够成为可供当地所有城市居民享用的高质量休闲区。绿地系统影响了我们对城市的认知。绿地提高了人们生活的品质感，也增加了其所在地的吸引力。在这场争创最宜居城市的竞赛中，优秀人才会随之涌入，这也对经济产生了积极影响。

由于该地区的地震缩短了阿拉斯加路高架桥的使用寿命，用新的设施取代它已势在必行。而将 99 号华盛顿州州道布置在 3.2km 长的地下隧道中，城市滨水区就有了重生的机会（图 9-3）。西雅图滨水区项目（Waterfront Seattle，2017 年）所描绘的愿景如下：

> 西雅图滨水区项目将创造一个新的公共空间，重新连接西雅图和埃利奥

a）

b）

图 9-3　西雅图的阿拉斯加路与高架桥，以及交通被转移至隧道后的情况（图片来自 Joe Mabel 和华盛顿州交通部）

特湾。等到老化的阿拉斯加路高架桥在2019年初被拆除后，该项目将沿阿拉斯加路和埃利奥特路建设一条新的多式联运地面街道，用以提供进出市中心的通道。项目还将新建8英亩的公园，以改善从西雅图零售中心、拓荒者广场（Pioneer Square）和贝尔敦（Belltown）到滨水区的东西向街道连接状况。项目由西雅图市滨水区办公室牵头实施，将以目前正在进行的埃利奥特湾海堤更换工程为基础。

这个案例清楚地展示了如何通过开发地下空间获得社会效益并创造价值。正如我们稍后将探讨的，个中挑战在于如何抓住这种社会价值，为项目创造资金。将基础设施更换与城市重建结合起来，是一种可遵循的方法。

伦纳（Renner，2018年）认为，城市不是一个独自存活的生命实体，它更像是一个“城市生命体”（urban being）。从这个角度来看，城市本身并无生命，是人类赋予了它生命活力。在他的观念中，“城市生命体”指的是整个城市共存体或市民本身。他有一个犀利的观点，即“许多‘城市生命体’并不拥有大面积的绿地系统”。在我们看来，绿地对“城市生命体”的重要性，堪比肺对人体的重要性。在2.4节中，我们讨论了城市地区对绿色空间的需求。绿色空间不仅能提高伦纳所认为的“生活品质感”，而且能直接促进“城市生命体”的幸福健康。绿色基础设施将使我们的城市更加宜居宜人。绿色在我们眼中是一种令人愉悦的颜色。一般来说，花草、树木和青枝绿叶，与我们周围的城市建筑环境相比是宜人的。王等人（Wong et al.，2010年）认为，垂直绿化系统不仅在节约能源方面有优势，而且还有助于提高空间品质，减少城市（如新加坡）的噪声和空气污染。根据乌利奇（Ulrich，1984年）与哈提格等人（Hartig et al.，2003年）过去的研究，可以预见的是，在城市中创造具有吸引力的景观将带来健康方面的种种益处。据乌利奇的观察，手术后的病人如能欣赏到绿色公园的美景，往往会更快出院；而那些只能凝望建筑物或墙壁的病人，则总体上需要更长的时间来休养。

毕马威会计师事务所（KPMG，2012年）研究了生态系统和生物多样性的经济学。其中一项研究成果是，在阿姆斯特丹的博斯恩伦默区（Bos and Lommer area）增加10%的绿化量，可获得巨大效益。这些效益包括直接医疗成本的降低以及工人生产力的提升。报告指出，如果将规模扩大到一座拥有1000万居民的城市，基本上也就是我们口中的“特大城市”规模，那么每年产生的效益就相当于 4 亿欧元（减少看病次数占 6500 万欧元，降低患病率以及提高生产力则为雇主节省了 3.28 亿欧元）。有趣的是，正是在 2012 年荷兰公共卫生大会（Netherlands Public Health Congress）期间召开的“绿色 = 免费医疗”研讨会上，公布了该研究的首批成果。

毕马威会计师事务所的研究成果不仅向我们揭示了绿色对“城市生命体”健康的重要性，而且还表明通过地下空间利用释放地上空间并对地上空置空间进行绿化，是一种价值创造过程。

9.3 获取项目创造的价值

佩尔蒂埃 - 塞伯格（Peltier-Thiberge，2015 年）在世界银行“交通促进发展”博客（World Bank Transport for Development blog）上撰写了以下内容，表达了许多人的共同观点：

> 随着世界各地城市化的不断推进，许多特大城市正在急切地寻找可靠的解决方案，以期改善城市交通系统，减少交通拥堵。地铁等复杂且昂贵的设施系统，对发展中国家的许多大城市来说，在经济层面是遥不可及的。但好消息是，世界银行集团和其他国际合作伙伴一直在推广一些优秀的替代方案。

佩尔蒂埃 - 塞伯格对地铁的思考存在一个根本性的错误，即他所说的这些系统是“复杂且昂贵”的。我们决不能仅以成本来判断方案的价值。正如在第 9.2 节中所看到的，我们应通过项目创造的价值来论证项目的合理性并进行项目评估。然而，价值创造关乎项目的经济意义，而合理性则首先要回答“为何值得投资”这一问题。因此，我们还需着眼于价值获取（value capture）。价值获取事关项目融资，也就是说，事关能否吸引足够资金来建设项目。我们需认识到，价值创造和价值获取是两件完全不同的事情。我们还需认识到，如果建议方案仅仅论证了项目合理性，却不能同时说明怎样才能为项目提供资金，那么这样的建议方案绝不会得到任何决策者的认可。

他的看法中存在的第二个错误是，在公共交通方面，他仅着眼于解决单一问题。我们并不怀疑其他解决方案在初始投资方面可能更便宜，但如果不考虑所有相关效益，正如我们在第 9.2 节所看到的那样，进行比选就没有意义可言了。正如布朗（Brown，2014 年）所说，真正的问题是，如何仅用一个解决方案，就同时解决多项挑战？

2016 年，澳大利亚政府发布了“智慧城市计划”（Smart Cities Plan）。计划中这样写道：“城市首先是为人服务的。城市的功能是为人类服务，所以城市必须具有人的形态 [澳大利亚总理内阁部（Australian Department of the Prime Minister and Cabinet），2016 年]。”该计划还提出了实现这一目标的途径：

> 聪明的投资，能使政府和私营部门之间建立伙伴关系，在预算限制内更快地提供更好的基础设施。然而，只有资金是不够的。世所公认的一项经验教训是，城市要通过合作才能有竞争力。相关事业的成功，需要各级政府、私营部门和社区为实现共同目标而携手努力。

就开发地下空间而言，我们认为，这种途径是唯一的前进之路。它需要我们为实现共同目标而携手共进，也需要有能够获取项目所创价值的聪明投资，使项目从财务角度来看是可行的。“价值获取就是要利用部分增长的价值，来帮助为负责价值提升的基础设施寻求资金”[澳大利亚总理内阁部（Australian Department of the Prime Minister and Cabinet），2016 年]。

古兰和劳勒（Gurran and Lawler，2016 年）引用“智慧城市计划”，对价值获取做了更详细的解释。他们将价值获取分为三种变体：交通价值（transit value）获取、税收增量融资（tax increment financing）以及通过规划过程实现价值获取（value capture through the planning process）。

当把一条新的铁路与一个新的城镇开发项目包装在一起时，就会实现交通价值获取 [古兰（Gurran）和劳勒（Lawler），2016 年]：

> 铁路沿线的商业资产与对住房开发的长期投资一样，可以带来持续收入流。在中国香港，有一个重大的公共租赁和资助自置居所项目业已落地，该项目即属于这种模式中的一部分。

另一个例子则是荷兰福尔堡镇－莱岑丹（towns of Voorburg and Leidschendam）的 Sijtwende 开发项目（图 9-4）。该项目包括修建一条道路以及公共交通隧道，并同时开发 700 套高级住宅。三家政府机构（作为道路运营商的国家政府、地区交通局以及当地政府）和一家私人房地产开发商联合起来，促成了该项目的实施 [万 • 贝克等（Van Beek et al.），2003 年]。除了住宅开发外，项目还开发了 10000m^2 的办公空间 [国际隧道协会（International Tunnelling Association），2017 年]。

图 9-4　Sijtwende 隧道综合体开发项目
（图片来自 Van Hattum en Blankevoort BV）

这些例子表明，如果政府方与私人方能够展开合作，以达成一个共同目标，同时满足各自目标的需求，那么交通价值获取就可以实现。从这个意义上来说，价值获取不仅需要解决整体的融资问题，还需要解决各方应做贡献的划分。然后，每一方都需决定，是最大化还是最小化自己的个体价值获取。而如果各方都想最大化自己的价值获取，显然就无法达成一致。从这个角度来说，与典型的联营体合作相比，交通价值获取更需要形成联盟。这就要求相关方不再关注“对我们有何好处？”这一初始问题，而需转而就联盟能够实现的长期共同利益进行更具战略性的思考 [多兹（Doz）和哈梅尔（Hamel），1998 年]。

税收增量融资的目的是，在预期会出现增量价值提升的区域，通过增加商业收入或租金来获取部分价值。价值获取通常会受征收特定财产税的影响 [古兰（Gurran）和劳勒（Lawler），2016 年]。尽管概念上很简单，但提高额外税收始终是一个政治敏感话题。哥本哈根城市与港口开发公司（CPH City & Port Development）首席执行官、前哥本哈根市长延斯・克拉默・米克尔森（Jens Kramer Mikkelsen）曾这样表示 [卡茨（Katz）和诺林（Noring），2017 年]：

> 我们知道这座城市正处于绝望的境地，我们需要拿出一些东西来应对这种境况。然而，为了负担这一重大基础设施项目的费用，我们需要数量可观的资金。但我们不能加税，此外，我们还需要便捷灵活的运作方式。

克拉默・米克尔森所说的项目就是哥本哈根地铁，该项目属于奥雷斯塔德（Ørestad）重建项目的一部分。该案例是古兰和劳勒（Gurran and Lawler，2016 年）在谈及“通过规划过程实现价值获取”时所给出的一个典型例子。奥雷斯塔德案例之所以值得关注，在于它不仅展现了如何在地下开发的背景下获取价值，而且还展现了一般情况下如何在城市重建的大背景下获取价值。

奥雷斯塔德是哥本哈根郊外的一个地区，主要由沼泽地和丹麦国有土地组成。它夹在机场和市区之间，处于关键位置。随着连接丹麦和瑞典的厄勒海峡（Øresund）连接线的建成，该地区得以与马尔默（Malmø）直接相连。1990 年，Würtzen 委员会应邀为哥本哈根未来交通投资制定规划。尽管委员会考虑了若干种方案，但仍然认为城外土地的开发潜力最大。这片土地的总面积为 3km^2。委员会提出的设想是，利用这块土地的开发潜力及其战略性位置，为急需的交通解决方案寻求资金。这个设想得到了热烈响应，从而让丹麦议会在 1992 年通过了《奥雷斯塔德法案》。对整个规划至关重要的是，这块土地被纳入了专门组建的奥雷斯塔德开发公司管辖范围，该公司将负责开发这一地区以及哥本哈根地铁最初的两条线路。而开发公司获得收入的方式不仅包括出售土地，还包括征收与该地区内土地使用相关的税款 [卡曼（Kampmann），2002 年]。

卡茨和诺林（Katz and Noring，2017 年）介绍了这一模式如何在随后几年内促成了奥雷斯塔德开发公司与哥本哈根港公司的合并，从而成立了新的哥本哈根城市与港口开发公司。该融资机制被他们评价为“简单而有效”，如图 9-5 所示。

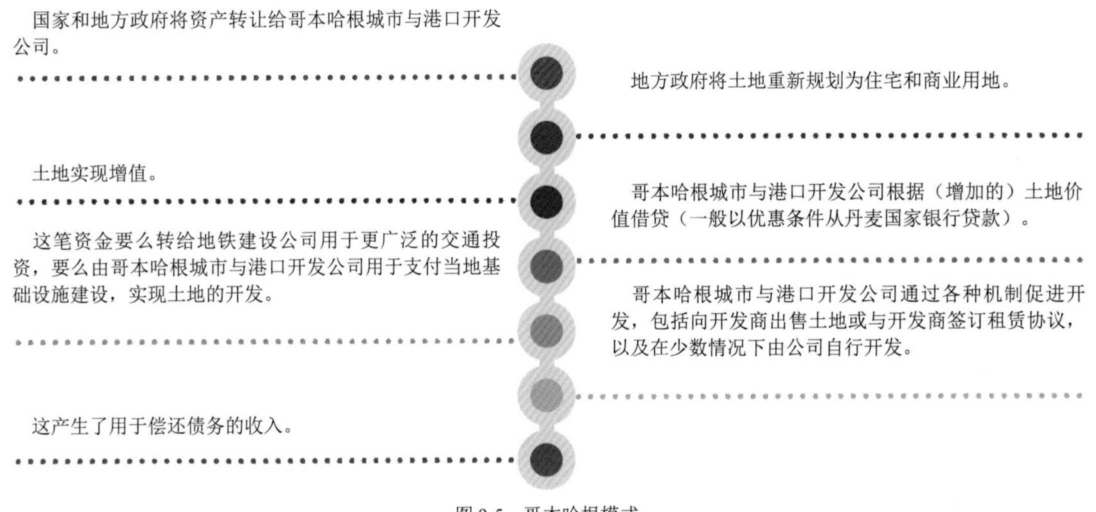

图 9-5　哥本哈根模式

通过规划过程实现价值获取，实际上是指在创造新价值的变化出现后，对产生的产权交易征收款项。这样就可以获取房屋或土地价值增长的一部分。此外，还可以在现有已缴税款的基础上加征款额。这种价值获取方式背后的理念是，如果公共投资只是让部分人获得巨大利润，而不让所有人都受益，这就未免显得不公平 [古兰（Gurran）和劳勒（Lawler），2016 年]。在这个意义上，奥雷斯塔德模式最大化了价值获取，因为它可以通过土地销售和财产税获取该地区的所有收入。

价值获取的最后一个例子，我们称之为“借助于私人主动性的价值获取”。马萨诸塞州波士顿邮政广场（Post Office Square）的停车场虽然称得上功能完善，但其外观却单调乏味——属于我们在世界各地都能看到的那类典型“畸形”建筑，这些建筑虽能提供急需的服务，但却破坏了空间品质感（图 9-6）。于是，有人提议给这个空间换一种用途（Norman B. Leventhal，2017 年）：

图 9-6　马萨诸塞州波士顿邮政广场（©Bill Horsman 版权所有）

> 1982 年，一群市政和商界领导人走到一起，开始讨论在波士顿金融区中心的邮政广场停车场所在地建设一个新公园的可行性。经过全面的技术和法律分析，他们于 1983 年 6 月成立了一个新的民间单位，邮政广场友人有限公司（Friends of Post Office Square，Inc.）。

他们的想法是，通过在波士顿中央商业区中心地段建造新公园来提供急需的绿色公共空间，并为广场周围的企业和业主创造价值。他们实现这一目标的方式是，将停车场置于地下，创造出比原来多一倍的空间，从而容纳了更多车辆。

邮政广场友人有限公司成功买断了停车场运营商租赁权益，向市政府支付了 100 万美元的土地所有权费用。购买协议包含一项条款：40 年后需将公园和停车场归还市政府。而这段时间，需用来偿还 8000 万美元的征地和重建费用。8000 万美元中，部分资金是通过银行贷款筹集而来的。其余的资金，则是通过获取地下停车场与楼顶公园将会创造的价值而得来的。邮政广场友人有限公司以停车场之名发行了股票，并以 6.5 万美元的价格向当地企业出售个股。每一股可以获得每月一个停车位的使用权，并在债务减免完成后获得 8% 的累积股息。整批 450 股优先股在 6 周内销售一空，筹集到 2925 万美元。地下停车场于 1990 年启用，公园则于 1992 年开放 [公共空间计划组织（Project for Public Spaces），2009 年]。

最重要的一点是，整个项目都是由私人出资的，但却为该地区带来了巨大变化。项目恢复了空间品质感，使相邻办公楼的工作者可以在公园里享受午休（图 9-7）。

当地下空间开发被融入城市规划，并被视为实现城市发展目标的途径之一时，价值获取就成为可能。但与此同时，“除非价值获取相关机遇清晰可见，能受到充分关注，否则价值获取将难以实现”[多兹（Doz）和哈梅尔（Hamel），1998 年]。多年来，地下空间利用的倡导者一直在将“价值创造”用作论据，以证明地下空间项目的可行性。然而，价值创造只是证明了规划的合理性，而真正能促成开工建设的，是价值获取。不过，价值获取需要在管理方面进行创新，这就跟工程师和规划者需要创新是一样的。哥本哈根模式创造性地把一个由私人经营的公有公司作为机构载体，事实证明，这在取得所需创新方面起到了重要作用。

图 9-7　邮政广场（©Ed Wonsek 版权所有）

9.4　对地下空间的投资

比伦贝格等人（Bielenberg et al.，2016 年）认为：“基础设施的选择决定了我们能否拥有清洁能源、紧凑城市和节能建筑，也决定了基础设施能否应对不断变化的环境和气候。”他们给可持续基础设施下了一个有趣的定义：可持续基础设施是一种具有社会包容性、低碳环保且能适应气候变化的基础设施。根据他们的观点，可持续基础设施是唯一能够满足城市对基础设施需求的基础设施类型。并且，也只有这种类型的基础设施才能真正帮助城市，进而帮助国家实现《巴黎气候协定》的“国家自主贡献”（INDC）目标。

比伦贝格等人重点强调的一项研究发现是，大型基础设施项目往往更多采用公共融资，因此项目与政治动向呈相互依赖关系。如果国家政府内部出现资金危机，大型基础设施项目往往最先被搁置。除此之外，许多国家还无法公布与长期计划有关的基础设施投资路径。这就注定不能为投资者创造适宜的投资环境。比伦贝格等人引用世界银行高管伯特兰·巴德尔（Bertrand Badré）的话说：“挑战既存在于项目本身，也存在于资本供应方面。可行的项目根本就不够多。”

未来几年对可持续基础设施的需求将很大，因此不会有充足的公共资金来资助所有项目的建设。在能够予以资助的项目和需要获得资助的项目之间将存在缺口。

因此毋庸赘言的是，只有改变现状才能推动项目获得私人投资。我们同意比伦贝格等人的说法：“我们相信‘三赢’是可以实现的——可持续基础设施将减少排放和气候风险，刺激经济发展，增加投资者回报。”

基础设施项目不仅要获得工程师的认可，也要获得城市规划者的认可；不仅要从创造价值的角度来论证项目的合理性，也要明确价值获取模式，确保营造适宜的投资环境，让私人投资者对项目投资产生兴趣。

有一个基础设施项目，即瑞士的地下物流系统（Cargo Sous Terrain），以其特有的方式似乎做到了这一点。地下物流系统（2017年）是一套规划中的自动化物流系统，将采用地下隧道把无人驾驶车辆运送到城市地区。车辆到达城市地区后，将驶出隧道来到地面并继续运送货物（图9-8）。该项目刚刚进入了下一阶段，并已获得足够推动项目实施的私人资金。该项目的独特之处在于，它完全是由私人投资者出资。尽管也得到了瑞士政府的支持，但该项目并没有获取直接的公共融资。那么，是什么让这个项目具有了可行性呢？首先，通过与联邦政府和各州的合作，协调了各方面政策和制度，确保了项目的顺利开发。这包括对土地所有权法规提出变更，从而避免了法律条款的含混不清，以及土地所有者通过法律诉讼可能导致的项目延期（另

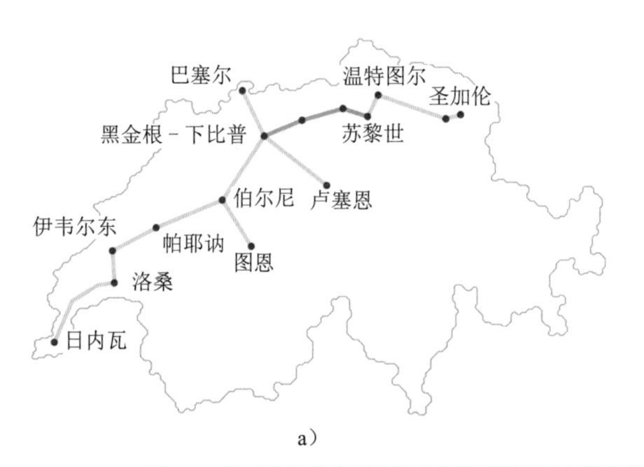

a）

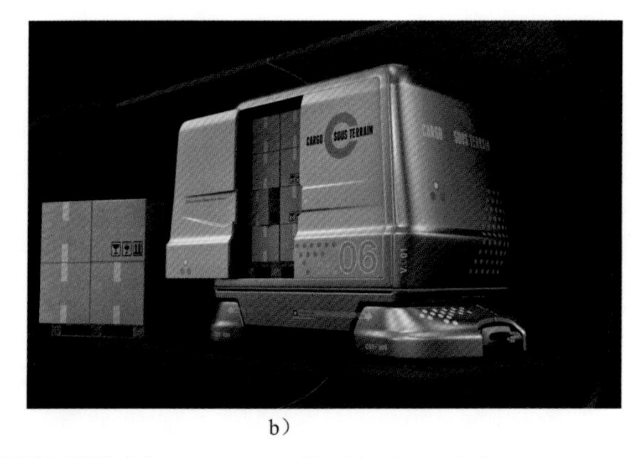

b）

图 9-8　地下物流系统项目路线和拟采用的无人驾驶货运车辆（图片来自 Ben Fürst/CST 和 Nitin Khosa/CST）

见第 8.2 节）。以这种方式减少不确定性并避免工期延误，对于吸引私人投资者投资项目是至关重要的（比伦贝格等人认为，缺乏透明度和可能存在的项目工期延误风险，是吸引私人投资的主要障碍）。其次，以联合体的模式建立了项目运作机构，而随着项目推进，联合体还将发展成为公司实体。该联合体（以及之后的公司）的成员，包括这套系统的用户，而这些用户将为所获得的服务付费。相关服务不仅包括自动货物配送，也包括利用隧道内部空间对包裹、电缆和管道进行中等距离运送。将那些能从项目中受益并愿为之付费的用户召集进来，投资者就会意识到，有人不仅愿意为使用该系统支付费用，而且还愿意在较长时间范围内继续支付费用。这就进一步消除了投资者的担忧，即项目不能完全收回成本，或不能提供他们所追求的投资收益。最后，该项目的第一阶段就涵盖了 67km 的线路，这一巨大体量就足以确保项目获得投资，而后续的各阶段则为未来的投资展现了前景。该项目中的投资路径是切实可见的，由此也就让投资者对项目的成功建成有了充足信心。通过这样的做法，价值创造与价值获取就结合在了一起，推动形成了吸引私人投资者的投资环境。

布朗（Brown，2014 年）曾专门研究过美国的基础设施市场。她看到，不仅是新基础设施需要大规模投资，对日益老化且大多疏于维护的道路和构筑物进行整修和更换，同样需要大规模投资。她认为，这项任务太过重大艰巨，传统方法已无法应对挑战，特别是在公共资金严重不足的情况下。她建议转向一种新的后工业范式，这种范式基于相互依赖的生态模式，而非相互分隔的工业模式。对她来说，相关标准十分明确，即公共工程应是“多用途、低碳的基础设施，能与自然系统紧密协同，充分融入社会环境，并能适应不断变化的气候”。

布朗的说法呼应了比伦贝格等人的研究发现，同时强调了为何地下物流系统能在其他项目失败的情况下吸引到私人资金。我们需要摆脱单一用途的基础设施，这不仅是因为这种设施实际上很浪费空间，还因为它不能带来足够的效益，无法确保获得长期私人投资。布朗引用了奥苏贝尔（Ausubel）的一段话：“如果我们实行基础设施整合管理……如果我们开始把城市当作一个活的生态系统来管理——当然，城市本来就是活的，或者说曾经是活的，也应该是活的。那么，我们就会有充足的资源来改造城市。”

相关资源很充足，而且就在眼前。比伦贝格等人曾指出，平均来说，机构投资者会将其投资组合的5.2%分配给基础设施。然而，他们的目标投资量却是6%，这就相当于，每年有1200亿美元的额外资金因缺乏可行的基础设施投资项目而未被使用。据比伦贝格等人的总体估计，如果有适当的激励措施，每年就可获得高达1.5万亿美元的私人机构投资。

城市新陈代谢、城市生命体或生活生态系统，都迫切需要对以下这些项目进行投资：就像利用地上空间那样充分利用地下空间的项目，以及在社会、经济和环境方面都有效益的项目。因此，问题的关键不在于这些项目的成本是多少，而在于如何使这些项目在投资者看来是赚钱的项目。

9.5 政治意愿推动项目实施

1940年生于马萨诸塞州波士顿的弗雷德里克·彼得·萨尔武奇（Frederic Peter Salvucci），从小就在一个关系亲密的意大利家庭里长大。当他还是个孩子的时候，母亲会带着他和他的妹妹去市中心买鞋。在当时的市中心，人们还能看到河对岸麻省理工学院（MIT）的穹顶。弗雷德里克的母亲常对他说，“如果你努力学习，就能去那里读书了”。后来，萨尔武奇果真进了麻省理工学院，先是攻读建筑学学位，后又转修土木工程专业。丹尼格里斯（Danigelis，2004年）就这个故事继续写道：

> 当萨尔武奇还是本科生时，马萨诸塞州的官员开始为马萨诸塞州收费高速公路（Massachusetts Turnpike）的建设腾出空间。于是，政府的人把他祖母从位于布莱顿的家中赶了出来，在付给了她

一美元的拆迁费首付款后，就把房子拆了……“当时，我看到的这一幕，给我留下了难以磨灭的印记，麻省理工学院宣扬的交通理论与正在发生的丑陋现实形成了鲜明对比。”萨尔武奇说道。萨尔武奇在麻省理工学院的导师一直教导他的是，交通应无干扰地服务于当地社区，尊重环境。然而，他家人所经历的却与之完全相反。

1951 年，高架中央干道（Central Artery）建成，这个建筑犹如一个绿漆涂装的钢筋混凝土怪物。它切断了波士顿和查尔斯敦与其滨水区的联系。这样一来，企业就纷纷选择搬离。最后，实际情况是，该构筑物根本不足以应对当地全部交通量。

在学院教过萨尔武奇的教授之一，艾伯特・谢弗・兰（A. Scheffer Lang）曾这样教导他：“工程师应思考如何建造以及为何要建造某一构筑物，这是工程师的道德义务 [丹尼格里斯（Danigelis），2004 年]。”正是这次授业以及他祖母被驱逐的经历，塑造了他的思维方式，使他成为“波士顿大开挖（Boston Big Dig）的推动者”。

1970 年，萨尔武奇成为波士顿市长的交通顾问。1975 年，新当选的迈克尔・杜卡基斯（Michael Dukakis）州长邀请他担任马萨诸塞州的交通部长。杜卡基斯素来旗帜鲜明地反对建设公路，但萨尔武奇本人却非常认同将公路移到地下的种种好处。于是，他通过劝说使杜卡基斯相信，花在中央干道 / 隧道工程（Central Artery/Tunnel Project，即俗称的“大开挖”）上面的每一美元都是值得的。

但政治就是政治。1978 年，杜卡基斯在竞选连任时失利，萨尔武奇不得不搁置他的计划。接着，他就回麻省理工学院任教去了。而新任州长则放弃了这个项目，转而专注于修建一条新隧道，用以连接 90 号州际公路（Interstate 90）和波士顿洛根将军国际机场（Logan Airport）。

后来，到了 1982 年，杜卡基斯再次当选，萨尔武奇也回到了他交通部长的位置上。上任后，他大展拳脚，着手重启旧项目，并使之与机场隧道相连。由于 93 号州际公路和 90 号州际公路项目都有资格获得联邦资助，而且能起到保护社区、改善环境、缓解交通拥堵的作用，这套组合方案最终成为优胜方案 [丹尼格里斯（Danigelis），2004 年]。

然而，这一方案的确也有代价。“虽然这一美国规模最大的公路建设项目的效益即将看得见、摸得着了。”萨尔武奇在 2003 年写道，“但项目的成本，却从1990年开工前预估的60亿美元，上升到了目前预估的150亿美元。这既引起了举国关注，也给其他大型地下工程带来了困难。”

不过，萨尔武奇始终相信这个项目将造福当地，他在担任公职的日子里一直保持着这种信念。在此期间，他还做了另外一件事：他从项目伊始就与公众接触，与人们会面，向他们解释这个项目的诸多好处。正如他自己所澄清的[萨尔武奇（Salvucci），2003年]：

> 只有了解了这个项目的巨大效益以及它对地区经济的必要性，人们才有可能理解，处于波士顿一如既往难以控制的政治环境中，面对成本的剧增（大部分成本由市和州承担），何以两党会在政治、商业、劳工和社区方面持续给予广泛支持。

2004年，《波士顿环球报》（*The Boston Globe*）详细指出了一些业已显现出的项目效益[帕尔默（Palmer），2004年]：

> 自中央干道隧道工程启动以来，工程沿线长一英里的地带（今年将建设成为罗丝•肯尼迪绿道），其商业地产价值已升至23亿美元，增幅达79%。这几乎是同期全市商业地产评估价值增长率41%的两倍。

此外，《波士顿环球报》在2005年的报道还印证了萨尔武奇从一开始就了然于心的那些项目优势：

> 高峰时间固然会带来电台记者所说的大交通流量，但这里的车流却始终在移动着。穿越波士顿市中心的1.5英里长路段内，车流正在“地下”这一不为人所见的地方移动着。而在那出了名的造价高昂的地下隧道上面，则是全美乃至全世界最漂亮、最有价值的城市地产。无论是去接奶奶回家，还是送高管到位于海角堡（Fort Point）或128号公路沿线的创业公司，往返洛根将军国际机场的路途从未如此便捷[弗林特(Flint),2015年]。

萨尔武奇从“大开挖”项目中总结出了六条经验教训，强调了该项目对城市本身的巨大影响[萨尔武奇（Salvucci），2003年]：

第一，“大开挖”项目为波士顿大都会区的经济带来了巨大效益，而通过采取责任减免手段，对“外部”项目成本承担全部责任的政策，又为项目顺利实施赢得了所需的两党支持。

第二，他指出“延误”将对项目成本造成严重后果。他所说的“延误”并不是指施工进度的拖延，而是指决策过程带来的延误。有鉴于此，他的第三条经验就点明了政府行政管理部门之间的过渡，以及从规划到建设之间的过渡，这两方面的管理难度。

第四条经验教训是“项目管理过于私有化，未能保有足够的公共部门管理能力”[萨尔武奇 (Salvucci), 2003年]。在萨尔武奇看来，仅这一点就能导致项目整体成本大幅增加。而他的第五个观察所得是，波士顿面临的重大挑战在于，“如何审慎地使用这一重大投资，即妥善运营和维护这些资产，同时又履行对‘精明增长’政策的承诺”，这需要进一步关注项目完成后的情况。最后，他说道：

> 就美国30个主要的大都市区而言，如果想高效有力地规划和实施用于支持其可持续经济增长的大型基础设施翻新项目及新建投资项目，就需要重新审视联邦和各州的筹资机制和环境监管程序。

他所提出的上面这第六条，即最后一条经验教训，在10年后仍然适用，并且有力支撑了第9.2节中我们讨论过的观点，以及希拉里·布朗的后工业新范式。

政治意愿可以推动项目实施。这不仅限于波士顿的“大开挖”（Big Dig）项目，世界各地的许多项目也都是如此，如马德里M-30环路/马德里河项目（见第2.4节）（波士顿Time Out网站，2013年）。

> 前马德里市长、人民党政要阿尔贝托·路易斯·加利亚东（Alberto Ruiz Gallardón）是许多大型城市翻新项目的真正推动者。这些项目虽已成为首都标志性工程，但也使该市大片地区在21世纪头十年的大部分时间里处于持续不断的道路施工状态。尽管许多人，尤其是城市中的出租车司机，曾对这些工程造成的干扰大加咒骂，但现在人们几乎一致认同这些为城市带来变化的工程。其中，最为人所称道的是耗资35亿欧元的马德里M-30环路/马德里河项目。该项目将M-30环路的部分路段移到了地下，并在地面修建了马德里河公园。当地人现在有了一个沿曼萨纳雷斯河（The Manzanares River）河岸绵延十公里的新公园，公园里有咖啡馆、喷泉、自行车道、溜冰场、足球场、网球场，甚至还有BMX小轮车赛道。加利亚东曾因急于在城市中留下自己的“印记”而被嘲笑为“法老”，如今他为马德里现代化所付出的努力，已得到广泛赞誉——须

知马德里与巴塞罗那和塞维利亚不同，这个城市无法用奥运会或世博会来当幌子以大肆开展城市局部“整容手术”。

项目所获政府的拥护，对项目成败起着决定性作用。不过，根据弗吕夫布耶格等人（Flyvbjerg et al.，2003 年）的研究，政治拥护并非巨型项目成功所需的全部要素。他们指出失败的或成本超支的项目通常具有三个不足之处——与萨尔武奇（2003 年）当年提出的看法一致：

- 公众以及受项目成败影响的相关利益群体参与度不足，而商业游说团体却过度参与；
- 未明确项目所需达到的公共利益目标；
- 缺乏对政府和参与各方角色的明确界定。

正如我们在之前章节中所看到的，地下空间的开发需要参与式的规划、透明的决策过程、明确的价值创造优势和价值获取优势，以及有效的筹资机制。而最重要的是，还需要政治意愿来为这些创建未来城市所需实施的项目背书。萨尔武奇（2003 年）曾尖锐地指出：“如果我们希望城市基础设施系统的再开发能得到持续投资，首先需要做的就是支持那些具有广泛基础、根植于环境可持续原则的地方规划程序。”

9.6 本章核心观点

在我们的研究过程中，总会遇到一些具有高识远见的工程师。他们试图证明，地下解决方案对社会有着巨大的积极影响。其积极影响如果受到重视，就将使任何地下项目都胜过地上项目。然而，当被问及如何为这些项目融资时，这些工程师却都无法给出答案。

对我们来说，如何融资是大规模利用地下空间所面临的第二大障碍。至于第一大障碍，则是我们做不到用以下理念来进行规划：城市地下廊道的建设是为了连接“地下室”和“地下空间网络”，并在地表之下形成一种新的城市肌理。

为了解决这个问题，我们需认识到，经济学和金融学之间存在区别。我们需更深入地了解如何为项目提供资金，而不是仅仅关注项目合理性的论证，将钱作为一个抽象概念来讨论。

论证项目的合理性，需要我们突出项目

所能带来的效益。然后，对这些效益优势进行货币化处理，将其套用在经济模型中，借此开展与其他项目的比选，或确定项目是否能获得充足社会回报。虽然已有各种方法可满足上述做法的需求，但这些方法的目的是一致的，即进行比选和项目合理性论证，而其所展现的无非是项目在价值创造上的能力。

此外，项目还需要各方面政策和制度来推进促成，确保相关法规允许项目施工建设、土地征用顺利进行，并能取得许可证及执照。

最后，项目也需要好的融资结构，使其能正常建设运营。这些结构不仅需凸显价值获取，而且还需创造适宜的投资环境，以利于私人投资。

为让项目取得成功，我们需设立一个更大目标。项目应具有多重功用，要将建设低碳基础设施作为目标，使设施自身与自然系统紧密协同，充分融入社会环境，并能适应不断变化的气候条件。这些就是我们所需实现的目标。所有的努力都要集中在打造可持续基础设施上，这样才能让我们始终高度重视这些目标。而要做到这一点，就需要从早期规划阶段到最后交付和运营阶段，都将价值创造和价值获取视作项目进程的一部分，就像规划、设计和施工那样。唯如此，项目才能彰显可行性和收益率。这样看来，地下空间项目就与地上项目并无差别。不论在发展中国家还是发达国家的城市中，地下空间项目都不应成为“经济层面上遥不可及”的项目。地下空间项目所需的，只是决策者的远见卓识，来为项目创造适宜的投资环境，使项目得以推行。而最好的方式就是与私人方合作，寻找能创造收益的方法来应对我们面临的挑战。通过这种方式，我们就能利用地下空间来创造未来城市，也就是那类具有可持续性、韧性和社会包容性的城市。当然，最重要的是，这些城市对市民而言，应是宜居的、令人喜爱的城市。

本章参考文献

[1] Australian Department of the Prime Minister and Cabinet. Smart Cities Plan[R]. Canberra, Australia: Commonwealth of Australia, 2016.

[2] BIELENBERG A, KERLIN M, OPPENHEIM J, et al. Financing Change: How to Mobilize Private Sector Financing for Sustainable Infrastructure[R]. Washington, DC, USA: McKinsey Center for Business and Environment, 2016.

[3] BROWN H. Next Generation Infrastructure: Principles for Post-industrial Public Works[M]. Washington, DC, USA: Island Press, 2014.

[4] Cargo sous terrain[EB/OL].(2017)[2017-11-14]. http://www.cargosousterrain.ch/ de/en.html.

[5] CNU. Highways to boulevards[EB/OL].(2017)[2017-11-14]. https://www.cnu. org/our-projects/highwaysboulevards.

[6] DANIGELIS A. The man behind the big dig[N/OL]. MIT Technology Review, 2004[2017-11-14]. https://www.technologyreview.com/s/402867/the-manbehind- the-big-dig/.

[7] DIAMOND JM. Collapse: How Societies Choose to Fail or Succeed[M]. New York, NY, USA: Viking Press, 2005.

[8] DOZ YL, HAMEL G. Alliance Advantage: The Art of Creating Value Through Partnering[M]. Boston, MA, USA: Harvard Business Review Press,1998.

[9] FLINT A. 10 years later, did the Big Dig deliver?[N/OL]. The Boston Globe, 2015[2017-11-14]. https://www.bostonglobe.com/magazine/ 2015/12/29/years- later-did-big-dig-deliver/tSb8PIMS4QJUETsMpA7Spl/story.html.

[10] FLYVBJERG B, BRUZELIUS N, ROTHENGATTER W. Megaprojects and Risk: An Anatomy of Ambition[M]. Cambridge, UK: Cambridge University Press, 2003.

[11] GREEN F. Nationally Self-interested Climate Change Mitigation: A Unified Conceptual Framework[R]. Leeds, UK: Centre for Climate Change Economics and Policy, 2015 ; London, UK: Grantham Research Institute on Climate Change and the Environment, 2015.

[12] GURRAN N, LAWLER S. Explainer: what is ‘value capture’ and what does it mean for cities?[N/OL]. The Conversation, 2016[2017-11-14]. https://theconversation.com/explainer-what-isvalue-capture-and-what-does-it-mean-forcities-58776.

[13] HARTIG T, EVANS GW, JAMNER LD, et al. Tracking restoration in natural and urban field settings[J]. Journal of Environmental Psychology, 2003, 23(2): 109-123.

[14] HEERTJE A. Economie in een notendop[M]. Amsterdam, the Netherlands: Promotheus, 2000.

[15] International Tunnelling Association. Sijtwende Tunnel[R/OL]. (2017)[2017-11-14]. https://cases.ita-aites.org/search-the-database/project/23-tunneltrace-sijtwende.

[16] KAMPMANN N. The free selection of solutions for a friendly metro-project finance[C]//Proceedings of the Copenhagen Metro Inauguration Seminar, Copenhagen. Lyngby, Denmark: COWI, 2002: 33-36.

[17] KATZ B, NORING L. The Copenhagen City and Port Development Corporation: a model for regenerating cities[R/OL]. (2017)[2017-11-14]. https://www. brookings.edu/research/copenhagen-portdevelopment/.

[18] KOTSARELI M, MAVRIKOS A, KALIAMPAKOS D. Social cost–benefit analysis of the western expansion of the Athens Metro[M]// Zhou Y, Cai J and Sterling R (eds). Advances in Underground Space Development. Singapore: Research Publishing, 2013: 202-203.

[19] KPMG. Groen, gezond en productief: The Economics of Ecosystems & Biodiversity[R]. Amsterdam, the Netherlands: KPMG Advisory, 2012.

[20] NORMAN B. LEVENTHAL PARK. History of Boston's Post Office Square[R/OL]. (2017)[2017-11-14]. http://www.normanbleventhalpark.org/about-us/history-of-post-office-square/.

[21] PALMER T. For property owners, parks mean profits property values soar on milelong swath[N/OL]. The Boston Globe, 2004-06-14[2017-11-14]. http://archive.boston.com/news/local/massachusetts/articles/2004/06/14/for_property_owners_parks_mean_pro64257ts/.

[22] PELTIER-THIBERGE N. Lagos' bus rapid transit system: decongesting and depolluting mega-cities[R/OL]. (2015)[2017-11-14]. http://blogs.worldbank.org/ transport/lagosbus-rapid-transit-system-decongestingand-depolluting-mega-cities-0.

[23] UK POST. Tunnel Vision. POST Report Summary 90[R]. London, UK: POST, 1997.

[24] Project for Public Spaces. Garage below supports park above in Boston[EB/OL]. (2009)[2017-11-14]. https://www.pps.org/reference/posquare/.

[25] RENNER R. Urban Being: Anatomy & Identity of the City[M]. Salenstein, Switzerland: Niggli, 2018.

[26] ROMIJN G, RENES G. General Guidance for Cost-Benefit Analysis[R]. Hague, the Netherlands: Netherlands Bureau for Economics and Netherlands Environmental Assessment Agency, 2015.

[27] SALVUCCI FP. The 'big dig' of Boston, Massachusetts: lessons to learn[C]// Proceedings of The ITA World Tunnelling Congress, Amsterdam. Amsterdam, the Netherlands: ITA-AITES, 2003, vol. 1: 37-41.

[28] SCHNEIDER V, LEIFELD P, MALANG T. Coping with creeping catastrophes: national political systems and the challenge of slow-moving policy problems[M]//Siebenhner B, Arnold M, Eisenack K and Jacob KH (eds). Long-term Governance of Social-Ecological Change. New York, NY, USA: Routledge, 2013: 221-238.

[29] Time Out. Time Out Madrid, 9th edn[M]. London, UK: Time Out, 2013.

[30] ULRICH RS. View through a window may influence recovery from surgery[J]. Science, 1984, 224(4647): 420-421.

[31] Van Beek J, Ceton-O' Prinsen NM and Tan GL (2003) Tunnels in Nederland: een nieuwe generatie. Bouwdienst Rijkswaterstaat, Utrecht, the Netherlands. (In Dutch.)

[32] Washington State Department of Transportation. Viaduct history[EB/OL]. (2017)[2017-11-14]. http://www.wsdot.wa.gov/Projects/Viaduct/About/History.

[33] Waterfront Seattle. What is Waterfront Seattle?[EB/OL]. (2017)[2017-11-14]. http://waterfrontseattle.org/Media/Default/pdfs/2017_April_WFS_11x17.pdf.

[34] WONG N, TAN AYK, TAN PY, et al. Perception studies of vertical greenery systems in Singapore[J]. Journal of Urban Planning and Development, 2010, 136(4): 330-338.

第 10 章

颠覆性思维如何革新城市地下空间的未来

据普雷格（Poleg，2017 年）的研究：

> 传统酒店企业的运营成本很高，需要在设计、装修以及偶有的整栋建筑收购等方面进行大量投资。酒店的业务建立在强大的品牌、专有的管理体系以及满足不同需求的全球网点之上。相比之下，爱彼迎（Airbnb）虽不买楼，也不装修，但却具有了与传统酒店相当的价值定位。其用于实现价值定位的方法是，将数百万个未被充分利用的房间聚集在一个可靠且易于使用的平台下。

普雷格认为，同样的模式也适用于闲置的汽车及其驾驶员。优步（Uber）在世界各地挑战着人们熟悉的出租车概念，为客户提供了简单易用的手机应用来安排交通出行，并通过信用卡支付交通费用。普雷格还认为，资产整合者的一大贡献是，让闲置的死资产“活”了起来。而那些成熟的公司就成了受害者，像兔子一样被整合者耀眼的“车前灯”探照到，惊得一动不动。如果从更抽象的层面来看，整合者所做的就是利用新技术，在住宿或出行等具体领域向新的范式转变。整合者的做法具有颠覆性，而颠覆性本身就在造成一种变革，这种变革将不可避免地成为新的常态。

著名物理学家史蒂芬 • 霍金（Stephen Hawking）曾提出，人类还剩 100 年左右的时间来逃离地球，移居到另一个太阳系的新星球。“他认为，人类需在下个世纪内成为多星球寄居物种。由此，他就将他先前向我们这个物种发出的长达 1000 年的预警时间改短了”（BBC，2017 年 a）。

为逃离地球，我们需要克服一些障碍。其中一个是，即使是离我们最近的宜居行星“比邻星 b”（Proxima b），距地球也有约 4.2 光年远。如果使用传统火箭，大约要花 12 万年才能到达。有鉴于此，科学家正在研究能够缩短旅程时间的太空旅行新方式，如使用等离子体推进器。前宇航员张福林（Chang Diaz）信心十足，称他设计的外太空用发动机能在几年内就实现生产。如果成功，这将把到达火星所需的时间从 8 个月左右大幅缩短到 39 天（克拉什 Clash，2017 年）。

张福林将其形容为外太空交通的范式转变。但这也只是一个开始，如果我们想要前往"比邻星 b"这样的行星，还需更多更深的转变——哪怕我们使用等离子体推进器，也要花 2000 年才能到达（BBC，2017 年 b）。人类显然需要具备高速旅行的能力来进化和适应环境，并最终作为一个物种存活下来。

超级高铁（Hyperloop）就是一套我们所需的系统，它能带来范式转变，并颠覆我们对旅行的认知。超级高铁系统不仅可提高旅行速度，还旨在创造一个物理移动互联网——人们将像今日互联网上流动的数据包那样移动，并最后汇聚于目的地 [厄尔（Earl），2017 年]。

如果我们能够创造出这样的物理互联网，那么我们的移动方式以及我们运送货物的方式，将发生巨大变化。不仅如此，这甚至有可能会重塑我们的聚居层。今天，有大量的人口从农村地区向城市地区迁移。人们之所以希望居住在城市里，是因为他们的工作就在那里。从农村地区赶往城市地区工作，路上所费时间通常很长，人们当然宁肯直接迁徙到城市，或至少也要迁徙到城市边缘地区。渐渐地，城市边缘地区将变成郊区，而新的边缘地区又将促使城区边缘扩张。但这种无序扩张也有限度，当所在地到市中心工作地的通勤时间超出 30 分钟左右的极限值时，扩张就会停下来，因为住在离市中心那么远的地方根本就没有吸引力。这个观点源自马切提恒定值（Marchetti's constant），即"个人旅行更受个人基本本能控制，而非受经济驱动力控制"。该恒定值是西萨尔 • 马切提（Cesare Marchetti）在雅各布 • 扎哈维（Yacov Zahavi）早期研究的基础上提出的。相关研究显示，我们平均每天只愿花一小时通勤时间 [特纳（Turner），2012 年]：

> 无论是新干线子弹列车上的日本工薪族、亚马孙河流域的狩猎采集者，还是加拿大郊区居民，全都受困于高峰时段的交通中。如果让他们采用自己的通勤策略(或压根就没有策略)，那么，他们无一例外每天大约只会花上一个小时的通勤时间。马切提查看了历史记录，认定哪怕一直追溯到新石器时代的洞穴遗址，这个平均时间也都是一样的。他把这个现象称为"全世界出行本能的典型共性"。

如能像超级高铁那样，在出行时间30分钟不变的基础上，实现出行距离的延长，这就能为卫星城市的概念赋予全新意义，使卫星城市再度风靡。不过，这样做的意义远不止此。今后，在柏林生活却在阿姆斯特丹工作将变得司空见惯，因为以1200km/h的速度从一地前往另一地，只需30分钟。此外，相关概念还构想出了一种随叫随到的车舱，可实现无缝旅行，不再有等待时间。这就完全击败了虽也能按此速度航行的飞机，因为往返机场所花费的交通时间，以及繁复的安检和登机要求，使乘飞机出行失去了优势。

至少在欧洲范围内，超级高铁将带来巨大变化，甚至大规模地颠覆传统旅行模式和居住模式。同时，这也是为欧盟带来凝聚力的终极方法，因为它将以一种超越所有其他交通模式的颠覆性出行模式，实现“无国界欧洲”这一愿景。

贝朗格（Bélanger，2017年）提出的“规模生态学”，印证了颠覆性基础设施对城市景观的塑造作用：

> 过去两千年来一直制约城市设计师的《雅典誓言》（Athenian Oath）终于松开了束缚，为干预地理空间尺度的新工具和新方法腾出了空间，使之超越城市本身，进入了当代各种城市相关区域。在更具灵活性、循环性、互联性的城市经济体系背景下，工业经济的那种线性且固定封闭的机制正在迅速消逝。将城市的原初理念从“安全”“恒久”“稠密”等概念的桎梏中解放出来，将能打开新的前景，实现新的社会公平以及区域协同。这意味着将出现一系列超越过去那些屈指可数的优秀先例的项目。

超级高铁概念的诞生源自一个人的愿景，即伊隆·马斯克（Elon Musk）。马斯克之前创办的贝宝（PayPal）颠覆了互联网金融交易的传统方式，为他赢得了数百万美元的收入。但他并未止步不前，而是将这些资金拿来继续“撬动”其他领域。除超级高铁外，马斯克还创办了特斯拉（Tesla），远在传统汽车厂商之前推出了电动车产品。而太空探索技术公司（Space X）也是他创立的，该公司旨在打造人类殖民火星的能力。马斯克的有趣之处在于，他不仅具有远见卓识，他还能激励他人，发起一场运动。这一运动与相关主题结合，在世界范围内开展了具有行业颠覆性的创造活动。具体做法是，启发学生，培养其进行未来发展方向研究的精神，鼓励他们开办创业公司，相互竞争。比如，看谁第一个推出能让太空探索技术公司实现火星殖民的飞行舱。

超级高铁招标的规划方案中，有英国路线方案入选，而英国相关政府机构对此的反应是可以预见的：与政府的创新思维机构“创新英国”（Innovate UK）走得很近的某位消息人士坚称，入围的四项规划均未获得官方支持。“他们没有从我们这里拿到一分钱。”该消息人士称，“我可以打包票，这不会很快发生”[佩顿（Paton），2012 年]。这种反应是很典型的，显示出政府对颠覆性的意义误解甚深。这与出租车公司对优步的反应以及连锁酒店对爱彼迎的反应是一样的。他们看待新事物的角度，是基于长期存在的传统模式带来的安全感和舒适感。但他们却没有认识到新事物的真正本质：具有颠覆性的活动能够创造一种新的范式，重塑人们旅行以及在目的地获得临时居住空间的方式。

目前，超级高铁的概念外观类似于一条细长的大管道，由一根根柱子架起来，越过城市景观和城市地区。这样看来，超级高铁就与过去的高架构筑物非常相似。不过，为使居民区和城市与滨水区重新连接起来，世界各地的城市正在拆除这类高架结构。尽管超级高铁也许具有很好的前景，但如果最终的设计就是高架结构，则可能很难获得人们的认可。在地表建造超级高铁，极易受外力影响。这些外力可能是各种自然力量，也可能是有意为之的人为力量，其目的是推翻颠覆性事物。我们认为，如果做出具有革新意义的决策，将超级高铁转向地下，使之成为地下空间高速旅行的终极解决方案。那么，超级高铁的优势将进一步增强。这样一来，超级高铁就不易受到上述种种力量的影响，在遭遇地震时，也会得到更好的保护——地震地区的地下结构多年来的表现即可证明。马斯克发起的另一家企业隧道挖掘公司（The Boring Company）也认可了上述观点：“挖掘速度快、建设成本低的隧道将使超级高铁的应用具备可行性，从而实现人口密集地区的快速交通，将纽约到华盛顿特区的旅行时间缩短到 30 分钟以内 [隧道挖掘公司（The Boring Company），2017 年]。”

隧道挖掘公司这段话背后的基本前提是，需提升隧道掘进速度，并将成本降低至少十倍。这一前提如能实现，的确称得上是一次巨大飞跃。该公司表示，“为解决令人心灰意冷的交通问题，道路必须走向立体化。这意味着，要么采用飞行式汽车，要么就采用隧道”[隧道挖掘公司（The Boring Company），2017 年]。然后，这家公司透露了他们的规划——建立隧道网络，让汽车在城市地区之下快速流动。而如果今后交通量增加，只需在更深地层挖更多隧道向下叠拼即可。

尽管加快施工速度看起来是个好的改进

办法，但它的颠覆性比我们预想的要保守。就一个项目从拟建到运营所需的整体建设时间而言，规划和设计阶段（包括项目的许可证和执照申请阶段）几乎占据了70%的时间。荷兰政府为缩短基础设施项目交付所需时间，拿出了变革性举措，不仅制定了新法规，还简化了规划流程。这样一来，交付时间就能从20～30年缩减至10年。其中，规划和设计阶段占7年，建设和试运行占3年。如果我们当真想在基础设施项目方面取得颠覆性突破，就只有去应对民主制度带来的相关规划周期过长的影响。

为了生存，人类必须适应。而为了适应，我们就需要从根本上改变我们的做事方式。产业共生（Industrial Symbiosis）是各行业实现废弃物交换的过程，也是许多人所追求的循环经济的核心。同时，它是我们减少碳排放事业的核心。然而，通过建设管廊打造共生所需的连通性这一进程，却僵持在“谁该负责”“谁又愿意出资”的争论中。即便这些问题得到解决，整个进程也可能会陷入官僚主义的泥淖中。这种局面，很大程度上是由最初为保护公众利益而出台的法规所造成的，然而这些法规如今却阻碍了旨在拯救公众未来而进行的相关开发。工业领域响应十分迅速，正在努力通过管廊来获得连通性，这些管廊将像互联网传输数据那样高效而灵活。对互联网来说，数据就是数据，无论这些数据变成了语音、视频、图像还是文字，都没有区别。从这个意义上来看，互联网给社会带来了绝对的颠覆。它开启了全新的通信方式和信息获取方式，造就了一批能够与传统电话和有线电视公司及其产品竞争的供应商。这些旧技术现在很可能已被整合到了互联网供应商的服务中。如今，玻璃纤维光缆构成了网络的主干，使得铜线和同轴电缆成了过时之物。我们的社会已成为一个需求至上的社会，未来的服务交付方式正在被我们的需求塑造。这就是马斯克所有创新举措的核心理念。

如果我们想要实现亟须的颠覆性变革和范式转变，就要挑战我们关于生活、工作和旅行方式的既有概念，那么，空间、时间和速度这三者就至关重要。而当我们真的能够前往那些遥远的星球时，我们可能会发现，仍需在新的星球建造地下居所，才能保护我们免受可能遭遇的恶劣环境的影响。正如ZA Architects建筑师事务所的德国建筑师阿丽娜•阿吉瓦（Arina Ageeva）所说：“用洞穴作为星球殖民地的主要防护结构，似乎是非常合理的。”ZA Architects建筑师事务所已经构想出了火星地下居所概念，这种居所可以保证第一批火星殖民者生存下来[普里格（Prigg），2013年]。根据《泰晤士报》最近的一篇文章，我们也许还要在月球上巨大的熔岩管中寻求地下空间，用以满足我们对人类定居空间的贪婪渴求。这些熔岩管是自然形成的隧道，直径在 1km 以上，长度则达数百公里，“且能屏蔽宇宙辐射，防止陨石袭击，具有为人类提供安全栖息地的潜力 [利克（Leake），2017 年]”。

我们生活在新旧时代交替的变革中，而非仅仅身处一个充满变革的时代。未来的 20 年，需要我们在基础设施和交通移动性方面做出比过去 200 年来更多的工作。人类如果要生存，就需要适应，而适应则需要变革。变革得以成为可能，不是因为技术的进步，而是因为我们按现有的方式已无法再存活下去。地球的人口正在高速增长，以至于我们现在都要质疑传统的食物生产方式了。而气候变化的巨大影响也让我们对传统的房屋设计和建造方式产生了质疑。原本寒冷的地区热了起来，原本干燥的地区愈发潮湿，原本 10 年一遇的飓风，现在每年甚至更短的时间内就会遭遇一次。2017 年的飓风“厄玛”和随后的飓风在加勒比海地区肆虐，留下一路破败的残迹。这些变化已经不能用传统的解决方案来应对了，相关方案也不能遵循那套仅为精英阶层带来舒适感的行政管理模式。人类需要变革。如果我们从新技术带来的颠覆性中只学到了一件事（请记住，当你读到这篇文章时，新技术正在形成），那就是，新技术将挑战我们在如何实现目标以及如何满足需求方面的固有思维。与其把这些设想规划看成是难以置信的关于未来的幻想，倒不如认可接纳它们，毕竟它们具有潜力，即适应的潜力、生存的潜力。

如果我们必须在100年内离开这个星球，那我们就有 5 个 20 年的时间。这意味着，至少要经历五代人和五个投资周期。到那时，新的范式将塑造我们的城市。而根据贝朗格（Bélanger，2017 年）的说法，这个塑造过程已经开始了：“无论是贫民窟、郊区，还是摩天大楼，范式都在发生变化。分散代替了稠密，步幅取代了空间，次序胜过了速度，设计取代了技术，协作胜过了制约，文化取代了经济增长。”

而城市地下空间的未来，在这场变革中会显示出怎样的特点？我们相信，城市地下空间具有尚未开发的潜力，而这些潜力不仅仅表现在空间开发和实际使用方面。地下空间还将成为我们生存的关键，因为它能提供热能并储水，能庇护我们，且能创造出连通性——这种连通性将不受我们在地面上制造出来的任何障碍的干扰。因此，地下空间可以建立高效的直线型网络，最大限度地缩短距离并提高连通性。这确实需要发挥想象力，需要对现行法规做出调整，也可能需要采用更先进、更快速的修建技术。

最后，我们相信，事实会证明地下空间利用是具有颠覆性的变革，这与移动支付贝宝、电动车特斯拉、网约车优步、民宿爱彼迎、超级高铁、隧道挖掘公司、太空探索技术公司和终极的外星球殖民一样，即便在初期面临巨大挑战，但终会取得成功。

我们希望在本书中所写的内容能够让人们多少看到地下空间未来的可能性，并了解到如何才可能去实现相关愿景。我们也希望已描述清楚了为此需在哪些方面做出适用性变化。不过，最重要的是，我们希望本书能够激励后代以崭新的视角和欣赏的眼光来看待脚下的世界，指引他们抓住我辈尚未预见的机遇，让人类在这个星球上得以生生不息，繁荣昌盛。

本章参考文献

[1] BÉLANGER P. Landscape as Infrastructure: A Base Primer[M]. New York, NY, USA: Routledge, 2017.

[2] BBC. Newsday: How long do we have left on Earth?[N/OL]. BBC, 2017[2017-11-14]. http://www.bbc.co.uk/programmes/p052d6g1.

[3] BBC. The Search for a New Earth[N/OL]. BBC, 2017[2017-11-14]. http://www.bbc.co.uk/programmes/b0953y04.

[4] CLASH J. A plasma rocket engine may get us to Mars in 40 days (Elon Musk, are you listening?)[N/OL]. Forbes, 2017-07-06[2017-11-14] https://www.forbes. com/sites/jimclash/2017/07/06/a-plasmarocket-engine-may-get-us-to-mars-in-40-days-elon-musk-are-you-listening/.

[5] EARLE N. ‘A physical version of the Internet’: how Hyperloop could be the broadband of transportation[N/OL]. Global Infrastructure Initiative, 2017[2017-11-14]. http://www.globalinfrastructureinitiative.com/article/ physical-version-internet-how-hyperloopcould-be-broadband-transportation.

[6] LEAKE J. Giant tunnels in moon could give us a home[N/OL]. The Times, 2017[2017-11-14]. https://www.thetimes.co.uk/article/giant-tunnelsin-moon- could-give-us-a-home-vdjvxbfqk.

[7] PATON G. British experts on track to make 750mph travel a reality[N/OL]. The Times, 2017[2017-11-14]. https://www.thetimes.co.uk/article/britishbrains-on- track-to-make-750mph-travel-areality-lctjv7w88.

[8] POLEG D. What might kill WeWork? Rethinking Real Estate[EB/OL].(2017)[2017-11-14]. https://www.poleg.net/2017/01/15/what-might-kill-wework/.

[9] PRIGG M. Could we live in underground caves on Mars? Architects propose concept to carve homes beneath the red planet’s surface[N/OL]. The Daily Mail, 2013[2017-11-14]. http://www.dailymail.co.uk/sciencetech/article-2423309/ Could-live-

undergroundcaves-Mars-Architects-propose-conceptcarve-homes-beneath-red-planets-surface.html.

[10] The Boring Company. FAQ[EB/OL].(2017)[2017-11-14]. https://www. boringcompany.com/faq/.

[11] TURNER C. For pedestrians, cities have become the wilderness[N/OL]. CityLab, 2012-11[2017-11-14]. https://www.citylab.com/transportation/2012/11/pedestrians-cities-have-becomewilderness/3878/.

致谢

Acknowledgements

感谢多米尼克·佩罗与华安·克洛斯两位先生为本书作序。能够得到二位支持，帮助我们传达书中讯息，我们感到无比荣幸。两位先生均为城市景观之形成做出了独具一格的贡献，也为未来的城市规划留下了宝贵遗产。

感谢国际隧道与地下空间协会（简称“国际隧协”）不断给予我们的支持。感谢国际隧协现任主席 Tarcisio Celestino[1] 以及 Søren Eskesen、Martin Knights 和 Harvey Parker 诸位先生，他们均深知向更大读者群体揭示地下空间的重要意义。感谢国际隧协执行主任 Olivier Vion，感谢他支持我们的工作以及国际隧协地下空间委员会的工作。我们能获得撰写本书的灵感，离不开指导委员会成员、顾问委员会成员及地下空间委员会成员等同事的启发。

感谢国际城市与区域规划师学会（ISOCARP）给予我们很大支持，确保我们能够专心研究城市规划这个课题。这个课题对于打造未来城市具有重要作用。学会高度接受并认可了我们书中的主要观点，感谢学会现任主席 Ric Stephens 以及往届主席 Shipra Narang Suri、Manfred Schenk 和 Piotr Lorens，感谢他们一如既往的支持与鼓励。

写书是一项耗时耗力的大工程，感谢我们的家人在整个写作过程中的支持与陪伴，家人的支持无疑是我们坚持下去的一大动力。

感谢我们的工作单位——瑞士安伯格（Amberg）工程设计咨询公司与荷兰英普诺德斯（Enprodes）管理咨询公司。一路走来，公司不断给予我们大量机会去探索地下空间、

[1] Tarcisio Celestino 主席的任期为 2016—2019 年。中文版编辑注。

践行我们的信仰。

特别感谢 Ray Sterling 教授，他与 John Carmody 无疑同是地下空间领域的先行者，他从 20 世纪 70 年代开始研究这个课题，尝试复兴地下城市主义。Ray 给予我们许多鼓励，一如既往地支持着我们——他既是国际隧协地下空间委员会指导委员会成员，也是国际城市地下空间联合研究中心（ACUUS）的前主席。

最后，衷心感谢英国土木工程师协会（ICE）与 ICE 出版社。正是他们很有远见地邀请我们主持了一场大型会议，因这次大会的契机，此书的前任编辑 Amber Thomas 邀请我们撰写此书。同时，也要特别感谢此书的现任编辑 Inês Pinheiro。她在同我们召开的在线写作进度月例会中，表现得非常专业，其观点让人耳目一新。在写作阶段，她全程给予了我们有力的支持。

撰写此书，我们旨在创造条件，推动地下空间成为城市规划与城市发展的重要一环。因此，我们认为，最关键的是要将地下空间带来的诸多机遇揭示给更广大的读者，即那群将参与打造未来城市的读者。而所谓未来城市，即当今世界亟须的那种城市。

现在就让我们开始“纵深思考”，并揭秘各种能进一步塑造和完善我们心中理想城市的地下空间吧。